T0216453

© Claudi Alsina

Claudi Alsina wurde 1952 in Barcelona, Spanien geboren. Nach seinem Bachelor promovierte er an der Universität von Barcelona in Mathematik. Im Anschluss verbrachte er einige Zeit an der University of Massachusetts in Amherst. Als Professor für Mathematik an der Technischen Universität von Katalonien ist er an vielen internationalen Aktivitäten beteiligt, hat etliche Bücher und unzählige Forschungsarbeiten veröffentlicht und mehrere Hundert Vorträge zur Mathematik und speziell auch zur mathematischen Ausbildung gehalten.

© Roger B. Nelson

Roger B. Nelsen wurde 1942 in Chicago, Illinois, geboren. Seinen B.A. in Mathematik erhielt er 1964 von der DePauw University, und 1969 promovierte er in Mathematik an der Duke University. Er ist gewähltes Mitglied der akademischen *Phi-Beta-Kappa*-Gesellschaft sowie der wissenschaftlichen Vereinigung *Sigma Xi* und unterrichtete rund vierzig Jahre Mathematik und Statistik am Lewis & Clark College, bevor er im Jahre 2009 in den Ruhestand ging. Er hat etliche mathematische Werke geschrieben, allein und u. a. mit Claudi Alsina.

Claudi Alsina
Roger B. Nelsen

Bezaubernde Beweise

Eine Reise durch die Eleganz der Mathematik

Aus dem Englischen übersetzt
von Thomas Filk

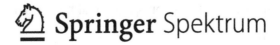 Springer Spektrum

Claudi Alsina
Universitat Politècnica de Catalunya
Barcelona, Spanien

Roger B. Nelsen
Dept. Mathematical Sciences
Lewis and Clark College
Portland, USA

Aus dem Englischen übersetzt von Thomas Filk.

ISBN 978-3-642-34792-4

Die Deutsche Nationalbibliothek verzeichnet diese Publikation in der Deutschen Nationalbibliografie; detaillierte bibliografische Daten sind im Internet über http://dnb.d-nb.de abrufbar.

Springer Spektrum

Übersetzung der amerikanischen Ausgabe: Charming Proofs: A Journey Into Elegant Mathematics von Claudi Alsina und Roger B. Nelsen, erschienen bei The Mathematical Association of America 2010, © The Mathematical Association of America 2010. All Rights Reserved. Authorized translation from the English language edition published by Rights, Inc.

Planung und Lektorat: Dr. Andreas Rüdinger, Barbara Lühker
Redaktion: Anna Schleitzer

Gedruckt auf säurefreiem und chlorfrei gebleichtem Papier.

Springer Spektrum ist eine Marke von Springer DE. Springer DE ist Teil der Fachverlagsgruppe Springer Science+Business Media
www.springer-spektrum.de

Unseren vielen Studenten, die uns (vielleicht unwissentlich) zu diesem Buch angeregt haben, in der Hoffnung gewidmet, dass sie die Schönheit der Mathematik genossen haben.

Vorwort

*Nachdem er die Zusammenhänge geschaut hat, sucht er
den Beweis, die klare Offenbarung in ihrer einfachsten
Form, niemals im Zweifel, dass irgendwo in diesem Chaos
die wahre Eleganz, die präzise, lockere Struktur,
wohl-definiert, rasch gezeichnet und unzerstörbar, die
Feder führt.*

Lillian Morrison, *Dichter als Mathematiker*

Sätze und ihre Beweise sind das Herz der Mathematik. Im Zusammenhang
mit seinen Ausführungen über die „rein ästhetischen" Qualitäten der Mathematik schrieb G. H. Hardy in *A Mathematician's Apology* (Hardy, 1969),
dass in einem schönen Beweis immer auch ein hoher Grad an *Unvermutetem*,
kombiniert mit *Zwangsläufigkeit* und *Sparsamkeit* liege. Diese Art von Zauber
wohnt den Beweisen in diesem Buch inne.

Wir möchten in diesem Buch eine Sammlung bemerkenswerter Beweise
aus verschiedenen elementaren Bereichen der Mathematik (Zahlen, Geometrie, Ungleichungen, Funktionen, Origami, Parkettierungen, ...) vorstellen,
die von erstaunlicher Eleganz, Genialität und verblüffender Knappheit sind.
Wir hoffen, mit den überraschenden Argumenten oder eingängigen bildli-
chen Darstellungen zu den Beweisen den Leser dazu einladen zu können,
sich an der Schönheit der Mathematik zu erbauen, seine Entdeckungen mit
anderen zu teilen und selbst an dem Prozess der Entdeckung neuer Beweise
teilzunehmen.

Der außergewöhnliche ungarische Mathematiker Paul Erdős (1913–1996)
behauptete gerne, Gott besäße ein transfinites Buch, das für alle mathematischen Sätze die jeweils besten Beweise enthielte – besonders elegante und
vollkommene Beweise. Das höchste Kompliment, das Erdős einem Kol-
legen für seine Arbeit machen konnte, war: „Das stammt direkt aus dem
BUCH." Erdős bemerkte auch: „Sie müssen nicht an Gott glauben, aber Sie
sollten an das BUCH glauben" (Hoffman, 1998). Im Jahre 1998 ermöglich-
ten M. Aigner und G.M. Ziegler uns einen Einblick in das, was das BUCH
enthalten könnte, als sie ihr mittlerweile in der vierten englischen und der
dritten deutschen Auflage erschienenes Werk *Das BUCH der Beweise* veröf-

fentlichten (Aigner und Ziegler, 2001). Wir hoffen, dass *Bezaubernde Beweise* die Arbeit von Aigner und Ziegler fortsetzt, indem wir einige Beweise vorstellen, die bestenfalls etwas Integral- oder Differenzialrechnung und elementare diskrete Mathematik verlangen.

Wir fragen uns auch: Enthält das BUCH Bilder? Wir glauben ja, und in *Bezaubernde Beweise* finden Sie über 300 Abbildungen und Illustrationen. Es gibt in der Mathematik eine lange Tradition, Beweise durch einen Bezug auf Bilder zu vereinfachen. Diese Tradition reicht über zweitausend Jahre zurück in die Mathematik des alten Griechenlands und Chinas, und sie wird heute in den populären „Beweisen ohne Worte" fortgesetzt, die gelegentlich auf den Seiten von *Mathematics Magazine* oder *The College Mathematics Journal* und anderen Veröffentlichungen erscheinen. Viele dieser Beweise wurden in zwei Büchern zusammengefasst, die von der Mathematical Association of America (Nelsen, 1993 und 2000) veröffentlicht wurden, und auch wir haben zwei Bücher geschrieben (Alsina und Nelsen, 2006 und 2009, MAA), in denen es um Beweise durch Bilder geht.

Bezaubernde Beweise hat folgenden Aufbau: Nach einer kurzen Einleitung über Beweise und die Entstehung von Beweisen haben wir in zwölf Kapiteln eine breite und abwechslungsreiche Auswahl an Beweisen zusammengetragen, die wir für besonders elegant halten. Jedes Kapitel endet mit einigen herausfordernden Aufgaben für den Leser, die ihn hoffentlich dazu anregen, selbst solche eleganten Beweise zu entwickeln. Insgesamt gibt es über 130 Aufgaben.

Wir beginnen unsere Reise mit einer Auswahl an Sätzen und Beweisen zu natürlichen Zahlen und bestimmten reellen Zahlen. Anschließend besuchen wir Bereiche der Geometrie, angefangen mit Anordnungen von Punkten in einer Ebene. Wir betrachten Vielecke im Allgemeinen sowie einige spezielle Klassen wie Dreiecke, gleichseitige Dreiecke, Vierecke und Quadrate. Anschließend behandeln wir Kurven, sowohl in der Ebene als auch im dreidimensionalen Raum, gefolgt von einigen Überraschungen zur Parkettierung der Ebene, Beweisen mit Einfärbungen und auch etwas dreidimensionaler Geometrie. Wir schließen mit einer kleinen Sammlung von Sätzen, Problemen und Beweisen aus verschiedenen Bereichen der Mathematik.

Im Anschluss an die zwölf Kapitel stellen wir unsere Lösungen sämtlicher Aufgaben in diesem Buch vor. Vielleicht hat aber der ein oder andere Leser Lösungen und Beweise gefunden, die noch eleganter sind als unsere! *Bezaubernde Beweise* endet mit Literaturverweisen und einem ausführlichen Stichwortverzeichnis.

Wie schon bei unseren früheren Büchern bei MAA hoffen wir, dass Lehrer und Dozenten an Schulen und Universitäten einige der Beweise in ihrem Unterricht verwenden können, um ihren Schülern und Studenten den Zauber der Mathematik nahezubringen. Vielleicht möchten einige von ihnen das

Buch auch als Ergänzung zu einführenden Vorlesungen über mathematische Beweise, Argumentation oder Problemlösung einsetzen.

Ein besonderer Dank gebührt Rosa Navarro für ihre herausragende Arbeit bei der Vorbereitung erster Entwürfe für dieses Manuskript. Ebenfalls danken möchten wir Underwood Dudley und den Mitgliedern der Redaktionsleitung der Dolciani Mathematical Expositions für ihre sorgfältige Durchsicht eines früheren Entwurfs für dieses Buch und viele hilfreiche Anregungen. Außerdem danken wir Elaine Pedreira, Beverly Ruedi, Rebecca Elmo und Don Albers von MAA für ihre Beiträge. Ein besonderer Dank gebührt den Studenten, Lehrern und Freunden in Argentinien, Neuseeland, Spanien, der Türkei und den Vereinigten Staaten, die viele dieser eleganten Beweise für uns gesammelt und unsere Arbeit mit großem Enthusiasmus begleitet haben.

Claudi Alsina
Universitat Politècnica de Catalunya
Barcelona, Spanien

Roger B. Nelsen
Lewis & Clark College
Portland, Oregon

Inhaltsverzeichnis

Einleitung

*Die Muster des Mathematikers müssen wie die des Malers
oder Dichters* schön *sein; die Ideen müssen wie Farben
oder Worte auf harmonische Weise zusammenpassen.
Schönheit ist der erste Test:
Es gibt in der Welt keinen Platz für hässliche Mathematik.*

G. H. Hardy, *A Mathematician's Apology*

Dies ist ein Buch über Beweise, speziell über attraktive Beweise, die einen gewissen Charme haben und die wir als *bezaubernd* empfinden. Auch wenn dies keine Definition ist, können wir einen Beweis als ein Argument bezeichnen, das den Leser von der Wahrheit einer mathematischen Behauptung überzeugen soll. Wir hoffen jedoch, dass viele Beweise in diesem Buch nicht nur überzeugend, sondern auch faszinierend sind.

Beweise: Das Herz der Mathematik

Ein elegant geführter Beweis ist in jeder Hinsicht, außer in seiner äußerlichen geschriebenen Form, ein Gedicht.

Morris Kline, Mathematics in Western Culture

Wie im Vorwort behauptet, sind Beweise das Herz der Mathematik. Doch Beweise bilden nicht nur den Nährboden für ein gesundes Wachsen der Mathematik, sondern sie zeigen uns auch neue Wege der Argumentation und eröffnen neue Perspektiven zu einem besseren Verständnis des betreffenden Gegenstands. Juri Iwanowitsch Manin sagte dazu einmal: „Ein guter Beweis macht uns weiser." Diesen Gedanken finden wir auch bei Andrew Gleason: „Beweise sollen uns nicht einfach nur von einer Wahrheit überzeugen – sie sollen uns zeigen, weshalb etwas wahr ist."

Das englische Substantiv „proof" und das zugehörige Verb „to prove" stammen von dem lateinischen Verb *probare* ab, das die Bedeutung von „versuchen, ausprobieren, urteilen" hat. Ähnlichen Ursprungs sind die deutschen Worte „Prüfung" und „Probe". Ebenso wie der deutsche Begriff „Beweis" haben sie alle vielfältige Bedeutungen.

Überall Beweise

Anfang 2013 führte eine Internetsuche für das Wort „Beweis" auf ungefähr 19 Millionen Einträge, fast 17 Millionen davon in Kombination mit „Mathematik". Die restlichen Webseiten verteilten sich auf Themen wie Philosophie, Religion, Rechtsfragen, andere Naturwissenschaften etc. Auch Bücher, Filme und Theaterstücke sind in letzter Zeit erschienen, in deren Titel dieses Universalwort auftritt.

Die ästhetischen Dimensionen von Beweisen

> Die besten mathematischen Beweise sind kurz und klar wie ein Epigramm, und die längeren von ihnen schwingen in einem Rhythmus wie Musik.
>
> *Scott Buchanan*, Dichtung und Mathematik

Welche charakteristischen Eigenschaften eines Beweises verdienen es, dass man von „bezaubernd" spricht? In ihrem köstlichen Aufsatz „Schönheit und Wahrheit in der Mathematik" gibt Doris Schattschneider (Schattschneider, 2006) folgende Antwort:

- *Eleganz* – er ist knapp und trifft direkt den wesentlichen Punkt,
- *Genialität* – er beinhaltet eine unerwartete Idee oder eine überraschende Wendung,
- *Einsicht* – er vermittelt eine Offenbarung, weshalb eine Behauptung wahr ist, und führt zu einem *Aha!*-Erlebnis,
- *Zusammenhänge* – er beleuchtet ein größeres Bild oder umfasst viele Bereiche,
- *Paradigma* – er gibt uns eine fruchtbare Heuristik an die Hand, die weitreichende Anwendungen erlaubt.

Nur wenige mathematische Begriffe haben derart vielfältige Adjektive um sich gesammelt wie das Wort „Beweis". Unter den vielen positiven Bezeichnungen finden wir *schön, elegant, geschickt, tief, knapp, kurz, klar, umfassend, raffiniert, genial, brillant, charmant* und *bezaubernd*. Auf der negativen Seite finden wir auch *obskur, unverständlich, lang, hässlich, schwierig, kompliziert, langatmig, unanschaulich, undurchdringbar, inkohärent, langweilig* und so weiter.

Ein Satz, viele Beweise

Man sucht oft nach neuen Beweisen für mathematische Sätze, die bereits als richtig erkannt wurden, einfach weil den vorhandenen Beweisen die Schönheit fehlt. Es gibt mathematische Beweise, die lediglich zeigen, dass etwas richtig ist …. Es gibt andere Beweise, „die unseren Verstand begeistern und verzaubern. Sie wecken ein Entzücken und den übermächtigen Wunsch, einfach nur ‚Amen, Amen!‘ zu sagen.“

Morris Kline, Mathematik des Abendlands

Die Bedeutung eines mathematischen Satzes verleitet die Mathematiker oft dazu, sehr viele unterschiedliche Beweise zu entwickeln. Obwohl sich die Aussage des Theorems selten ändert, tragen mehrere verschiedene Beweise zu einem besseren Verständnis des Ergebnisses bei, oder sie eröffnen neue Möglichkeiten, über die betreffenden Ideen nachzudenken.

Der Satz des Pythagoras könnte der mathematische Satz mit den meisten Beweisen sein. Zwischen 1896 und 1899 erschien in den *American Mathematical Monthly* eine Serie mit insgesamt zwölf Artikeln unter dem Titel „Neue und alte Beweise des pythagoreischen Theorems“, in denen genau 100 Beweise für den Satz des Pythagoras angeführt wurden. Auf diese und andere Sammlungen aufbauend, schrieb Elisha Scott Loomit 1908 *The Pythagorean Proposition*. Veröffentlich wurde das Buch 1927 und eine zweite Ausgabe erschien 1940, in der ingesamt 370 Beweise enthalten sind. Im Jahr 1968 wurde das Buch vom National Council of Teachers of Mathematics neu aufgelegt (Loomis, 1968) und es wird immer noch viel zitiert. In regelmäßigen Abständen erscheinen neue Beweise (und alte tauchen wieder auf).

Wurde ein mathematischer Satz einmal bewiesen, werden trotzdem oft neue Beweise veröffentlicht. Angewandt auf die Mathematik scheint Murphys Gesetz zu implizieren, dass der erste Beweis häufig der schlimmste ist. Neue Beweise bieten Chancen für verständlichere Argumente, einfachere Annahmen und weitreichendere Schlussfolgerungen. Beweise unterschiedlicher Art (algebraische, kombinatorische, geometrische Beweise etc.) öffnen neue Sichtweisen auf das Ergebnis und zeigen oft fruchtbare Zusammenhänge zwischen verschiedenen Bereichen der Mathematik.

Manchmal legt schon der Autor eines mathematischen Satzes mehrere Beweise vor. So veröffentlichte Carl Friedrich Gauß (1777–1855) im Laufe seines Lebens sechs verschiedene Beweise für das quadratische Reziprozitätsgesetz (das er *aureum theorema* – goldener Satz – nannte), und nach seinem Tod fand man zwei weitere in seinem Nachlass. Heute gibt es über 200 Beweise für dieses Ergebnis. Ein besonderer Fall ist Pierre de Fermat (1601–1665), der an den Rand seiner Kopie der *Arithmetica* des Diophantus von Alexandrien schrieb: „Es ist unmöglich, einen Kubus in zwei Kuben zu zerlegen, oder ein Biquadrat in zwei Biquadrate, oder allgemein irgendeine Potenz größer als die zweite in Potenzen gleichen Grades. Ich habe hierfür einen wahrhaft wunderbaren Beweis gefunden, doch ist der Rand hier zu schmal, um ihn zu fassen."[1]

Q.E.D. oder Grabstein

Q.E.D. ist die Abkürzung für *quod erat demonstrandum* („was das zu Zeigende war"). Es ist die lateinische Übersetzung des griechischen Ausdrucks $'o\pi\varepsilon\rho$ $\acute{\varepsilon}\delta\varepsilon\iota\ \delta\varepsilon\hat{\imath}\xi\alpha\iota$ (abgekürzt OEΔ), mit dem Euklid und Archimedes das Ende eines Beweises kennzeichneten. Diese Form wurde lange Zeit auch im Englischen und Deutschen verwendet. Manchmal findet man auch eine Übersetzung, so im Deutschen w.z.b.w. (für *was zu beweisen war*), im Französischen C.Q.F.D. (*ce qu'il fallait démontrer*) und im Spanischen C.Q.D. (*como queríamos demostrar*).

Im Zeitalter der Computer und mathematischer Schreibsätze wurde es üblich, den Abschluss eines Beweises durch eine geometrische Form zu kennzeichnen. Paul Halmos (1916–2006) führte den Grabstein ∎ ein (manchmal auch *Halmos* genannt), der heute mit dem \qed-Symbol □ in TeX konkurriert.

Die Vielfalt der Beweise

> Ein Lichtblitz trifft meinen Verstand,
> Ich sehe alles, ich habe den Beweis,
> Und dann wache ich auf.
> *Doris Schattschneider*, Ein mathematisches Haiku (nach Dante)

Viele Beweise lassen sich nach den verwendeten Verfahren klassifizieren. Die folgende Liste fasst die häufigsten Beweisformen zusammen. Sie ist notwendigerweise unvollständig und manche Beweise kombinieren mehrere Verfahren.

Direkter Beweis. Man verwende die Definitionen, Axiome, Identitäten, Ungleichungen, bereits bewiesene Lemmata und Sätze usw. und zeige, dass sich die Schlussfolgerung logisch aus diesen Annahmen ergibt.

Beweis durch Widerspruch (auch bekannt als *reductio ad absurdum*). Man zeige, dass die Behauptung aus logischen Gründen nicht falsch sein kann. Gewöhnlich nimmt man dazu an, die Behauptung sei falsch und führt dies zu einem logischen Widerspruch.

---

[1] Übersetzung aus Wikipedia – Großer fermatscher Satz

Beweis durch Kontraposition. Zum Beweis einer konditionalen Behauptung wie „wenn A, dann B" beweise man die logisch äquivalente Behauptung „wenn nicht-B, dann nicht-A".

Beweis durch vollständige Induktion. Dieses Verfahren verwendet man oft, wenn die Wahrheit einer Behauptung der Form $P(n)$ für alle natürlichen Zahlen n zu beweisen ist: Man zeige zunächst, dass $P(1)$ wahr ist; dann zeige man, dass unter der Annahme der Richtigkeit von $P(n)$ auch die Richtigkeit von $P(n+1)$ folgt.

Beweis durch vollständige Fallunterscheidung (scherzhaft auch *Beweis durch Erschöpfung*). Man unterteile die Vermutung in eine endliche Anzahl k verschiedener Fälle und konstruiere k Beweise, wonach jeder einzelne Fall auf die Schlussfolgerung führt. Bei diesen k Beweisen kann es sich um direkte Beweise, Widerspruchsbeweise oder irgendein anderes Verfahren handeln.

Kombinatorischer Beweis. Dieses Beweisverfahren wird angewandt, um algebraische Identitäten zu den positiven ganzen Zahlen zu beweisen. Man stellt dazu diese Zahlen durch Mengen von Objekten dar und verwendet eines der folgenden zwei Prinzipien:

1. Man zählt die Objekte in der Menge auf zwei verschiedene Weisen (daher spricht man manchmal auch vom „doppelten Abzählen"), was auf dieselbe Zahl führen muss, oder
2. Man stellt eine 1 : 1-Beziehung zwischen zwei Mengen her, die dann dieselbe Anzahl von Elementen haben müssen.

Das erste Prinzip bezeichnet man manchmal auch als *Fubini-Prinzip*, benannt nach dem gleichnamigen Satz aus der Theorie von Mehrfachintegralen bezüglich der Reihenfolge der Integration, und das zweite als *Cantor-Prinzip* nach Georg Cantor (1845–1918), der es sehr ausgiebig bei seinen Untersuchungen zur Kardinalität unendlicher Mengen angewandt hat.

In vielen Fällen lässt sich ein Beweis auch durch eine Abbildung ergänzen, und manchmal reicht die Abbildung sogar, um den Beweis zu erkennen. Daher verwenden wir auch *Beweise durch Bilder* oder *Beweise ohne Worte*. Beispielsweise lässt sich ein kombinatorischer Beweis veranschaulichen, indem man die auf zwei Weisen abzuzählende Menge veranschaulicht oder die 1 : 1-Beziehung zwischen zwei Mengen darstellt. Andere Verfahren machen von geometrischen Transformationen Gebrauch, beispielsweise Spiegelungen oder Drehungen, Abänderung der Dimension, Parkettierung oder auch Farben. Wer mehr über die Verfahren zur Erzeugung visueller Beweise wissen möchte, sei auf unser Buch *Math Made Visual: Creating Images for Understanding Mathematics* (Alsina und Nelsen, 2006) verwiesen.

Beweise im Unterricht

Beweise und Beweisverfahren sind wesentliche Elemente einer mathematischen Ausbildung, angefangen in der Grundschule bis zur gymnasialen Oberstufe und zur Universität. Der amerikanische National Council of Teachers of Mathematics empfiehlt in seinem Bericht *Principles and Standards for School Mathematics* (NCTM, 2000), dass die Lehrpläne vom Kindergarten bis zur 12. Klasse „alle Schüler in die Lage versetzen sollen, Begründungen und Beweise als fundamentale Aspekte der Mathematik" anzusehen.

Das Committee on the Undergraduate Program in Mathematics of the MAA (CUPM, 2004) beschreibt in seinem Bericht eine Vielzahl von Zielen für Mathematikkurse für Studenten, die an Colleges und Universitäten in den mathematischen Wissenschaften ihre Abschlüsse machen. Sie stellen fest: „Die Fähigkeit, mathematische Beweise lesen und schreiben zu können, gehört zu den Grundpfeilern dessen, was oftmals als mathematische Reife bezeichnet wird", und der Bericht fährt fort, dass „die Grundlagen für diese Art des logischen Denkens in jedem Kurs gelegt werden müssen, den ein zukünftiger Mathematiker belegen könnte, einschließlich der Differenzial- und Integralrechnung und der diskreten Mathematik."

Doch nicht nur Studenten der Mathematik sollen die Kunst des mathematischen Beweises beherrschen. In (CUPM, 2001) schreibt das Committee on the Undergraduate Program in Mathematics ebenfalls: „Alle Studenten sollten ein Verständnis für das Wesen eines Beweises entwickeln. Beweise machen die Mathematik zu etwas Besonderem." Natürlich empfiehlt der CUPM für Nicht-Mathematiker keine Vorlesungen, die aus mathematischen Sätzen und Beweisen bestehen, aber es wird gesagt, dass „Studenten das Wesen der mathematischen Kultur verstehen sollten: den Wert und die Bedeutung einer sorgfältig ausgearbeiteten Begründung, einer präzisen Definition und eines geschlossenen Arguments."

In einer Studie für die International Commission on Mathematical Instruction (Hanna und de Villiers, 2008) schreiben Gila Hanna und Michael de Villiers: „Der Beweis sollte ein wesentlicher Bestandteil des Unterrichts sein, um die Beziehung zwischen der Schulmathematik und der Mathematik als einem wissenschaftlichen Fach aufrecht zu erhalten, denn der Beweis bildet zweifelsfrei das Herz der Mathematik." Sie stellen ebenfalls fest, dass „... für den Mathematiker ein Beweis mehr ist als nur eine Folge von korrekten Schritten. Ein Beweis ist ebenso und vermutlich sogar in erster Linie eine Folge von Ideen und Einsichten mit dem Ziel eines verbesserten mathematischen Verständnisses – insbesondere auch eines Verständnisses dafür, weshalb eine Behauptung richtig ist. Somit besteht die Herausforderung für Lehrer darin, den Nutzen des mathematischen Beweises nicht nur als Methode der Bestätigung, *dass* etwas wahr ist, sondern auch *weshalb* etwas wahr ist, zu fördern."

In diesem Sinne haben wir die Beweise in diesem Buch gesammelt und dargelegt. Wir hoffen, dass der Leser nicht nur ihren Zauber spürt, sondern ihnen auch etwas abgewinnen kann und der ein oder andere Lehrer oder Dozent dies gewinnbringend im Unterricht einsetzt.

1

Der Garten der natürlichen Zahlen

Die Ganzen Zahlen sind der Quell der Mathematik.
Hermann Minkowski, *Diophantische Approximationen*

Die natürlichen Zahlen verwenden wir zum Zählen, und in dieser Form reicht ihr Gebrauch zurück bis an die Anfänge unserer Zivilisation. Niemand weiß, wer sich als Erster des abstrakten Konzepts von beispielsweise „sieben" bewusst wurde, das sich auf sieben Ziegen, sieben Bäume, sieben Nächte und jede Menge von sieben Objekten anwenden lässt. Die natürlichen Zahlen zusammen mit der Null und den entsprechenden negativen Zahlen bilden die ganzen Zahlen, und sie sind das Herzstück der Mathematik. Daher ist es naheliegend, wenn wir mit solchen mathematischen Sätzen und Beweisen beginnen, die sich auf diese Zahlen beziehen.

In diesem Kapitel werden viele unterschiedliche Eigenschaften der natürlichen Zahlen angesprochen, von denen sich einige auf bestimmte Teilmengen der natürlichen Zahlen beziehen, wie die Quadratzahlen, die Dreieckszahlen, die Fibonacci-Zahlen, die Primzahlen und die vollkommenen Zahlen. Auch wenn sich viele der einfacheren Ergebnisse algebraisch oder über eine vollständige Induktion beweisen lassen, ziehen wir, wann immer es möglich ist, Beweise mit einem visuellen Element vor. Wir beginnen mit den Zahlen, die sich auf die Anzahl von Objekten in Mengen beziehen, die eine geometrische Interpretation zulassen, und leiten einige Identitäten zwischen diesen Zahlen her.

1.1 Figurierte Zahlen

Die Idee, Zahlen durch Punkte in einer Ebene darzustellen (oder vielleicht auch durch Kieselsteine auf einer Sandfläche), geht mindestens bis auf die alten Griechen zurück. Wenn diese Darstellung die Form eines Vielecks annimmt, beispielsweise eines Dreiecks oder eines Quadrats, bezeichnen wir diese Zahlen als *figurierte Zahlen*. Wir beginnen mit einigen Sätzen und ihren

Beweisen zu den einfachsten figurierten Zahlen, den Dreieckszahlen und den Quadratzahlen.

Nahezu jede Biographie des großen Mathematikers Carl Friedrich Gauß (1777–1855) erwähnt die folgende Geschichte. Als Gauß ungefähr zehn Jahre alt war, erhielt seine Klasse vom Mathematiklehrer die Aufgabe, die Summe $1 + 2 + 3 + \ldots + 100$ zu berechnen. Offenbar hatte der Lehrer die Hoffnung, dass diese Aufgabe seine Schüler für eine Weile beschäftigen würde. Doch bereits kurz nachdem er die Aufgabe gestellt hatte, kam der junge Carl nach vorne und legte ihm seine Schiefertafel aufs Pult – ohne irgendeine Rechnung, aber mit der richtigen Antwort: 5050. Um eine Erklärung gebeten, antwortete der junge Gauss, dass er eine Gesetzmäßigkeit erkannt habe: $1 + 100 = 101$, $2 + 99 = 101$, $3 + 98 = 101$, und so weiter bis $50 + 51 = 101$. Da es fünfzig solcher Zahlenpaare gibt, muss die Summe gleich $50 \cdot 101 = 5050$ sein. Die Gesetzmäßigkeit zur Ausführung der Rechnung (die Bildung der Summe aus der größten Zahl und der kleinsten, der zweitgrößten Zahl und der zweitkleinsten und so weiter) ist in Abb. 1.1. dargestellt, wobei die Kugelreihen für natürliche Zahlen stehen.

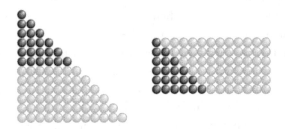

Abb. 1.1

Für eine positive ganze Zahl n bezeichnet man die Zahl $t_n = 1 + 2 + 3 + \ldots + n$ als die n-te *Dreieckszahl*, was sich auf das Muster der Punkte auf der linken Seite von Abb. 1.1 bezieht. Der junge Carl berechnete, vollkommen korrekt, $t_{100} = 5050$. In dieser Form funktioniert sein Lösungsweg jedoch nur für gerades n. Daher beweisen wir zunächst

Satz 1.1 *Für alle $n \geq 1$ ist $t_n = n(n+1)/2$.*

Beweis Wir beginnen mit einem Muster, das für alle n funktioniert, indem wir zwei Kopien für t_n so zusammenlegen, dass sie zu einer rechteckigen Anordnung der Punkte in n Reihen und $n + 1$ Spalten werden. Dann haben wir $2t_n = n(n+1)$ oder $t_n = n(n+1)/2$ (Abb. 1.2). ■

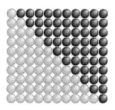

Abb. 1.2

Bei diesem kombinatorischen Beweis haben wir das in der Einleitung erwähnte Verfahren des „doppelten Abzählens", das Fubini-Prinzip, verwendet. Mit demselben Verfahren beweisen wir nun, dass die Summe der ungeraden Zahlen die Quadratzahlen ergibt.

Satz 1.2 *Für alle* $n \geq 1$ *ist* $1 + 3 + 5 + \ldots + (2n - 1) = n^2$.

Beweis Wir geben zwei kombinatorische Beweise. In Abb. 1.3a zählen wir die Punkte auf zwei Weisen, einmal als eine quadratische Kugelanordnung und einmal, indem wir die Kugeln in jeder L-förmigen Anordnung gleichfarbiger Kugeln betrachten. In Abb. 1.3b erkennen wir eine eineindeutige Beziehung (durch die Farbe der Kugeln angedeutet) zwischen den dreieckigen Kugelanordnungen mit 1, 3, 5, ..., $2n - 1$ Kugeln und den quadratischen Kugelanordnungen. ∎

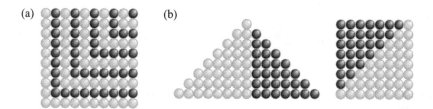

Abb. 1.3

Verallgemeinern wir diese Idee auf drei Dimensionen, lassen sich die folgenden Identitäten beweisen:

$$1 + 2 = 3,$$
$$4 + 5 + 6 = 7 + 8,$$
$$9 + 10 + 11 + 12 = 13 + 14 + 15, \text{ etc.}$$

Jede Reihe beginnt mit einer Quadratzahl. Die allgemeine Gleichung

$$n^2 + (n^2 + 1) + \ldots + (n^2 + n) = (n^2 + n + 1) + \ldots + (n^2 + 2n)$$

kann man durch vollständige Induktion beweisen, aber der visuelle Beweis ist eingängiger.

Abbildung 1.4 zeigt die Identität für $n = 4$, wobei wir die kleinen Würfel auf zwei verschiedene Weisen abzählen: $16 + 17 + 18 + 19 + 20 = 21 + 22 + 23 + 24$.

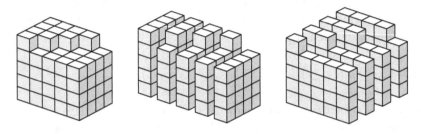

Abb. 1.4

Es gibt viele Beziehungen zwischen den Dreieckszahlen und den Quadratzahlen. Die einfachste ist vielleicht die Beziehung auf der rechten Seite von Abb. 1.3b: $t_{n-1} + t_n = n^2$. Zwei weitere finden wir in dem folgenden Lemma (wobei wir $t_0 = 0$ definieren):

Lemma 1.1 *Für alle $n \geq 0$ gilt* (a) $8t_n + 1 = (2n + 1)^2$ *und* (b) $9t_n + 1 = t_{3n+1}$.

Beweis Siehe Abb. 1.5 (wobei wir die Kugeln durch Quadrate ersetzt haben). ■

Mit Lemma 1.1 können wir die folgenden zwei Sätze beweisen.

Satz 1.3 *Es gibt unendlich viele Zahlen, die sowohl Quadratzahlen als auch Dreieckszahlen sind.*

Beweis Aus

$$t_{8t_n} = \frac{8t_n(8t_n + 1)}{2} = 4t_n(2n + 1)^2$$

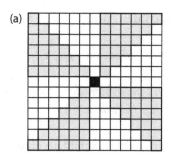 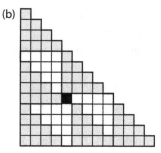

Abb. 1.5

können wir folgern, dass t_{8t_n} immer eine Quadratzahl ist, wenn dies für t_n gilt. Da $t_1 = 1$ eine Quadratzahl ist, erhalten wir damit eine unendliche Folge von Dreieckszahlen, die gleichzeitig Quadratzahlen sind, z. B. $t_8 = 6^2$, $t_{288} = 204^2$ etc. ■

Es gibt allerdings auch Quadratzahlen, die gleichzeitig Dreieckzahlen sind und in dieser Folge nicht auftauchen, beispielsweise $t_{49} = 35^2$ und $t_{1681} = 1189^2$.

Satz 1.4 *Die Summen der ersten n Potenzen von 9 sind Dreieckszahlen, d. h., für alle $n \geq 0$ gilt $1 + 9 + 9^2 + \ldots + 9^n = t_{1+3+3^2+\ldots+3^n}$.*

Beweis Auch dieser Satz lässt sich leicht durch vollständige Induktion beweisen. Die Identität aus Lemma 1.1b bildet dabei den Induktionsschritt (Aufgabe 1.3). Es gibt jedoch auch einen schönen anschaulichen Beweis (vgl. Abb. 1.6). ■

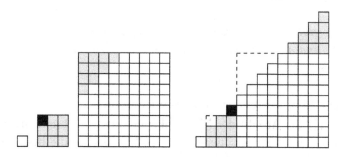

Abb. 1.6

Daraus folgt, dass in der Basis 9 alle Zahlen der Form 1, 11, 111, 1111, ...
Dreieckszahlen sind.

Die Aussage des nächsten Satzes ähnelt der Identität $t_{n-1} + t_n = n^2$.

Satz 1.5 *Die Summe der Quadrate aufeinanderfolgender Dreieckszahlen ist
wieder eine Dreieckszahl, d. h. $t_{n-1}^2 + t_n^2 = t_{n^2}$ für alle $n \geq 1$.*

Beweis Siehe Abb. 1.7, wo das Quadrat einer Dreieckszahl als eine Dreiecks-
anordnung von Dreieckszahlen dargestellt ist. ∎

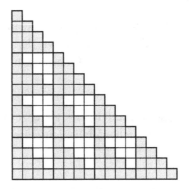

Abb. 1.7

Vielleicht ist Ihnen aufgefallen, dass die n-te Dreieckszahl ein Binomialkoef-
fizient ist, d. h. $t_n = \binom{n+1}{2}$. Eine banale Erklärung ist, dass beide Ausdrücke
gleich $n(n+1)/2$ sind, doch diese Antwort hilft nur wenig, wenn man den
tiefer liegenden Grund verstehen möchte. Hier folgt eine bessere Erklärung,
die auf dem Cantor'schen Prinzip beruht:

Satz 1.6 *Es gibt eine eineindeutige Beziehung zwischen der Menge der Dreieckszahlen t_n und der Menge der zweielementigen Teilmengen einer Menge mit
$n+1$ Objekten.*

Beweis Siehe Abb. 1.8 (Larson, 1985). Wichtig hierbei ist, dass der Binomi-
alkoeffizient $\binom{k}{2}$ die Anzahl der Möglichkeiten angibt, 2 Elemente aus einer
Menge von k Elementen auszuwählen. Die Pfeile deuten die Beziehung zwischen einem Element der Menge mit t_n Elementen und einem Paar von
Elementen aus einer Menge von $n+1$ Elementen an. ∎

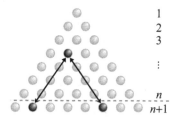

Abb. 1.8

1.2 Summen von Quadratzahlen, Dreieckszahlen und dritten Potenzen

Nachdem wir Dreieckszahlen und Quadratzahlen als Summen von ganzen Zahlen und Summen von ungeraden Zahlen dargestellt haben, betrachten wir nun Summen von Dreieckszahlen und Summen von Quadratzahlen.

Satz 1.7 *Für alle* $n \geq 1$ *gilt* $1^2 + 2^2 + 3^2 + \ldots + n^2 = \dfrac{n(n+1)(2n+1)}{6}$.

Beweis Wir geben zwei Beweise. Im ersten nutzen wir eine eineindeutige Beziehung zwischen drei Kopien von $1^2 + 2^2 + 3^2 + \ldots + n^2$ und einem Rechteck aus, dessen Abmessungen $2n + 1$ und $1 + 2 + \ldots + n = n(n+1)/2$ sind (Gardner, 1973) (Abb. 1.9).

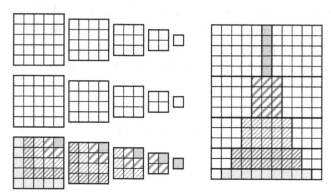

Abb. 1.9

Also ist $3(1^2 + 2^2 + 3^2 + \ldots + n^2) = (2n+1)(1+2+\ldots+n)$, woraus das Ergebnis folgt.

Für den zweiten Beweis schreiben wir jede Quadratzahl $k^2 = k + k + \ldots + k$ als Summe von k Termen und setzen diese Zahlen zu einer Dreiecksform untereinander. Anschließend erzeugen wir noch zwei weitere Dreiecke dieser

$$
\begin{array}{c}
1\\
2\quad 2\\
3\quad 3\quad 3\\
\vdots\\
n{-}1\;\;n{-}1\;\cdots\;n{-}1\\
n\quad n\quad n\;\cdots\;n\quad n
\end{array}
\;+\;
\begin{array}{c}
n\\
n\quad n{-}1\\
n\;\;n{-}1\;\;n{-}2\\
\vdots\\
n\;\;n{-}1\;\cdots\;4\;\;3\;\;2\\
n\;\;n{-}1\;\;\cdots\;3\;\;2\;\;1
\end{array}
\;+\;
\begin{array}{c}
n\\
n{-}1\quad n\\
n{-}2\;\;n{-}1\;\;n\\
\vdots\\
2\;\;3\;\;4\;\cdots\,n{-}1\;\;n\\
1\;\;2\;\;3\;\;\cdots\;\;n{-}1\;\;n
\end{array}
$$

$$
=\;
\begin{array}{c}
2n{+}1\\
2n{+}1\;\;2n{+}1\\
2n{+}1\;\;2n{+}1\;\;2n{+}1\\
\vdots\\
2n{+}1\;\;2n{+}1\;\cdots\;2n{+}1\\
2n{+}1\;\;2n{+}1\;\;\cdots\;\;2n{+}1
\end{array}
$$

Abb. 1.10

Art, indem wir das erste Dreieck um 120° bzw. 240° drehen. Schließlich addieren wir die jeweiligen Einträge der drei Dreiecksformen (Abb. 1.10) (Kung, 1989). ∎

Satz 1.8 *Für alle $n \geq 1$ gilt* $t_1 + t_2 + t_3 + \ldots + t_n = \dfrac{n(n+1)(n+2)}{6}$.

Beweis In Abb. 1.11 stapeln wir Schichten aus Einheitswürfeln übereinander, die jeweils die Dreieckszahlen darstellen. Die Summe der Dreieckszahlen ist gleich der Gesamtzahl der Würfel und somit gleich ihrem Gesamtvolumen. Zur Berechnung dieses Volumens schneiden wir kleine pyramidale Formen (in grau) ab und setzen jede dieser kleinen Pyramiden umgekehrt oben auf den Würfel, aus dem sie herausgeschnitten wurde. Wir erhalten so eine große Dreieckspyramide abzüglich einiger kleinerer Dreieckspyramiden entlang einer der Grundseiten.

Also ist

$$
t_1 + t_2 + \ldots + t_n = \frac{1}{6}(n+1)^3 - (n+1)\frac{1}{6} = \frac{n(n+1)(n+2)}{6}.
$$

∎

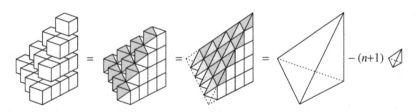

Abb. 1.11

Bei diesem Beweis haben wir die ersten n Dreieckszahlen durch das Volumen von Pyramiden abgezählt. Dabei handelt es sich im Wesentlichen um eine Verallgemeinerung des Fubini-Prinzips: Statt einfach Objekte zu zählen, haben wir Längen, Flächen oder Volumina addiert. Die Volumen-Version des Fubini-Prinzips lautet: *Berechnet man das Volumen eines Objekts auf zwei verschiedene Weisen, erhält man dieselbe Zahl*; das Gleiche gilt für Längen und Flächen. Das Cantor'sche Prinzip lässt sich allerdings nicht auf additive Maße übertragen – es gibt z. B. eine eineindeutige Beziehung zwischen den Punkten zweier Linien unterschiedlicher Länge.

Satz 1.9 *Für alle $n \geq 1$ gilt $1^3 + 2^3 + 3^3 + \ldots + n^3 = (1 + 2 + 3 + \ldots + n)^2 = t_n^2$.*

Beweis Auch hier geben wir zwei Beweise. Beim ersten verdeutlichen wir diese Identität, indem wir k^3 durch k Kopien von Quadraten der Fläche k^2 darstellen (Cupillari, 1989; Lushbaugh, 1965).

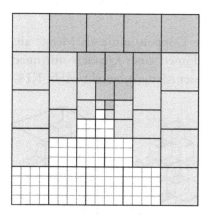

Abb. 1.12

In Abb. 1.12 erkennen wir, dass $4(1^3 + 2^3 + 3^3 + \ldots + n^3) = [n(n + 1)]^2$ (für $n = 4$).

Für den zweiten Beweis verwenden wir die Beziehung $1 + 2 + 3 + \ldots + (n - 1) + n + (n - 1) + \ldots + 2 + 1 = n^2$ (Aufgabe 1.1a) und betrachten eine quadratische Anordnung von Zahlen, bei denen das Element in Reihe i und Spalte j gleich ij ist. Wir addieren dann die Zahlen auf zwei verschiedene Weisen (Pouryoussefi, 1989), (Abb. 1.13).

$$
\begin{array}{ccccc}
1 & 2 & 3 & \cdots & n \\
2 & 4 & 6 & \cdots & 2n \\
3 & 6 & 9 & \cdots & 3n \\
\vdots & \vdots & \vdots & & \vdots \\
n & 2n & 3n & \cdots & n^2
\end{array}
\qquad
\begin{array}{ccccc}
1 & 2 & 3 & \cdots & n \\
2 & 4 & 6 & \cdots & 2n \\
3 & 6 & 9 & \cdots & 3n \\
\vdots & \vdots & \vdots & & \vdots \\
n & 2n & 3n & \cdots & n^2
\end{array}
$$

Abb. 1.13

Die Summe der Spalten ergibt $\sum_{i=1}^{n} i + 2(\sum_{i=1}^{n} i) + \ldots + n(\sum_{i=1}^{n} i) = (\sum_{i=1}^{n} i)^2$, wohingegen die Summe der L-förmigen schattierten Bereiche (mit dem Ergebnis aus Aufgabe 1.1a) ergibt: $1 \cdot 1^2 + 2 \cdot 2^2 + \ldots + n \cdot n^2 = \sum_{i=1}^{n} i^3$. ∎

Zum Abschluss dieses Abschnitts beweisen wir einen Satz, nach dem sich jede dritte Potenz als Doppelsumme von ganzen Zahlen darstellen lässt.

Satz 1.10 *Für alle $n \geq 1$ gilt $\sum_{i=1}^{n} \sum_{j=1}^{n} (i + j - 1) = n^3$.*

Beweis Wir stellen die Doppelsumme als Menge aus Einheitswürfeln dar und berechnen das Volumen eines Quaders mit quadratischer Grundseite, der aus zwei Kopien dieser Mengen besteht (Abb. 1.14).

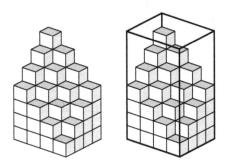

Abb. 1.14

Zwei Kopien der Summe $S = \sum_{i=1}^{n} \sum_{j=1}^{n} (i + j - 1)$ passen in einen Quader, dessen Grundseite die Fläche n^2 hat und dessen Höhe $2n$ ist. Die Berechnung des Volumens dieses Quaders auf zwei verschiedene Weisen liefert somit $2S = 2n^3$ oder $S = n^3$. ∎

1.3 Es gibt unendlich viele Primzahlen

Die *reductio ad absurdum*, die Euklid so liebte, ist einer der besten Waffen der Mathematik. Sie ist ein raffinierteres Gambit als das des Schachspiels: Ein Schachspieler mag einen Bauern oder sogar eine Figur zum Opfer anbieten, doch der Mathematiker setzt alles auf Spiel.

G. H. Hardy, A Mathematician's Apology

Der älteste Beweis dafür, dass es unendlich viele Primzahlen gibt, findet sich vermutlich in Euklids *Elementen* (Buch IX, Proposition 20), und auch nach über 2000 Jahren ist es schwierig, einen besseren zu finden. Wir geben hier drei vollkommen verschiedene Beweise an. Der erste Beweis geht auf Ernst Eduard Kummer (1810–1893) im Jahr 1873 zurück; er ist ziemlich elegant und verwendet die *reductio ad absurdum*. Der zweite Beweis erfolgt direkt und ist sogar noch einfacher. Henri Brocard (1845–1922) veröffentlichte ihn 1915 und schrieb ihn Charles Hermite (1822–1901) zu (Ribenboim, 2004). Im dritten Beweis konstruieren wir natürliche Zahlen mit einer beliebigen Anzahl von verschiedenen Primfaktoren (Saidak, 2006).

Satz 1.11 (Euklid). *Es gibt unendlich viele Primzahlen.*

Beweis 1 Angenommen, es gäbe nur k Primzahlen $p_1, p_2, \ldots, p_k$. Es sei $N = p_1 p_2 \ldots p_k$. Da $N + 1$ größer ist als p_k, ist es keine Primzahl und hat somit einen Primfaktor p_j mit N gemeinsam. Doch p_j ist sowohl ein Teiler von N als auch von $N + 1$ und damit auch von $(N + 1) - N = 1$, was nicht sein kann. ■

Beweis 2 Man muss nur zeigen, dass es zu jeder positiven Zahl n eine Primzahl p gibt, die größer ist als n. Dazu nehme man irgendeine Primzahl p, die ein Teiler von $n! + 1$ ist. ■

Beweis 3 Es sei $n > 1$ eine beliebige ganze Zahl. Da n und $n + 1$ benachbarte Zahlen sind, haben sie keinen gemeinsamen Teiler. Also muss $N_2 = n(n + 1)$ mindestens zwei verschiedene Primfaktoren haben. Ebenso sind $n(n + 1)$ und $n(n + 1) + 1$ aufeinanderfolgende Zahlen und somit ohne gemeinsamen Teiler, also muss $N_3 = n(n + 1)[n(n + 1) + 1]$ mindestens drei verschiedene Primfaktoren haben. Dieser Prozess lässt sich beliebig fortsetzen. ■

Euklidische Primzahlen

Zahlen der Form $N_k = p_1 p_2 \ldots p_k$ bezeichnet man als *Primorial* oder *Primfakultät*, und die Zahl $E_k = N_k + 1$ nennt man eine *Euklidische Zahl*. Die ersten fünf Euklidischen Zahlen 3, 7, 31, 211, 2311 sind Primzahlen (und heißen daher *Euklidische Primzahlen*), doch $E_6 = 30.031 = 59 \cdot 509$. Es ist nicht bekannt, ob die Anzahl der Euklidischen Primzahlen endlich oder unendlich ist.

Im Jahr 1737 bewies Leonhard Euler (1707–1783), dass es unendlich viele Primzahlen gibt, indem er zeigte, dass ein bestimmter Ausdruck, bei dem alle Primzahlen auftreten, unendlich ist. Ein solcher Ausdruck ist z. B. die Summe der Kehrwerte aller Primzahlen. Wenn diese Summe unendlich ist, muss es unendlich viele Primzahlen geben. Hier folgt ein moderner Beweis dieser Aussage von F. Gilfeather und G. Meisters (Leavitt, 1979). Er verwendet nur einfache Integralrechnung sowie die Divergenz der harmonischen Reihe, die wir zunächst beweisen.

Lemma 1.2 *Die harmonische Reihe* $1 + \dfrac{1}{2} + \dfrac{1}{3} + \ldots$ *divergiert.*

Beweis (Ward, 1970) Sei $H_n = 1 + (1/2) + (1/3) + \ldots + (1/n)$ die n-te Partialsumme der harmonischen Reihe. Angenommen, die harmonische Reihe konvergierte gegen H. Dann wäre $\lim_{n\to\infty}(H_{2n} - H_n) = H - H = 0$. Doch

$$H_{2n} - H_n = \frac{1}{n+1} + \frac{1}{n+2} + \ldots + \frac{1}{2n} > n \cdot \frac{1}{2n} = \frac{1}{2},$$

sodass $\lim_{n\to\infty}(H_{2n} - H_n) \neq 0$, was ein Widerspruch ist. ∎

Satz 1.12 *Die Summe* $\sum_{p \text{ Primzahl}} 1/p$ *divergiert.*

Beweis Für eine feste ganze Zahl $n \geq 2$ betrachten wir die Menge aller Primzahlen $p \leq n$ und das Produkt

$$\prod_{p \leq n} \left(\frac{p}{p-1}\right) = \prod_{p \leq n} \left(\frac{1}{1 - 1/p}\right) = \prod_{p \leq n} \left(1 + \frac{1}{p} + \frac{1}{p^2} + \ldots\right).$$

Da sich jede Zahl $k \leq n$ als ein Produkt von Primzahlen $p \leq n$ darstellen lässt, muss für jedes $k \leq n$ der Kehrwert $1/k$ als ein Term in dem Produkt auf der rechten Seite auftreten. Somit ist

$$\prod_{p \leq n} \left(\frac{p}{p-1} \right) > \sum_{k=1}^{n} \frac{1}{k}.$$

Der natürliche Logarithmus ist eine monoton steigende Funktion und daher bleiben Ungleichungen richtig, wenn man von beiden Seiten den natürlichen Logarithmus betrachtet:

$$\sum_{p \leq n} [\ln p - \ln(p-1)] > \ln \left(\sum_{k=1}^{n} \frac{1}{k} \right). \tag{1.1}$$

Andererseits gilt

$$\sum_{p \leq n} [\ln p - \ln(p-1)] = \sum_{p \leq n} \left(\int_{p-1}^{p} \frac{1}{x} dx \right) < \sum_{p \leq n} \left(\frac{1}{p-1} \right) \leq \sum_{p \leq n} \frac{2}{p}. \tag{1.2}$$

Aus (1.1) und (1.2) folgt

$$\sum_{p \leq n} \frac{1}{p} > \frac{1}{2} \ln \left(\sum_{k=1}^{n} \frac{1}{k} \right). \tag{1.3}$$

Die rechte Seite von (1.3) wächst für $n \to \infty$ unbegrenzt, also divergiert $\sum_{p \, \text{Primzahl}} 1/p$. ∎

Weitere Beweise findet man in (Vanden Eynden, 1980).

Primzahlen und Sicherheit

Ein dankbarer Aspekt der Mathematik besteht in manchmal unerwarteten Anwendungen bestimmter Bereiche. Für viele Jahrhunderte untersuchte man Primzahlen wegen grundlegender zahlentheoretischer Fragestellungen. Doch im heuten digitalen Zeitalter, in dem sämtliche Computerkommunikation auf dem Austausch von Zahlen beruht, wurden die Primzahlen zu einem wesentlichen Bestandteil der Sicherheit. In der modernen Kryptographie beruhen viele Verfahren (RSA von R. Rivest, A. Shamur und L. Adleman; das Verfahren von Elgamal; das Verfahren von R. Merkle, W. Diffie und M. Hellman, ...) auf den Primzahlen. Die zentrale Idee besteht darin, dass man aus dem Produkt pq von zwei großen Primzahlen p und q diese beiden Bestandteile nur sehr schwer zurückgewinnen kann.

1.4 Fibonacci-Zahlen

Angenommen, wir haben eine Menge identischer Einheitsquadrate, identischer 1×2-Rechtecke (die wir *Dominosteine* nennen) sowie ein *n-Brett*, d. h. ein $1 \times n$-Rechteck. Wir bezeichnen mit f_n die Anzahl der unterschiedlichen *Parkettierungen* dieses *n*-Bretts, d. h. die Anzahl der unterscheidbaren Möglichkeiten, quadratische und rechteckige Steine so auf das Brett zu legen, dass es keine Überschneidungen gibt und jedes Feld überdeckt wird. Für $n = 5$ ist beispielsweise $f_5 = 8$. Abbildung 1.15 zeigt ein Bild des 5-Bretts sowie die acht Möglichkeiten, es mit Quadraten und Rechtecken zu überdecken.

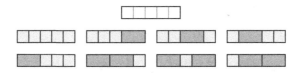

Abb. 1.15

Entsprechend findet man: $f_1 = 1$, $f_2 = 2$, $f_3 = 3$, $f_4 = 5$, $f_5 = 8$, $f_6 = 13$, und so weiter. Man kann tatsächlich vergleichsweise einfach einsehen, dass für alle $n \geq 3$ gilt: $f_n = f_{n-1} + f_{n-2}$. Um ein *n*-Brett zu überdecken, kann man auf der linken Seite mit einem Quadrat beginnen und den Rest des Bretts auf f_{n-1} verschiedene Weisen vervollständigen; oder man beginnt auf der linken Seite mit einem Dominostein und vervollständigt den Rest auf f_{n-2} Weisen.

Vermutlich ist Ihnen aufgefallen, dass in der Zahlenfolge $\{f_n\}_{n=1}^{\infty}$ dieselben Zahlen wie auch bei der *Fibonacci-Folge* $\{F_n\}_{n=1}^{\infty}$ auftreten, die durch $F_n = F_{n-1} + F_{n-2}$ mit $F_1 = F_2 = 1$ definiert ist. Wenn wir in unserem Beispiel $f_0 = 1$ definieren (es gibt nur eine Möglichkeit, ein 0-Brett zu überdecken – kein Quadrat und kein Dominostein), dann gilt für alle $n \geq 0$, dass $f_n = F_{n+1}$.

Wollen wir irgendwelche Identitäten für die Fibonacci-Zahlen beweisen, müssen wir diese nur für die Folge $\{f_n\}_{n=0}^{\infty}$ beweisen. Die folgenden beiden Sätze und ihre Beweise stammen aus *Proofs That Really Count* (Benjamin und Quinn, 2003), einer erfrischenden Sammlung schöner Beweise zu den Fibonacci-Zahlen und verwandten Zahlenfolgen. Die Beweise nutzen das Fubini-Prinzip, d. h. die Anzahl der Überdeckungen des *n*-Bretts mit Quadraten und Dominosteinen wird auf zwei verschiedene Weisen abgezählt, die jeweils bestimmten Bedingungen unterliegen. Benjamin und Quinn nennen dies *Konditionierung*.

Satz 1.13 *Für alle $n \geq 0$ gilt $f_0 + f_1 + f_2 + \ldots + f_n = f_{n+2} - 1$.*

Beweis Wie viele Überdeckungen eines $(n+2)$-Bretts verwenden mindestens einen Dominostein? Fast per Definition lautet die Antwort $f_{n+2} - 1$, denn wir schließen von allen f_{n+2} Möglichkeiten lediglich die eine Überdeckung aus, die nur aus Quadraten besteht. Für die zweite Form der Abzählung betrachten wir den Ort des am weitesten links liegenden Dominosteins (dies ist bei diesem Verfahren der Konditionierung die *Bedingung*). Wenn die Überdeckung des $(n+2)$-Bretts auf der linken Seite mit einem Dominostein beginnt, lässt sie sich auf f_n verschiedene Möglichkeiten fortsetzen. Beginnt die Überdeckung auf der linken Seite mit einem Quadrat gefolgt von einem Dominostein, lässt sie sich auf f_{n-1} Möglichkeiten fortsetzen. Eine Überdeckung, die auf der linken Seite mit zwei Quadraten gefolgt von einem Dominostein beginnt, lässt sich auf f_{n-2} Weisen fortsetzen (Abb. 1.16).

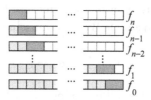

Abb. 1.16

Auf diese Weise können wir fortfahren bis zu dem letzten Fall, bei dem die Überdeckung mit n Quadraten beginnt und einem Dominostein endet. Diese lässt sich auf $f_0 = 1$ Möglichkeiten vervollständigen (d. h. es handelt sich bereits um eine Überdeckung des $(n+2)$-Bretts). Das gewünschte Ergebnis erhalten wir aus der Summe dieser Möglichkeiten. ∎

Satz 1.14 *Für $n \geq 0$ ist $f_0 + f_2 + f_4 + \ldots + f_{2n} = f_{2n+1}$.*

Beweis Wie viele Überdeckungen gibt es von einem $(2n+1)$-Brett? Per Definition lautet die Antwort f_{2n+1}. Für die zweite Art der Abzählung wählen wir eine Bedingung für das am weitesten links liegende Quadrat. Beginnt die Überdeckung eines $(2n+1)$-Bretts auf der linken Seite mit einem Quadrat, lässt sie sich auf f_{2n} Weisen vervollständigen. Beginnt die Überdeckung auf der linken Seite mit einem Dominostein gefolgt von einem Quadrat, gibt es f_{2n-2} Möglichkeiten der Vervollständigung. Beginnt die Überdeckung auf der linken Seite mit zwei Dominosteinen gefolgt von einem Quadrat, lässt sie sich auf f_{2n-4} Weisen fortsetzen (Abb. 1.17).

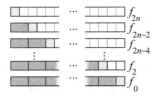

Abb. 1.17

Auch hier können wir auf diese Weise bis zum letzten Fall fortfahren, bei dem die Überdeckung mit n Dominosteinen beginnt und ein Quadrat folgt. Zur Vervollständigung gibt es nur $f_0 = 1$ Möglichkeit. Die Summe liefert wiederum das gewünschte Ergebnis. ■

In (Benjamin und Quinn, 2003) findet man noch viele weitere Fibonacci-Identitäten und kombinatorische Beweise.

Identitäten, bei denen bestimmte Potenzen der Fibonacci-Zahlen auftreten, beispielsweise Quadrate oder dritte Potenzen, lassen sich oft sehr schön durch zwei- oder dreidimensionale Bilder veranschaulichen.

Satz 1.15 *Für $n \geq 1$ gilt $F_1^2 + F_2^2 + \ldots + F_n^2 = F_n F_{n+1}$.*

Beweis Siehe Abb. 1.18 (Bicknell und Hoggatt, 1972). ■

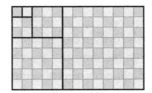

Abb. 1.18

Satz 1.16 *Für $n \geq 2$ gilt $F_{n+1}^3 = F_n^3 + F_{n-1}^3 + 3 F_{n-1} F_n F_{n+1}$.*

Beweis Siehe Abb. 1.19. ■

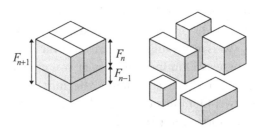

Abb. 1.19

Es klingt vielleicht überraschend, aber es gibt keine geschlossene Formel für die Fibonacci-Zahlen, in der nur natürliche Zahlen auftreten, allerdings gibt es eine solche Formel, in welcher der Goldene Schnitt auftritt (siehe Abschn. 2.1).

Überall Fibonacci-Zahlen

Vermutlich hat Leonardo von Pisa (um 1170–1240) nicht geahnt, dass man ihn einmal Fibonacci nennen würde (eine Kurzform von *filius Bonaccio*, Sohn des Bonaccio), und mit Sicherheit hätte er es sich nicht träumen lassen, dass seine Zahlenfolge 1, 1, 2, 3, 5,..., auf die er im Zusammenhang mit einem kombinatorischen Problem des Zählens von Kaninchen stieß, einmal derart berühmt würde. Die Zeitschrift *The Fibonacci Quarterly* erschien 1963 zum ersten Mal, und sie ist ausschließlich den Eigenschaften dieser Folge gewidmet. Fibonacci-Zahlen treten nahezu überall auf – in der Natur (in der Phyllotaxis von Sonnenblumen, bei der Ananas, bei Artischocken, dem Stammbaum von Bienen etc.) ebenso wie in der Architektur und der Kunst.

1.5 Der Satz von Fermat

Einer der nützlichsten Sätze der Zahlentheorie ist der Satz von Fermat. Manchmal spricht man vom „kleinen" Satz von Fermat, um ihn vom bekannteren „großen" oder „letzten" Satz zu unterscheiden. Pierre de Fermat (1601–1665) erwähnt ihn (ohne Beweis) in einem Brief aus dem Jahr 1640. Leonhard Euler veröffentlichte 1736 den ersten Beweis.

Heute kennt man viele Beweise für den Fermat'schen Satz. Es folgt ein besonders eleganter, der lediglich auf der Abzählung von Objekten in einer Menge beruht (Golomb, 1956).

Satz 1.17 (**Fermat**) *Es sei n eine ganze Zahl und p eine Primzahl, dann ist p ein Teiler von $n^p - n$. Ist außerdem n kein Vielfaches von p, dann ist p ein Teiler von $n^{p-1} - 1$.*

Beweis Es genügt, den Satz für natürliche Zahlen zu beweisen (Aufgabe 1.7). Wir stellen uns vor, wir haben Perlen in n verschiedenen Farben und möchten bunte Perlenketten aus p Perlen herstellen. Zunächst reihen wir p Perlen auf einen Faden. Da jede Perle eine von n Farben haben kann, gibt es insgesamt n^p verschiedene Möglichkeiten für solche aufgezogenen Perlenreihen. Außerdem gibt es für jede der n Farben eine Perlenfolge, bei der alle Perlen dieselbe Farbe haben. Diese Perlenfolge wollen wir nicht berücksichtigen, sodass noch $n^p - n$ verschiedene Perlenfolgen übrigbleiben. Nun verknoten wir die beiden Enden des Fadens zu einer geschlossenen Perlenkette in Form eines Kreises. Falls sich jedoch zwei solche Perlenketten nur in einer zyklischen Permutation der Perlenfolgen unterscheiden, sind sie ununterscheidbar, wenn der Knoten nicht mehr sichtbar ist. Ist p eine Primzahl, so gibt es p zyklische Permutationen der p Perlen, sodass die Anzahl der *unterscheidbaren mehrfarbigen* Perlenketten gleich $(n^p - n)/p$ ist. Diese Anzahl muss daher eine ganze Zahl sein. Da außerdem $n^p - n = n(n^{p-1} - 1)$, muss p ein Teiler von $n^p - 1$ sein, sofern p kein Teiler von n ist. ∎

1.6   Der Satz von Wilson

Ausgedrückt durch Kongruenzrelationen kann man den Fermat'schen Satz auch folgendermaßen formulieren: Für eine beliebige ganze Zahl n und eine Primzahl p gilt $n^p \equiv n(\mathrm{mod}\, p)$. Falls außerdem n kein Vielfaches von p ist, gilt $n^{p-1} \equiv 1(\mathrm{mod}\, p)$. Der folgende Satz von Wilson ist eine schöne Folgerung aus dem Satz von Fermat.

Satz 1.18 (**Wilson**) *Für eine Primzahl p gilt* $(p - 1)! \equiv -1(\mathrm{mod}\, p)$.

Beweis Die Aussage ist sicherlich für $p = 2$ richtig, also können wir annehmen, dass p ungerade ist. Nach dem Fermat'schen Satz sind die ganzen Zahlen $1, 2, \ldots, p-1$ Wurzeln der Kongruenz $x^{p-1} - 1 \equiv 0(\mathrm{mod}\, p)$. Da eine polynomiale Kongruenzrelation vom Grade $p - 1$ genau $p - 1$ inkongruente Lösungen modulo p hat, folgt

$$x^{p-1} - 1 \equiv (x - 1)(x - 2) \ldots \big(x - (p - 1)\big)\, \mathrm{mod}\, p.$$

Vergleichen wir die konstanten Terme modulo p, so folgt wie gefordert $-1 \equiv (-1)^{p-1}(p - 1)! \equiv (p - 1)!(\mathrm{mod}\, p)$. ∎

Auch die Umkehrung des Satzes von Wilson ist wahr: Wenn $(n - 1)! \equiv -1(\mathrm{mod}\, n)$, dann ist n eine Primzahl. Zum Beweis nehmen wir an, n sei keine Primzahl, sodass $n = ab$ mit $1 < a, b < n - 1$. Dann ist a sowohl ein Teiler von n als auch von $(n - 1)!$ und somit $(n - 1)! \not\equiv -1(\mathrm{mod}\, n)$.

1.7   Vollkommene Zahlen

Die vollkommenen Zahlen haben in jedem Jahrhundert seit Beginn der Christenheit die Aufmerksamkeit der Zahlentheoretiker auf sich gezogen.

L. E. Dickson, History of the Theory of Numbers

Vollkommene Zahlen gibt es ebenso wie vollkommene Menschen nur sehr selten.

René Descartes

Eine *vollkommene Zahl* ist eine positive ganze Zahl n, die gleich der Summe ihrer positiven Teiler ist (sie selbst nicht mit eingeschlossen). Beispielsweise sind 6 und 28 vollkommene Zahlen, da $6 = 1 + 2 + 3$ und $28 = 1 + 2 + 4 + 7 + 14$. In Buch IX, Proposition 36, der *Elemente* beschreibt Euklid, wie man weitere vollkommene Zahlen konstruieren kann.

Satz 1.19   (**Euklid**) *Wenn p eine Primzahl ist und $q = 2^p - 1$ ebenfalls eine Primzahl, dann ist $2^{p-1}q$ vollkommen.*

Beweis   Die Teiler von $2^{p-1}q$ sind $\{1, 2, 2^2, \ldots, 2^{p-1}, q, 2q, 2^2q, \ldots, 2^{p-2}q\}$. Abbildung 1.20 zeigt, wie man Quadrate und Rechtecke, deren Flächen den Teilern entsprechen, zu einem Rechteck mit der Fläche $2^{p-1}q$ (Goldberg) anordnen kann. ■

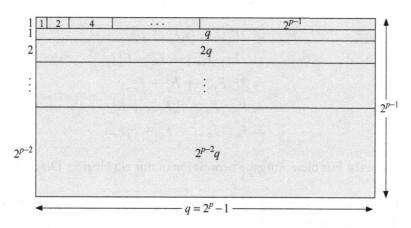

Abb. 1.20

Ungefähr 2000 Jahre nach Euklid bewies Leonard Euler (1707–1783) eine Umkehrung von Satz 1.19: Jede gerade vollkommene Zahl muss von der Form $2^{p-1}(2^p - 1)$ sein, wobei p und $2^p - 1$ Primzahlen sind. An dieser Stelle sollte man erwähnen, dass jede gerade vollkommene Zahl eine Dreieckszahl ist. Es ist nicht bekannt, ob es auch ungerade vollkommene Zahlen gibt.

1.8 Aufgaben

1.1 Zeigen Sie mit einem kombinatorischen Argument, dass
   (a) $1 + 2 + 3 + \ldots + (n-1) + n + (n-1) + \ldots + 2 + 1 = n^2$

   (b) $1 + 3 + 5 + \ldots + (2n-1) + (2n+1) + (2n-1) + \ldots + 3 + 1$
   $= n^2 + (n+1)^2$

   (c) $\sum_{k=1}^{n} k^2 = \sum_{i=1}^{n} \sum_{j=1}^{n} \min(i,j)$.

1.2 Beweisen Sie mithilfe von Bildern, dass (a) $3t_n + t_{n-1} = t_{2n}$,
   (b) $3t_n + t_{n+1} = t_{2n+1}$ und (c) $t_{n-1} + 6t_n + t_{n+1} = (2n+1)^2$.

1.3 Beweisen Sie die Identität in Satz 1.4 durch vollständige Induktion.

1.4 Beweisen Sie, dass es unendlich viele Paare von Dreieckszahlen gibt, deren Summe wieder eine Dreieckszahl ist.

1.5 Kann eine Euklidische Zahl eine Quadratzahl sein?

1.6 Sei F_n die n-te Fibonacci-Zahl. Zeigen Sie, dass für $n \geq 2$

$$
\begin{aligned}
F_{n+1}^2 &= 2F_{n+1}F_n - F_n^2 + F_{n-1}^2 \\
&= 2F_{n+1}F_{n-1} + F_n^2 - F_{n-1}^2 \\
&= 2F_n F_{n-1} + F_n^2 + F_{n-1}^2 \\
&= F_{n+1}F_n + F_n F_{n-1} + F_{n-1}^2 \\
&= F_{n+1}F_{n-1} + F_n^2 + F_n F_{n-1}.
\end{aligned}
$$

(Hinweis: Für diese Aufgabe benötigt man nur ein einziges Diagramm.)

1.7 Sei F_n die n-te Fibonacci-Zahl. Zeigen Sie mithilfe von Darstellungen ähnlich wie in Abb. 1.18, dass

$$
\begin{aligned}
F_1 F_3 + F_2 F_4 + \ldots + F_{2n} F_{2n+2} &= F_2^2 + F_3^2 + \ldots + F_{2n+1}^2 \\
&= F_{2n+1} F_{2n+2} - 1.
\end{aligned}
$$

1.8 Sei F_n die n-te Fibonacci-Zahl. Beweisen Sie die *Identität von Cassini*: Für alle $n \geq 2$ gilt $F_{n-1} F_{n+1} - F_n^2 = (-1)^n$. (Hinweis: Beweisen Sie zunächst für alle $n \geq 2$, dass $F_{n+1}^2 - F_n F_{n+2} = F_{n-1} F_{n+1} - F_n^2$. Das lässt sich wieder mit einer Zeichnung zeigen.)

1.9 Eine Folge $\{a_n\}$ von positiven ganzen Zahlen sei definiert durch die Anfangswerte $a_1 = 1$, $a_2 = 2$ und für $n \geq 3$ durch die Rekurrenzrelation $a_{n+1} = a_n + 2a_{n-1} + 1$.
Finden Sie einen geschlossenen Ausdruck für a_n. (Hinweis: Manchmal ist es günstiger, Zahlen in einer anderen Basis als 10 darzustellen.)

1.10 Zeigen Sie: Falls der Satz von Fermat 1.17 für natürliche Zahlen n gilt, dann gilt er auch für beliebige ganze Zahlen.

1.11 Es sei $\tau(n)$ die Anzahl der Teiler einer natürlichen Zahl n. Nach Definition ist n genau dann eine Primzahl, wenn $\tau(n) = 2$. Beweisen Sie, dass n genau dann eine Quadratzahl ist, wenn $\tau(n)$ ungerade ist.

1.12 Es sei n eine gerade vollkommene Zahl größer als 6. Zeigen Sie, dass (a) n um eins größer ist als ein Vielfaches von 9, und (b) für $n > 28$ die Zahl $(n-1)/9$ niemals eine Primzahl ist.

2
Besondere Zahlen

Zahl – die herausragendste aller Erfindungen.
Aischylos, *Der gefesselte Prometheus*

Zahlen sind etwas zu Fürchtendes.
Euripides, *Hecuba*

Wo eine Zahl ist, ist Schönheit.
Proclus

Zahlen sind nicht nur schön, einige von ihnen sind auch berühmt, sogar so berühmt, dass sie ihre eigenen Biographien haben. Die folgende kurze Liste umfasst nur einige Zahlenbiographien, die seit 1994 veröffentlicht wurden:

- *Die Zahl e: Geschichte und Geschichten* (Maor, 1996);
- *The Joy of π* (Blatner, 1997);
- *The Golden Ratio and Fibonacci Numbers* (Dunlap, 1997);
- *The Golden Ratio: The Story of Phi, the World's Most Astonishing Number* (Livio, 2002);
- *An Imaginary Tale: The Story of i* (Nahin, 1998);
- *Gamma: Eulers Konstante, Primzahlstrände und die Riemannsche Vermutung* (Havil, 2007); und
- *The Square Root of Two* (Flannery, 2006).

In diesem Kapitel beweisen wir einige grundlegende Ergebnisse zu besonderen Zahlen wie $\sqrt{2}$, π und e. Ebenso wie die Zahlen selbst werden auch die ausgewählten Beweise von vielen als schön angesehen.

Besondere Namen für besondere Zahlen

Besondere Zahlen haben nicht nur Zahlenwerte, sondern viele von ihnen haben auch einen Namen. $\sqrt{2}$ bezeichnet man manchmal als *Pythagoras-Zahl*, da die Pythagoreer zum ersten Mal die Irrationalität dieser Zahl bewiesen haben. π nennt man *Archimedes-Zahl*, weil Archimedes als Erster die Ungleichung

$3\frac{10}{71} < \pi < 3\frac{1}{7}$ bewiesen hat. π heißt manchmal auch *Ludolph-Zahl*, weil Ludolph van Ceulen (1540–1610) viele Jahre damit verbracht hat, die Zahl π auf 35 Stellen zu berechnen. e nennt man gelegentlich *Euler-Zahl*, doch dieser Name wird auch für die *Euler-Mascheroni-Zahl* γ verwendet. Da John Napier (1550–1617) die Zahl e fast entdeckt hat, bezeichnet man sie auch oft als *Napier-Zahl*.

2.1   Die Irrationalität von $\sqrt{2}$

Es gibt viele Beweise für die Irrationalität von $\sqrt{2}$. Der vielleicht bekannteste stammt von Euklid und beruht auf dem Satz des Pythagoras. Es handelt sich hierbei um den vermutlich ältesten Beweis dieser Tatsache. Es gibt jedoch noch andere Beweise, die sogar einfacher erscheinen. Der folgende Beweis für die Irrationalität von $\sqrt{2}$ ist ebenfalls schon sehr alt, und er lässt sich sogar in einem einzigen Satz formulieren (Bloom, 1995):

Satz 2.1 $\sqrt{2}$ *ist irrational.*

Beweis Wäre $\sqrt{2}$ rational, beispielsweise $\sqrt{2} = m/n$ in irreduzibler (d. h. nicht mehr weiter kürzbarer) Form, dann gälte auch $\sqrt{2} = (2n - m)/(m - n)$, ebenfalls in reduzibler Form aber mit kleinerem Nenner, was ein Widerspruch ist. ■

Um diese Aussage einzusehen, muss sich der Leser von drei Tatsachen überzeugen: (i) Die beiden Brüche sind gleich, (ii) der zweite Nenner ist positiv und (iii) der zweite Nenner ist kleiner als der erste. Auch wenn all dies algebraisch leicht einzusehen ist, kann man es geometrisch vielleicht schneller verstehen (Apostol, 2000). Angenommen, $\sqrt{2} = m/n$ würde tatsächlich in

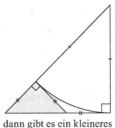

Wenn dies ein gleich-
schenkliges Dreieck mit ganzzahligen Seitenlängen ist,

dann gibt es ein kleineres
Dreieck mit derselben
Eigenschaft.

Abb. 2.1

reduzibler Form gelten, dann wäre ein gleichschenkliges Dreieck mit den Seitenlängen n, n und m das *kleinste* gleichschenklige Dreieck dieser Art mit ganzzahligen Seitenlängen. Andererseits vgl. Abb. 2.1.

Falls tatsächlich die Seitenlängen des größeren Dreiecks n, n und m wären, dann wären die Seitenlängen des grau unterlegten Dreiecks auf der rechten Seite $m - n$, $m - n$ und $2n - m$. Also ist die Annahme, dass $\sqrt{2} = m/n$ bereits die reduzible Form ist, falsch und $\sqrt{2}$ muss irrational sein.

Hippasus und die Irrationalität von $\sqrt{2}$

Gewöhnlich ist es nicht gefährlich, mathematische Sätze zu beweisen. Im Gegenteil, in vielen Fällen macht es sogar richtig Spaß. Zu Zeiten der Pythagoreer war das jedoch möglicherweise anders. Man erzählt sich, dass Hippasus von Metapontum (um 500 v. Chr.) die unerwartete Irrationalität von $\sqrt{2}$ entdeckt haben soll. Als er sein Ergebnis den Gefährten des Pythagoras mitteilte, sollen diese ihn auf hoher See über Bord geworfen haben. Der Beweis hatte das Ideal der Pythagoreer von der Kommensurabilität geometrischer Verhältnisse zerstört. Glücklicherweise sind keine anderen Todesfälle infolge eines gelungenen Beweises bekannt.

2.2 Die Irrationalität von $\sqrt{k}$ für nicht-quadratische k

Wir können den Beweis für die Irrationalität von $\sqrt{2}$ leicht abwandeln und zeigen, dass die Quadratwurzel $\sqrt{k}$ für jedes k, das keine Quadratzahl ist, irrational ist. Bei diesem Beweis interpretieren wir $\sqrt{k}$ als die Steigung einer Geraden durch den Ursprung wie in Abb. 2.2.

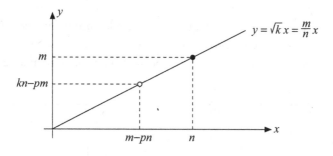

Abb. 2.2

Satz 2.2 *Ist k keine Quadratzahl einer ganzen Zahl, ist $\sqrt{k}$ irrational.*

Beweis Angenommen, $\sqrt{k} = m/n$ und m und n seien teilerfremd. Dann ist der Punkt auf der Geraden $y = \sqrt{k}x = (m/n)x$, der dem Ursprung am nächsten ist und ganzzahlige Koordinaten hat, der Punkt (n, m). Sei nun p die größte ganze Zahl kleiner als $\sqrt{k}$, sodass $p < \sqrt{k} < p + 1$, dann liegt der Punkt mit den ganzzahligen Koordinaten $(m - pn, kn - pm)$ ebenfalls auf der Geraden, er ist aber näher am Ursprung, da aus $(m/n)(m - pn) = m^2/n - pm = kn - pm$ und $p < m/n < p + 1$ auch folgt $0 < m - pn < n$ und $0 < kn - pm < m$. Wir erhalten also einen Widerspruch und $\sqrt{k}$ muss irrational sein. ∎

Da wir Zahlen im Dezimalsystem in der Basis 10 ausdrücken, kann man leicht zeigen, dass $\sqrt{10}$ irrational sein muss. Wäre $\sqrt{10}$ rational, dann wäre $\sqrt{10} = m/n$ (m und n teilerfremd). Damit wäre aber $m^2 = 10n^2$. Im Dezimalsystem muss jedoch eine Quadratzahl immer mit einer geraden Anzahl von Nullen enden, also muss m^2 sowohl mit einer geraden als auch einer ungeraden Anzahl von Nullen enden, was nicht möglich ist.

2.3 Der Goldene Schnitt

Welches Rechteck hat ästhetisch die ansprechendste Form? Einige (sicherlich nicht alle) behaupten, dies gelte für Rechtecke mit einer Form wie in Abb. 2.3a, bei dem die längere Seite eine Länge $\varphi > 1$ hat, wenn die kürzere die Länge 1 hat. Dieser „Goldene Schnitt" hat folgende Eigenschaft: Wenn wir ein Quadrat von dem Rechteck abtrennen (wie in Abb. 2.3b), dann ist das neue Rechteck ähnlich zum alten. Dieser Vorgang lässt sich beliebig oft wiederholen (Abb. 2.3c). Für die Zahl φ erhalten wir nach Abb. 2.3b die Bedingung: $\varphi/1 = 1/(\varphi - 1)$.

Somit folgt $\varphi^2 = \varphi + 1$. Diese quadratische Gleichung hat zwei Lösungen, von denen jedoch nur eine positiv ist, sodass $\varphi = (1 + \sqrt{5})/2 \approx 1{,}618$. Man bezeichnet diese Zahl als *Goldenen Schnitt* oder manchmal auch als *gött-*

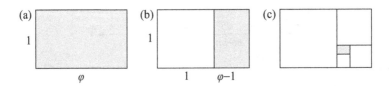

Abb. 2.3

liche Proportionen. Euklid nennt in der 3. Definition und in Proposition 30 seiner *Elemente* die Konstruktion von Seitenlängen in diesem Verhältnis eine „stetige Teilung".

Das Wundersame des Goldenen Schnitts

Mario Livio (Livio, 2002, S. 6) schreibt: „Es ist vermutlich gerechtfertigt zu behaupten, dass keine andere Zahl der Mathematik die Denker aller Disziplinen mehr inspiriert hat als der Goldene Schnitt." Seit die alten Griechen den Goldenen Schnitt im regelmäßigen Fünfeck und die stetige Teilung von Strecken entdeckt haben, findet seine ästhetische Ausstrahlung in Kunst und Architektur Anwendung. Das von Luca Pacioli im Jahr 1509 publizierte und von Leonardo da Vinci liebevoll illustrierte dreibändige Werk *Divina Proportione* führte zu einer ausgiebigen Verwendung des Goldenen Schnitts in der Kunst. Im zwanzigsten Jahrhundert präsentierte das Buch *Le Modulor* des Architekten Le Corbusier ein System von Verhältnissen, die auf dem Goldenen Schnitt beruhten und Künstler und Architekten bis auf den heutigen Tag beeinflussen. Und schließlich haben die Parkettierungen von Roger Penrose, die auf gleichschenkligen Dreiecken mit Seitenlängen im Verhältnis des Goldenen Schnitts beruhen, zu neuen mathematischen Ergebnissen im Zusammenhang mit dieser alten Zahl geführt.

$\sqrt{2}$ ist die Länge der Diagonalen im Einheitsquadrat, und analog ist φ die Länge der Diagonalen im regelmäßigen Fünfeck mit Seitenlänge 1 (vgl. Abb. 2.4 und Aufgabe 2.4.).

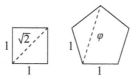

Abb. 2.4

Aus der Beziehung $\varphi^2 = \varphi + 1$ ergibt sich, dass man jede positive ganzzahlige Potenz von φ in der Form $a + b\varphi$ darstellen kann, wobei a und b ganze Zahlen sind. Wir beginnen, indem wir beide Seiten von $\varphi^2 = \varphi + 1$ mit φ multiplizieren, das Ergebnis entsprechend vereinfachen und diesen Prozess wiederholen:

$$\varphi^3 = \varphi^2 + \varphi = 2\varphi + 1,$$
$$\varphi^4 = 2\varphi^2 + \varphi = 3\varphi + 2,$$
$$\varphi^5 = 3\varphi^2 + 2\varphi = 5\varphi + 3,$$
$$\varphi^6 = 5\varphi^2 + 3\varphi = 8\varphi + 5$$

und so weiter. Um die Regel hinter den ganzen Zahlen a und b zu erkennen, setzen wir $\varphi^n = a_{n-1} + b_n \varphi$ für $n \geq 2$ und $a_1 = b_2 = 1$. Dann folgt

$$a_n + b_{n+1}\varphi = \varphi^{n+1} = a_{n-1}\varphi + b_n\varphi^2 = b_n + (a_{n-1} + b_n)\varphi,$$

sodass $a_n = b_n$ und $b_{n+1} = b_n + b_{n-1}$. Somit ist $\{b_n\}$ die Folge der Fibonacci-Zahlen $\{F_n\}$, denn die Zahlen genügen derselben Rekursionsformel und haben dieselben Ausgangswerte (vgl. Abschn. 1.6). Ersetzen wir $\{b_n\}$ durch $\{F_n\}$, so erhalten wir $\varphi^n = F_{n-1} + F_n \varphi$ für $n \geq 2$.

Da $1/\varphi = \varphi - 1$, können wir eine ähnliche Beziehung auch für die negativen ganzzahligen Potenzen von φ aufstellen: $(-1)^n\varphi^{-n} = F_{n+1} - F_n \varphi$. Also erhalten wir

$$\varphi^n - (-1)^n\varphi^{-n} = 2F_n\varphi - (F_{n+1} - F_{n-1}),$$
$$= 2F_n\varphi - F_n = (2\varphi - 1)F_n,$$
$$= \sqrt{5}F_n.$$

Damit haben wir die *Binet'sche Formel* abgeleitet, welche die Fibonacci-Zahlen durch den Goldenen Schnitt ausdrückt.

Satz 2.3 (Formel von Binet) $F_n = [\varphi^n - (-1)^n\varphi^{-n}]/\sqrt{5}.$

Aus $(-1)^n\varphi^{-n} = F_{n+1} - F_n \varphi$ folgt, dass das Verhältnis aufeinanderfolgender Fibonacci-Zahlen für $n \to \infty$ dem folgenden Grenzwert zustrebt:

$$\lim_{n\to\infty} \frac{F_{n+1}}{F_n} = \lim_{n\to\infty} \left(\varphi + \frac{(-1)^n}{\varphi^n F_n}\right) = \varphi + 0 = \varphi.$$

Wachstum eines Goldenen Rechtecks

Wir betrachten die folgende iterative Vorschrift zur Konstruktion von Rechtecken: Aus dem n. Rechteck der Folge gewinnen wir das $n + 1$. Rechteck als das kleinste Rechteck, das zwei Kopien des n. Rechtecks enthält – eine horizontale und eine vertikale Kopie, Seite an Seite. Wir beginnen mit einem 1×1 Quadrat, und dann erzeugt diese Vorschrift eine Folge von Rechtecken, deren Seitenlängen durch die Fibonacci-Zahlen gegeben sind, wie in Abb. 2.5 dargestellt. Die Rechtecke in dieser Folge nähern sich also einem Goldenen Rechteck.

1×1   1×2   2×3   3×5   5×8

Abb. 2.5

Gleichgültig, mit welchem Rechteck man diese Folge beginnt, der Grenzwert ist immer ein Goldenes Rechteck (Walser, 2001).

Da $F_{n+1} = F_n + F_{n-1}$ können wir auch schreiben: $F_{n+1}/F_n = 1 + 1/(F_n/F_{n-1})$, sodass eine Wiederholung dieses Prozesses für $n \geq 2$ (und mit der Beziehung $F_2/F_1 = 1$) auf

$$\frac{F_3}{F_2} = 1 + \frac{1}{1}, \quad \frac{F_4}{F_3} = 1 + \cfrac{1}{1 + \cfrac{1}{1}}, \quad \frac{F_5}{F_4} = 1 + \cfrac{1}{1 + \cfrac{1}{1 + \cfrac{1}{1}}}$$

führt, bis wir schließlich für F_{n+1}/F_n einen Ausdruck erhalten, der $n - 1$ „+" Zeichen enthält:

$$\frac{F_{n+1}}{F_n} = 1 + \cfrac{1}{1 + \cfrac{1}{\cdots \cfrac{}{1 + \cfrac{1}{1}}}}.$$

Der Übergang zum Grenzwert liefert zusammen mit $\lim_{n \to \infty} F_{n+1}/F_n = \varphi$:

$$\varphi = 1 + \cfrac{1}{1 + \cfrac{1}{1 + \cfrac{1}{1 + \ldots}}}.$$

Für $k \geq 1$ gilt: $\sqrt{k + \sqrt{k + \sqrt{k + \sqrt{k + \ldots}}}} = (1 + \sqrt{1 + 4k})/2$ (Aufgabe 2.16). Damit folgt auch

$$\varphi = \sqrt{1 + \sqrt{1 + \sqrt{1 + \sqrt{1 + \ldots}}}}.$$

Diesen asymptotischen Ausdruck für φ verdeutlicht Abb. 2.6, wo die Konvergenz einer Folge von verschachtelten Wurzelausdrücken auf der y-Achse dargestellt ist.

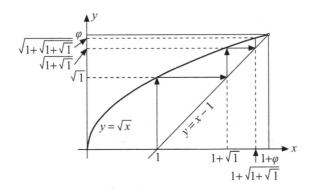

Abb. 2.6

2.4 π und der Kreis

Die Zahl π wird üblicherweise definiert als das Verhältnis von Umfang zu Durchmesser eines Kreises. Jeder Schüler lernt, dass der Umfang C eines Kreises durch $2\pi r$ gegeben ist und seine Fläche A durch πr^2, wobei r den Radius des Kreises bezeichnet. Doch weshalb sollte in diesen beiden Formeln dieselbe Konstante π auftauchen?

Eine schon den alten Griechen bekannte, intuitive Antwort verdeutlicht Abb. 2.7. Wenn wir einen Kreis mit Radius r in eine große Anzahl gleicher, pizzaförmiger Stücke unterteilen, können wir sie zu einer geometrischen Figur zusammenlegen, die einem Parallelogramm mit der Grundseite πr (die Hälfte des Kreisumfangs) und der Höhe r gleicht. Daher sollte A gleich πr^2 sein.

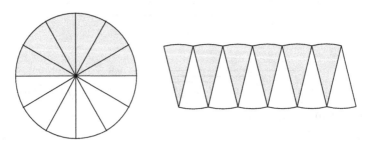

Abb. 2.7

Natürlich ist das noch kein Beweis, doch das Argument lässt sich mathematisch streng formulieren, indem man Grenzwerte betrachtet. Dazu umschreiben wir den Kreis mit regulären Vielecken, wobei die Fläche eines solchen Vielecks gleich r multipliziert mit der Hälfte seines Umfangs ist, und berechnen schließlich den Grenzfall unendlich vieler Seiten.

Wenn wir schon bei Grenzwerten sind, können wir auch Integrale verwenden (Assmus, 1985). Mithilfe bestimmter Integrale lässt sich die Fläche und die Bogenlänge folgendermaßen ausdrücken:

$$A = 4 \int_0^r \sqrt{r^2 - x^2}\, dx \quad \text{und} \quad C = 4 \int_0^r r\, dx / \sqrt{r^2 - x^2}.$$

Die Variablentransformation $x = rt$ führt auf

$$A = \left(4 \int_0^1 \sqrt{1 - t^2}\, dt \right) r^2 \quad \text{und} \quad C = 2 \left(2 \int_0^1 dt / \sqrt{1 - t^2} \right) r.$$

Nun lautet also die Frage: Wie lassen sich die beiden Integrale vergleichen? Die Identität $1 = (1 - x^2) + x^2$ liefert zusammen mit einer partiellen Integration

$$\int_0^1 \frac{1}{\sqrt{1 - t^2}}\, dt = 2 \int_0^1 \sqrt{1 - t^2}\, dt.$$

Setzen wir somit $2 \int_0^1 dt / \sqrt{1 - t^2} = \pi$ (das Verhältnis von Umfang C zu Durchmesser $2r$), erhalten wir $A = \pi r^2$.

2.5 Die Irrationalität von π

> Es wird kaum von praktischer Relevanz sein, ob Pi irrational ist, doch wenn wir es wissen können, wäre es unverzeihlich, es nicht zu wissen.
> *Edward Charles Titchmarsh*

Satz 2.4 *π ist irrational.*

Der folgende elegante Beweis (Niven, 1947) der Irrationalität von π erfordert nur elementare Integralrechnung. Es handelt sich um einen Klassiker.

Beweis Angenommen, $\pi = a/b$ für positive ganze Zahlen a und b. Für eine Zahl x im Intervall $[0, \pi] = [0, a/b]$ definieren wir die Polynome

$$f(x) = \frac{b^n x^n (\pi - x)^n}{n!} = \frac{x^n (a - bx)^n}{n!},$$

$$F(x) = f(x) - f''(x) + f^{(4)}(x) - \ldots + (-1)^n f^{(2n)}(x),$$

wobei die positive ganze Zahl n später festgelegt wird. Da sämtliche Terme von x in $x^n(a - bx)^n$ mindestens von der Ordnung n sind, sind alle Ableitungen $f^{(k)}(0)$ für $0 \le k \le n - 1$ gleich 0. Da weiterhin $f(x) = \frac{1}{n!} \sum_{k=n}^{2n} \binom{n}{k-n} a^{2n-k}(-b)^{k-n} x^k$ folgt $f^{(k)}(0) = \frac{k!}{n!} \binom{n}{k-n} a^{2n-k}(-b)^{k-n}$ für $n \le k \le 2n$, und alle diese Zahlen sind ganze Zahlen. Das Gleiche gilt für $x = \pi = a/b$, da $f(x) = f(\pi - x)$. Nun ist

$$\frac{\mathrm{d}}{\mathrm{d}x}\left[F'(x)\sin x - F(x)\cos x\right] = F''(x)\sin x + F(x)\sin x = f(x)\sin x,$$

und somit

$$\int_0^\pi f(x)\sin x \, \mathrm{d}x = \left[F'(x)\sin x - F(x)\cos x\right]_0^\pi = F(\pi) + F(0). \quad (2.1)$$

Da $f^{(k)}(\pi)$ und $f^{(k)}(0)$ ganze Zahlen sind, ist auch $F(\pi) + F(0)$ eine ganze Zahl. Doch für x in $(0, \pi)$ ist $f(x)\sin x > 0$, und der maximale Wert von $f(x)$ ist $f(\pi/2)$. Damit folgt

$$0 < f(x)\sin x \le f(\pi/2) = \frac{1}{n!}\left(\frac{\pi a}{4}\right)^n,$$

sodass das Integral in (2.1) positiv ist und für genügend großes n beliebig nahe bei 0 liegt. Also muss (2.1) falsch sein und damit auch unsere Annahme, π sei rational. ■

Der biblische Wert von π

Vermutlich haben die meisten schon davon gehört, dass irgendwo in der Bibel der Wert von π mit 3 angegeben sei. Der Ursprung dieser Behauptung ist 1. Kön. 7,23, wiederholt in 2. Chron. 4,2, wo von einem runden „Meer" (einer großen Schale) die Rede ist, das aus Bronze gegossen wurde und zehn Ellen im Durchmesser und dreißig Ellen im Umfang maß.

Der Fehler bei der Näherung von $\pi \approx 3$ beträgt nur 4,5 %. Ein Kreis vom Radius 1 hat die Fläche π, und ein einbeschriebenes reguläres Zwölfeck hat offensichtlich eine kleinere Fläche, wie man an Abb. 2.8 erkennt. Wenn wir jedoch ein Viertel des Zwölfecks in neun Teile zerlegen (drei gleichseitige Dreiecke und sechs gleichschenklige Dreiecke mit einem Öffungswinkel von 150°) und sie geeignet umordnen (Kürschak, 1898), erkennen wir sofort, dass die Fläche des einbeschriebenen Zwölfecks exakt gleich 3 ist. Also liegt der Wert von π nahe bei 3, ist aber etwas größer.

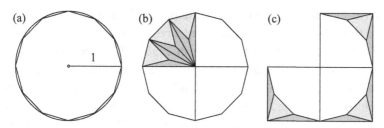

Abb. 2.8

Vergleicht man den Umfang des Kreises mit dem Umfang des einbeschriebenen Zwölfecks, erhält man dasselbe Ergebnis.

2.6 Comte de Buffon und seine Nadel

Im Jahre 1733 stellte der französische Naturforscher, Historiker und Mathematiker Georges-Louis Leclerc, Comte de Buffon (1707–1788), die folgende Aufgabe: Wenn wir eine Nadel auf eine Fläche fallen lassen, auf der in festem Abstand parallele Geraden eingezeichnet sind, mit welcher Wahrscheinlichkeit kreuzt die Nadel eine dieser Geraden? Heute ist diese Aufgabe als *Buffons Nadel-Problem* bekannt, und seine Lösung (übernommen aus (Grinstead und Snell, 1997)) ist ein wahrscheinlichkeitstheoretisches Verfahren zur näherungsweisen Bestimmung von π.

Die Länge der Nadel sei L und der Abstand zwischen zwei benachbarten Geraden auf der Fläche sei D, wobei $0 < L \le D$ sein soll (Abb. 2.9a). Es gilt

Satz 2.5 *Eine Fläche sei mit parallelen Geraden überdeckt, jeweils D Einheiten voneinander entfernt, und eine Nadel der Länge L fällt auf die Fläche ($0 < L \le D$). Die Wahrscheinlichkeit p, dass die Nadel eine der Geraden kreuzt, ist $p = 2L/\pi D$.*

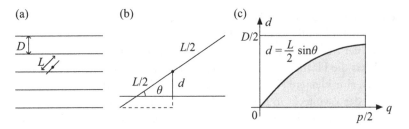

Abb. 2.9

Beweis Es sei d der Abstand vom Mittelpunkt der Nadel zur nächsten Gerade und θ der Neigungswinkel der Nadel relativ zu den parallelen Geraden, wobei $d \in [0, D/2]$ und $\theta \in [0, \pi/2]$ (Abb. 2.9b). Dann kreuzt die Nadel eine Gerade genau dann, wenn $d < (L/2)\sin\theta$. Unter der Annahme, dass d und θ gleichförmig über ihre jeweils erlaubten Bereiche verteilt sind, ist die Wahrscheinlichkeit p, dass die Nadel eine Gerade kreuzt, gleich dem Verhältnis der grau unterlegten Fläche in Abb. 2.9c zur Fläche $\pi D/4$ des einschließenden Rechtecks. Die Fläche des grau unterlegten Bereichs ist

$$\int_0^{\pi/2} \frac{L}{2} \sin\theta \, \mathrm{d}\theta = \frac{L}{2},$$

also ist $p = L/2 = 2L/\pi D$. Für $L = D$ ist die Wahrscheinlichkeit, dass die Nadel eine der Geraden kreuzt, gleich $p = 2/\pi$. Damit können wir π näherungsweise experimentell bestimmen: Man lasse eine Nadel der Länge eins n-mal auf eine Fläche mit parallelen Geraden im Abstand 1 fallen und zähle die Anzahl x der Fälle, in denen die Nadel eine Gerade kreuzt, dann ist $2n/x$ eine Näherung für π. Als praktisches Näherungsverfahren für π ist dieses Experiment allerdings kaum von Nutzen. Man müsste die Nadel schon über 10.000-mal fallen lassen, um auch nur die erste Dezimalstelle von π mit einem Konfidenzintervall von 95 % richtig zu erhalten (Gridgeman, 1960).

Die Lösung zu Buffons Nadel-Problem ist ein Beispiel für geometrische Wahrscheinlichkeitstheorie und war einer der Ausgangspunkte für ein neues Gebiet, bei dem Geometrie und Wahrscheinlichkeit zusammenkommen – die Integralgeometrie. ∎

2.7 e als Grenzwert

Es gibt viele Möglichkeiten, die Zahl e zu definieren. Am vielleicht bekanntesten ist der Grenzwert $e = \lim_{n \to \infty} (1 + 1/n)^n$. Zur Rechtfertigung müssen wir zunächst die Existenz dieses Grenzwerts beweisen. Gewöhnlich zeigt man dazu, dass die Folge $\{(1 + 1/n)^n\}$ monoton ist und eine obere Schranke hat, da alle beschränkten monotonen Folgen konvergieren (diese Tatsache werden wir hier nicht beweisen).

Der folgende Beweis (Johnsonbaugh, 1974) ist besonders attraktiv, weil er ein visuelles Element enthält und nicht vom natürlichen Logarithmus Gebrauch macht.

Wir zeigen zunächst, dass für $0 \leq a < b$ und eine beliebige positive ganze Zahl n gilt:

$$\frac{b^{n+1} - a^{n+1}}{b - a} < (n + 1)b^n. \tag{2.2}$$

Das folgt aus der Konvexität des Graphen zu $y = x^{n+1}$, d. h. die Steigung einer beliebigen Verbindungsstrecke zwischen zwei Punkten auf dem Graph ist immer kleiner als die Steigung der Tangente am rechten Endpunkt der Linie (Abb. 2.10).

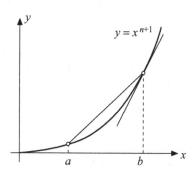

Abb. 2.10

Indem wir mit dem Nenner multiplizieren und die Terme umordnen, ergibt sich aus (2.2)

$$b^n [(n + 1)a - nb] < a^{n+1}. \tag{2.3}$$

Für $a = 1 + 1/(n + 1)$ und $b = 1 + 1/n$ wird der Ausdruck in Klammern in (2.3) zu 1 und wir erhalten

$$\left(1 + \frac{1}{n}\right)^n < \left(1 + \frac{1}{n+1}\right)^{n+1}. \tag{2.4}$$

Setzen wir andererseits $a = 1$ und $b = 1 + (1/2n)$, wird der Ausdruck in Klammern zu $1/2$ und es folgt

$$\left(1 + \frac{1}{2n}\right)^n \frac{1}{2} < 1.$$

Multiplikation mit 2 und Quadrieren führt auf die Ungleichung

$$\left(1 + \frac{1}{2n}\right)^{2n} < 4. \tag{2.5}$$

Aus den beiden Ungleichungen (2.4) und (2.5) ergibt sich, dass die Folge $\{(1+1/n)^n\}$ monoton ansteigt und von oben beschränkt ist, also konvergiert.

Ganz ähnlich können wir zeigen, dass die Folge $\{(1 + 1/n)^{n+1}\}$ monoton fallend und von unten beschränkt ist (Aufgabe 2.11) und dass sie denselben Grenzwert wie die Folge $\{(1 + 1/n)^n\}$ hat. Somit gilt für alle $n \geq 1$,

$$\left(1 + \frac{1}{n}\right)^n < e < \left(1 + \frac{1}{n}\right)^{n+1}. \tag{2.6}$$

Diese Abschätzung lässt sich wesentlich verbessern, wenn wir die Exponenten n und $n + 1$ durch ihren geometrischen bzw. arithmetischen Mittelwert $\sqrt{n(n + 1)}$ und $n + 1/2$ ersetzen:

$$\left(1 + \frac{1}{n}\right)^{\sqrt{n(n+1)}} < e < \left(1 + \frac{1}{n}\right)^{n+\frac{1}{2}}. \tag{2.7}$$

Zum Beweis von (2.7) zeigen wir zunächst, dass für verschiedene positive Zahlen a und b ihr *logarithmischer Mittelwert* $(b - a)/(\ln b - \ln a)$ zwischen dem geometrischen Mittelwert $\sqrt{ab}$ und dem arithmetischen Mittelwert $(a + b)/2$ liegt. (Dass der geometrische Mittelwert immer kleiner oder gleich dem arithmetischen Mittelwert ist, erhält man sofort aus $(\sqrt{a} - \sqrt{b})^2 \geq 0$ durch Ausmultiplizieren.)

Es sei $0 < a < b$. In Abb. 2.11a sehen wir, dass die Fläche $\ln b - \ln a$ unter dem Graphen von $y = 1/x$ über dem Intervall $[a, b]$ größer ist als die Näherung durch das Rechteck über dem Mittelpunkt $(b - a)(a + b)/2$. Äquivalent kann man auch sagen: $(b - a)/(\ln b - \ln a) < (a + b)/2$. Abbildung 2.11b zeigt, dass die Fläche $\ln b - \ln a$ kleiner ist als die Summe $(b - a)/\sqrt{ab}$ der Flächen der beiden Trapeze, bzw. $\sqrt{ab} < (b - a)/(\ln b - \ln a)$. Damit ist die zweifache Ungleichung zwischem dem logarithmischen und dem geometrischen bzw. dem arithmetischen Mittelwert gezeigt: Für $0 < a < b$ gilt $\sqrt{ab} < (b - a)/(\ln b - \ln a) < (a + b)/2$.

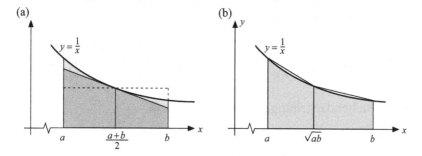

Abb. 2.11

Nun wählen wir $a = n$, $b = n + 1$ und nehmen die Kehrwerte: $2/(2n + 1)$ $< \ln[1 + (1/n)] < 1/\sqrt{n(n + 1)}$, was äquivalent zu (2.7) ist. Wie lässt sich nun die zweifache Ungleichung (2.7) mit (2.6) vergleichen? Für $n = 50$ liefert (2.6) die Werte $2{,}69159 < e < 2{,}74542$, wohingegen (2.7) auf $2{,}71824 < e < 2{,}71837$ führt. Die Breite dieses Intervalls ist kleiner als $0{,}25\,\%$ der Breite des entsprechenden Intervalls aus (2.6).

2.8 Eine unendliche Reihe für e

Nun betrachten wir eine weitere Grenzwertdarstellung von e, nämlich in Form einer unendlichen Reihe. Dieser Grenzwert wird üblicherweise mit Taylor-Polynomen begründet. Wir beweisen ihn mithilfe einer einfachen partiellen Integration (Chamberland, 1999), mit der wir die Folge der Partialsummen dieser Reihe bestimmen.

Satz 2.6 $e = \lim\limits_{n \to \infty} \left(1 + \dfrac{1}{1!} + \dfrac{1}{2!} + \ldots + \dfrac{1}{n!}\right) = 1 + \dfrac{1}{1!} + \dfrac{1}{2!} + \ldots.$

Beweis Sei $a_n = \dfrac{1}{n!} \int_0^1 t^n e^{-t} dt$. Für alle $n \geq 1$ erhalten wir aus einer partiellen Integration die Beziehung $a_n = -\dfrac{1}{n!e} + a_{n-1}$, und für den ersten Koeffizienten gilt: $a_0 = -\dfrac{1}{e} + 1$. Also ist

$$a_n = -\frac{1}{n!e} - \frac{1}{(n-1)!e} - \ldots - \frac{1}{1!e} - \frac{1}{e} + 1$$

$$= 1 - \frac{1}{e}\left(1 + \frac{1}{1!} + \frac{1}{2!} + \ldots + \frac{1}{n!}\right).$$

Da das Integral in dem Ausdruck für a_n zwischen 0 und 1 liegt, folgt $0 \leq a_n \leq 1/n!$ und wir erhalten

$$0 = \lim_{n \to \infty} a_n = \lim_{n \to \infty} \left[1 - \frac{1}{e} \left(1 + \frac{1}{1!} + \frac{1}{2!} + \ldots + \frac{1}{n!} \right) \right],$$

womit die Reihendarstellung für e bewiesen ist. ∎

2.9   Die Irrationalität von e

Mithilfe der Reihendarstellung für e können wir nun beweisen, dass e irrational ist. Der Beweis stammt aus (Hardy und Wright, 1960).

Satz 2.7   e *ist irrational*.

Beweis   Angenommen, e sei rational mit $e = p/q$ für positive ganze Zahlen p und q. Dann gilt:

$$\frac{p}{q} = e = \sum_{n=0}^{q} \frac{1}{n!} + \sum_{n=q+1}^{\infty} \frac{1}{n!}.$$

Wir bringen die erste Summe von der rechten Seite auf die linke und multiplizieren beide Seiten mit $q!$:

$$
\begin{aligned}
p(q-1)! &- \sum_{n=0}^{q} \frac{q!}{n!} \\
&= \frac{1}{q+1} + \frac{1}{(q+1)(q+2)} + \frac{1}{(q+1)(q+2)(q+3)} + \ldots \quad (2.8) \\
&< \frac{1}{q+1} + \frac{1}{(q+1)^2} + \frac{1}{(q+1)^3} + \ldots = \frac{1}{q}.
\end{aligned}
$$

Der Ausdruck auf der linken Seite von (2.8) ist eine ganze Zahl, während die rechte Seite von (2.8) kleiner als 1 und größer als 0 ist. Also ist unsere Annahme $e = p/q$ falsch und e muss irrational sein. ∎

2.10   Steiners Aufgabe zur Euler'schen Zahl e

In dem Klassiker *Triumph der Mathematik* von Heinrich   Dörrie (Dörrie, 1933) werden acht der 100 dort besprochenen Aufgaben Jakob Steiner

(1796–1863) zugeschrieben. Es folgt die Aufgabe 89: Für welche positive Zahl x ist die x-te Wurzel von x die größte?

Gewöhnlich bestimmt man das Maximum der Funktion $f(x) = x^{1/x}$ mithilfe der Differenzialrechnung. Hier folgt eine einfache Lösung, die nur von der Konvexität der Exponentialfunktion und der Monotonie der Potenzfunktion Gebrauch macht.

Lösung Wir zeigen, dass für positive x gilt $x^{1/x} \le e^{1/e}$ (Abb. 2.12).

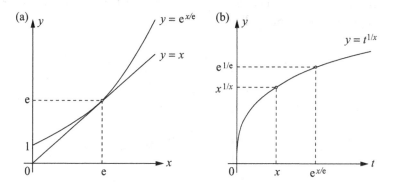

Abb. 2.12

In Abb. 2.12a haben wir die Tangente $y = x$ an die Kurve $y = e^{x/e}$ am Punkt (e, e) gezeichnet. Für $x > 0$ folgt somit $x \le e^{x/e}$. Nun erheben wir beide Seiten zur $1/x$-ten Potenz (siehe Abb. 2.12b für den Fall $x > 1$) und erhalten das gewünschte Ergebnis (im anderen Fall ist die Kurve lediglich konvex). In Abschn. 12.4 verwenden wir diese Ungleichung für den Beweis einer Ungleichung für das arithmetische und geometrische Mittel von n Zahlen.

2.11 Die Euler-Mascheroni-Zahl

Die Euler-Mascheroni-Zahl γ ist ein Maß für die Differenz zwischen den Partialsummen der divergenten harmonischen Reihe und dem natürlichen Logarithmus. Definiert ist sie durch

$$\gamma = \lim_{n \to \infty} \left(\sum_{k=1}^{n} (1/k) - \ln(n + 1) \right). \tag{2.9}$$

Um zeigen zu können, dass (2.9) eine sinnvolle Definition ist, d. h. dass der Grenzwert existiert, betrachten wir die Folge $\{a_n\}$ mit

$$a_n = \sum_{k=1}^{n} (1/k) - \ln(n + 1) \tag{2.10}$$

für $n \geq 1$ und zeigen, dass diese Folge monoton steigend und von oben beschränkt ist. Aus Abb. 2.13 wird folgende Ungleichung deutlich:

$$a_{n+1} - a_n = \frac{1}{n+1} - \ln(n+2) + \ln(n+1) = \frac{1}{n+1} - \int\limits_{n+1}^{n+2} \frac{1}{x} \, dx > 0.$$

In der Abbildung entspricht der grau unterlegte Bereich der Differenz zwischen der Fläche $1/(n+1)$ eines Rechtecks und der Fläche unter dem Graph von $y = 1/x$ über dem Intervall $[n+1, n+2]$.

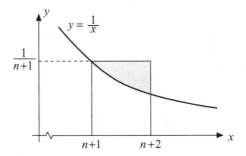

Abb. 2.13

Für alle n gilt außerdem $a_n < 1$, wie in Abb. 2.14 ersichtlich, wo a_n durch die n grauen Bereiche oberhalb des Graphen für $y = 1/x$ über dem Intervall $[1, n+1]$ dargestellt ist.

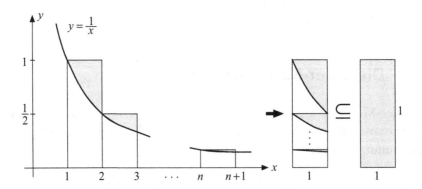

Abb. 2.14

Der Grenzwert in (2.9) existiert also, und wenn man ihn auf zwanzig Stellen berechnet, erhält man $\gamma \approx 0{,}57721566490153286060$. Bis heute ist nicht bekannt, ob γ rational oder irrational ist.

2.12 Rationale und irrationale Exponenten

Weiß man von zwei Zahlen a und b, ob sie rational oder irrational sind, lässt sich in vielen Fällen leicht bestimmen, ob auch $a + b$ und ab rational oder irrational sind. Falls a und b beide irrational sind, kann $a + b$ und ab entweder rational oder irrational sein, ist jedoch von den beiden Zahlen a und b eine rational und die andere irrational, dann sind sowohl $a + b$ als auch ab irrational.

Was weiß man über a^b, wenn man von a und b weiß, ob sie rational oder irrational sind? Sind sowohl a und b rational, dann kann a^b sowohl rational als auch irrational sein. Beispielsweise ist $2^{1/2} = \sqrt{2}$ und $4^{1/2} = 2$. Wie wir nun zeigen werden, gilt das Gleiche auch für die Fälle, in denen mindestens eine der beiden Zahlen a oder b irrational ist (Jones und Toporowski, 1973).

Satz 2.8 *Eine irrationale Zahl hoch eine irrationale Zahl kann rational sein.*

Beweis Wir müssen nur ein Beispiel angeben, bei dem a^b rational ist, obwohl a und b irrational sind. Sollte $\sqrt{2}^{\sqrt{2}}$ rational sein, dann haben wir bereits ein Beispiel. Sollte aber $\sqrt{2}^{\sqrt{2}}$ irrational sein, dann haben wir mit $(\sqrt{2}^{\sqrt{2}})^{\sqrt{2}} = 2$ unser Beispiel. ∎

Satz 2.9 *Eine irrationale Zahl hoch eine irrationale Zahl kann irrational sein.*

Beweis Sollte $\sqrt{2}^{\sqrt{2}}$ irrational sein, ist dies unser Beispiel. Falls $\sqrt{2}^{\sqrt{2}}$ rational sein sollte, dann ist $\sqrt{2}^{\sqrt{2}+1} = \sqrt{2}^{\sqrt{2}} \cdot \sqrt{2}$ unser Beispiel. ∎

Die Fälle, bei denen eine rationale Zahl hoch eine irrationale Zahl bzw. eine irrationale Zahl hoch eine rationale Zahl genommen werden, untersuchen wir in Aufgabe 2.14.

Dem aufmerksamen Leser wird aufgefallen sein, dass wir die Sätze 2.8 und 2.9 bewiesen haben, ohne zu wissen, ob $\sqrt{2}^{\sqrt{2}}$ rational oder irrational ist. Wir haben lediglich die Tatsache ausgenutzt, dass $\sqrt{2}$ irrational ist. Tatsächlich ist $\sqrt{2}^{\sqrt{2}}$ irrational, da es sich um die Quadratwurzel der *Gelfand-Schneider-Zahl* $2^{\sqrt{2}}$ handelt, und von dieser ist bekannt, dass sie transzendent ist (eine [möglicherweise komplexe] Zahl ist *transzendent*, wenn sie keine algebraische Zahl ist; eine Zahl ist eine *algebraische* Zahl, wenn sie eine Wurzel eines nicht identisch verschwindenden Polynoms mit ganzzahligen Koeffizienten ist; alle [reellen] transzendenten Zahlen sind irrational). Allerdings weiß niemand, ob $\sqrt{2}^{\sqrt{2}^{\sqrt{2}}}$ rational oder irrational ist. ∎

Hilbert und die Gelfand-Schneider-Zahl $2^{\sqrt{2}}$

Am 8. August 1900 hielt David Hilbert (1862–1943) einen Vortrag vor dem Zweiten Internationalen Mathematikerkongress in Paris. In seiner Ansprache stellte er 23 Probleme vor (dies bezieht sich auf die gedruckte Version, in seiner mündliche Präsentation waren es nur zehn), von deren Lösung er einen weitreichenden Einfluss auf den Gang der mathematischen Forschung im zwanzigsten Jahrhundert erwartete.

In seinem siebten Problem vermutete Hilbert, dass „der Ausdruck a^b für eine algebraische Basis a (nicht gleich 0 oder 1) und einen irrationalen algebraischen Exponenten b, beispielsweise $2^{\sqrt{2}}$ oder $e^\pi = i^{-2i}$, immer eine transzendente oder zumindest eine irrationale Zahl ist." Die Vermutung bewiesen unabhängig voneinander A. O. Gelfand und T. Schneider im Jahre 1934. Es ist jedoch immer noch nicht bekannt, ob a^b transzendent ist, wenn sowohl a als auch b transzendent sind.

2.13 Aufgaben

2.1 Beweisen Sie durch eine Zeichnung ähnlich wie in Abb. 2.1, dass (a) $\sqrt{3}$ und (b) $\sqrt{5}$ irrational sind.

2.2 Beweisen Sie, dass $\sqrt{2}$ irrational ist, indem Sie zeigen, dass es keine Lösungen zu der Kongruenzrelation $m^2 \equiv 2n^2 (\bmod\ 3)$ gibt, wobei m und n teilerfremd sind.

2.3 Beweisen Sie, dass $\sqrt[n]{2}$ für alle $n \geq 3$ irrational ist. (Hinweis: Verwenden Sie den *Letzten Satz von Fermat*: Die Gleichung $x^n + y^n = z^n$ besitzt keine Lösungen durch positive ganze Zahlen für $n \geq 3$.)

2.4 Beweisen Sie, dass die Länge der Diagonalen eines regulären Fünfecks mit der Seitenlänge 1 gleich dem Goldenen Schnitt φ ist.

2.5 Ein gleichseitiges Dreieck mit der Seitenlänge 1 wird in drei gleichseitige Dreiecke und ein Trapez unterteilt, indem man Streckenabschnitte parallel zu den Seiten zeichnet (vgl. Abb. 2.15a). Man zeige, dass die grau unterlegten Trapeze in den Abb. 2.15b und 2.15c genau dann ähnlich sind, wenn $x = 1/\varphi$.

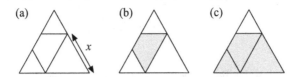

Abb. 2.15

2.6 Es sei A die Fläche eines Kreisrings mit äußerem Radius a und innerem Radius b, und E sei die Fläche einer Ellipse mit der großen Halbachse a und der kleinen Halbachse b (Abb. 2.16). Man finde das Verhältnis von a zu b, für das die Flächen A und E gleich sind (Rawlins, 1995).

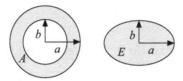

Abb. 2.16

2.7 Drei identische Rechtecke mit den Abmessungen $a \times b$ mit $a < b$ lassen sich wie in Abb. 2.17a zusammenlegen. Jedes Rechteck steht senkrecht auf den beiden anderen und schneidet sie in ihren Mittelpunkten. Ihre Eckpunkte definieren ein konvexes Polyeder mit dreieckigen Seiten, wie in Abb. 2.17b. Man zeige, dass es sich bei dem Polyeder genau dann um ein reguläres Ikosaeder handelt, wenn $b/a = \varphi$, d. h. nur Goldene Rechtecke sind Schnitte eines regulären Ikosaeders.

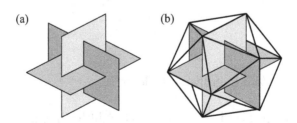

Abb. 2.17

2.8   Es sei [x] die Funktion, die x die nächstgelegene ganze Zahl zuordnet (liegt x genau zwischen zwei ganzen Zahlen, soll ihm die nächstliegende gerade Zahl zugeordnet werden). Man zeige, dass für $n \geq 1$ gilt:

$$F_n = [[\varphi^n / \sqrt{5}]].$$

2.9   Eine Folge der Form $\{a, b, a + b, a + 2b, 2a + 3b, \ldots\}$ mit $ab \neq 0$, bei der jeder Term nach dem zweiten gleich der Summe der beiden vorangehenden Terme ist, bezeichnet man als *verallgemeinerte Fibonacci-Folge*. Handelt es sich bei irgendeiner dieser Folgen um eine geometrische Folge?

2.10 Man beweise, dass $\pi < 22/7$. (Hinweis: Beweisen Sie, dass $22/7 - \pi = \int_0^1 [x^4(1-x)^4/(1+x^2)]dx$. Hierbei handelt es sich um Aufgabe A-1 des 29. William-Lowell-Putnam-Mathematikwettbewerbs im Jahre 1968.)

2.11 (a) Zeigen Sie, dass für $0 \leq a < b$ und eine beliebige positive ganze Zahl n gilt:

$$(n + 1)a^n < \frac{b^{n+1} - a^{n+1}}{b - a}.$$

(b) Verwenden Sie das Ergebnis aus (a) für einen Beweis, dass die Folge $\{(1 - 1/n)^{n+1}\}$ monoton fallend und von unten beschränkt ist.

(c) Zeigen Sie, dass die Folgen $\{(1 + 1/n)^n\}$ und $\{(1 + 1/n)^{n+1}\}$ denselben Grenzwert haben und somit $(1 + 1/n)^n < e < (1 + 1/n)^{n+1}$ für alle $n \geq 1$.

2.12 Zeigen Sie, dass

$$\lim_{n \to \infty} \frac{\sqrt[n]{n!}}{n} = \frac{1}{e}.$$

2.13 Welche Zahl ist größer: e^π oder π^e?

2.14 (a) Zeigen Sie, dass eine rationale Zahl hoch eine irrationale Zahl irrational sein kann.

(b) Zeigen Sie, dass eine rationale Zahl hoch eine irrationale Zahl rational sein kann.

(c) Weshalb fragen wir nicht nach der entsprechenden Eigenschaft für eine irrationale Zahl hoch eine rationale Zahl?

2.15 Sei $\{a_n\}$ die in (2.10) angegebene Folge. Man zeige, dass $\gamma - a_n > 1/2(n+1)$. Daraus ergibt sich, dass diese Folge nur sehr langsam gegen γ konvergiert.

2.16 Man zeige, dass für $k \geq 2$ gilt:

$$\sqrt{k + \sqrt{k + \sqrt{k + \sqrt{k + \ldots}}}} = (1 + \sqrt{1 + 4k})/2 \, .$$

(Hinweis: Betrachten Sie die Folge $\{x_n\}$ definiert durch $x_1 = \sqrt{k}$ und $x_{n+1} = \sqrt{k + x_n}$ und zeigen Sie, dass diese Folge monoton wachsend und von oben beschränkt ist.)

3
Punkte in der Ebene

Mächtig ist die Geometrie; in Vereinigung mit der Kunst
ist sie unwiderstehlich.

Euripides

Geometrie ist die Kunst
der richtigen Argumente in Bezug auf falsche Abbildungen.

George Pólya

In diesem Kapitel geht es um überraschende Ergebnisse – und natürlich ihre erbaulichen Beweise – hinsichtlich einiger der einfachsten geometrischen Konfigurationen in der Ebene. Dazu zählen Figuren, die nur aus Punkten und Linien bestehen, einschließlich solcher Figuren, die sich aus Gitterpunkten in der Ebene ergeben. Erst in späteren Kapiteln werden wir auf geometrische Objekte wie Dreiecke, Vierecke und Kreise eingehen.

3.1 Der Satz von Pick

Der Satz von Pick beeindruckt besonders wegen seiner Eleganz und seiner Einfachheit. Es handelt sich um ein Juwel der elementaren Geometrie. Obwohl er bereits im Jahre 1899 zum ersten Mal veröffentlicht wurde, erfuhr er nur geringe Beachtung, bis Hugo Steinhaus ihn in der ersten Ausgabe seines herrlichen Buchs *Mathematical Snapshots* (Steinhaus, 1969) erwähnte. Georg Alexander Pick (1859–1942) wurde in Wien geboren, verbrachte aber einen Großteil seines Lebens in Prag. Pick schrieb viele mathematische Artikel zu Differenzialgleichungen, komplexer Analysis und Differenzialgeometrie. 1942 wurde Pick von den Nationalsozialisten verhaftet und ins Konzentrationslager von Theresienstadt deportiert, wo er kurz darauf starb.

Ein *Gitterpunkt* in der Ebene ist ein Punkt mit ganzzahligen Koordinaten, und ein *Gittervieleck* ist ein Vieleck, dessen Ecken auf Gitterpunkten liegen. Ein Vieleck nennt man *einfach*, wenn es keine Selbstüberschneidungen besitzt. Der Satz von Pick gibt die Fläche $A(S)$ eines einfachen Gittervielecks S als Funktion der Anzahl i der inneren Gitterpunkte und der Anzahl b der

Gitterpunkte auf dem Rand an: $A(S) = i + b/2 - 1$. Beispielsweise ist für das Gittervieleck S_2 in Abb. 3.1 $i = 15$, $b = 8$ und somit $A(S_2) = 18$.

Kinder verwenden in der Grundschule manchmal den Satz von Pick. Mit einem Geobrett (einem Holzbrett mit einer rechteckigen Anordnung von zur Hälfte in das Brett geschlagenen Nägeln) und Gummibändern, mit denen sich Vielecke spannen lassen, können die Kinder leicht die Flächen berechnen.

Es gibt viele Möglichkeiten, den Satz von Pick zu beweisen. Unser Beweis (Varberg, 1985) besticht durch seine Einfachheit; er ist direkt und intuitiv. Zunächst stellen wir fest, dass sich jedes Gittervieleck in Gitterdreiecke unterteilen lässt (das lässt sich einfach durch Induktion über die Anzahl der Seiten beweisen, wobei man von einem Vieleck mit einer inneren Diagonalen ein Dreieck abtrennt).

Wir definieren für jeden Gitterpunkt P_k des Vielecks einen *Sichtbarkeitswinkel* θ_k (in Grad) als den Winkel, mit dem man in das Vieleck „einsehen" kann, und ein Gewicht $w_k = \theta_k/360°$. Beispielsweise ist $w_k = 1$ für einen inneren Gitterpunkt und $w_k = 1/2$ für einen Punkt auf einer Kante des Vielecks, der kein Eckpunkt ist. Für einen rechtwinkligen Eckpunkt ist $w_k = 1/4$. Es sei $W(S) = \sum_{P_k \in S} w_k$ das Gesamtgewicht des Vielecks S. Erstaunlicherweise gilt

Lemma 3.1 *Für jedes einfache Gittervieleck S ist $W(S) = A(S)$.*

Beweis Die Gewichtsfunktion W ist ebenso wie die Fläche *additiv*: Seien S_1 und S_2 disjunkt (abgesehen von gemeinsamen Randlinien) und $S = S_1 \cup S_2$ (wie in Abb. 3.1), dann gilt $W(S) = W(S_1) + W(S_2)$. Das ergibt sich aus der Tatsache, dass sich die Sichtbarkeitswinkel in S_1 und S_2 an einem gemeinsamen Gitterpunkt zu dem Gesamtsichtbarkeitswinkel für S an diesem Punkt addieren. Wir betrachten nun mehrere Fälle.

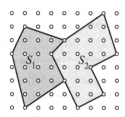

Abb. 3.1

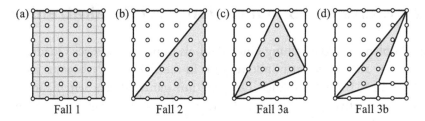

Abb. 3.2

Fall 1 bezieht sich auf ein Gitterrechteck mit horizontalen und vertikalen Seitenrändern, wie in Abb. 3.2a. Jeder Gitterpunkt entspricht einem Quadrat oder Rechteck, dessen Fläche gleich dem Gewicht dieses Gitterpunkts ist. Also ist das Gesamtgewicht gleich der Fläche des Rechtecks.

Abbildung 3.2b zeigt unseren zweiten Fall: ein rechtwinkliges Dreieck S mit horizontalen und vertikalen Katheten. Die Aussage $W(S) = A(S)$ folgt aus Fall 1 nach Division durch 2.

In Fall 3, Abb. 3.2c und d, umgeben wir ein allgemeines Gitterdreieck S mit Dreiecken aus Fall 2 und Rechtecken aus Fall 1. Wiederum folgt $W(S) = A(S)$ aus der Additivität von A und W. Zum Abschluss zerlegen wir ein beliebiges einfaches Gittervieleck in Gitterdreiecke und nutzen die Additivität von W. ∎

Nun beweisen wir

Satz 3.1 (**Satz von Pick**) *Für ein einfaches Gittervieleck S mit i inneren Gitterpunkten und b Randpunkten gilt $A(S) = i + b/2 - 1$.*

Beweis Für ein einfaches Vieleck mit n Eckpunkten ist die Summe der n inneren Eckpunktwinkel gleich $(n - 2)\,180°$ (für einen Beweis siehe Abschn. 4.1). Dementsprechend ist die Summe der Sichtbarkeitswinkel aller Punkte auf dem Rand von S gleich $(b - 2)\,180°$. Bezeichnen wir mit I das Innere und mit B den Rand von S, dann gilt

$$A(S) = W(S) = \sum_{P_k \in I} w_k + \sum_{P_k \in B} w_k$$
$$= i + \frac{(b - 2)180°}{360°} = i + \frac{b}{2} - 1.$$

∎

3.2 Kreise und Summen von zwei Quadratzahlen

Das Problem der Darstellung einer Zahl als Summe von zwei Quadratzahlen ist sehr alt und reicht mindestens bis in die Zeit von Pythagoras zurück. Sucht man z. B. rechtwinklige Dreiecke mit ganzzahligen Seitenlängen, so muss man positive ganze Zahlen a, b und c finden, sodass c^2 gleich der Summe von zwei Quadratzahlen, $a^2 + b^2$, ist. Allgemeiner können wir fragen, welche ganzen Zahlen n sich als Summe von zwei Quadratzahlen darstellen lassen und wie viele solcher Darstellungen es gibt.

Es sei $r_2(n)$ gleich der Anzahl der Möglichkeiten, die ganze Zahl n als Summe von zwei Quadratzahlen (positiv, negativ oder null) darzustellen. Das bedeutet, $r_2(n)$ ist gleich der Anzahl der ganzzahligen Lösungen (x, y) der Gleichung $x^2 + y^2 = n$. Beispielsweise ist $r_2(5) = 8$, denn die ganzzahligen Lösungen für $x^2 + y^2 = 5$ sind $(1,2)$, $(2,1)$, $(-1,2)$, $(2, -1)$, $(1, -2)$, $(-2,1)$, $(-1, -2)$ und $(-2, -1)$. Ist n von der Form $4k - 1$, ist $r_2(n) = 0$, und daher ist $r_2(n)$ eine ziemlich sprunghafte Funktion (siehe Aufgabe 3.6).

Wir können aber folgende Frage stellen: Was ist der Mittelwert von $r_2(k)$ für $1 \le k \le n$? Wir definieren $N_2(n)$ als die Anzahl der ganzzahligen Lösungen für $x^2 + y^2 \le n$, und dann ist der Mittelwert von $r_2(k)$ für $1 \le k \le n$ gleich

$$\frac{r_2(1) + r_2(2) + \cdots + r_2(n)}{n} = \frac{N_2(n)}{n}.$$

Die Berechnung von $N_2(n)$ und $N_2(n)/n$ führt auf folgende Tabelle:

n	1	2	3	4	5	10	20	50	100
$N_2(n)$	5	9	9	13	21	37	69	161	317
$N_2(n)/n$	5	4,5	3	3,25	4,2	3,7	3,45	3,22	3,17

Der Mittelwert von r_2 über alle ganzen Zahlen ist gleich dem Grenzwert von $N_2(n)/n$, sofern dieser Grenzwert für $n \to \infty$ existiert. Es gibt ihn, und es gilt:

Satz 3.2 $\lim_{n \to \infty} \dfrac{N_2(n)}{n} = \pi$.

Beweis Der Beweis beruht auf einer geometrischen Interpretation von $N_2(n)$, die auf Carl Friedrich Gauß (1777–1855) zurückgeht: $N_2(n)$ ist gleich der Anzahl der Punkte in oder auf dem Kreis $x^2 + y^2 = n$ mit ganzzahligen Koordinaten. Beispielsweise ist $N_2(10) = 37$, weil der Kreis um den Ursprung mit Radius $\sqrt{10}$ gerade 37 Gitterpunkte umfasst, wie man in Abb. 3.3a erkennt. Wenn wir um jeden der 37 Punkte ein Quadrat der Fläche 1 zeichnen, dann ist die Gesamtfläche aller Quadrate (grau) ebenfalls $N_2(10)$. Also würden wir erwarten, dass die Fläche der Quadrate näherungsweise gleich der Fläche des Kreises ist, oder allgemeiner, dass $N_2(n)$ näherungsweise gleich $\pi(\sqrt{n})^2 = \pi n$ ist.

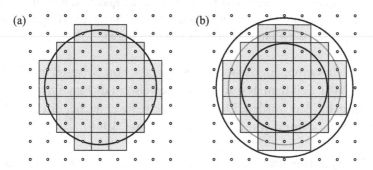

Abb. 3.3

Erweitern wir den Radius $\sqrt{n}$ um die Hälfte der Länge einer Diagonale ($\sqrt{2}/2$) eines Quadrats der Fläche 1, so enthält der erweiterte Kreis sämtliche Quadrate. Kürzen wir andererseits den Radius um dieselbe Länge, dann ist der kleinere gestauchte Kreis in der Vereinigung sämtlicher Quadrate enthalten (Abb. 3.3b). Somit folgt:

$$\pi(\sqrt{n} - \sqrt{2}/2)^2 < N_2(n) < \pi(\sqrt{n} + \sqrt{2}/2)^2.$$

Wir dividieren alle Terme durch n, betrachten den Grenzwert $n \to \infty$ und erhalten das gesuchte Ergebnis. ■

Dasselbe Verfahren lässt sich auch für höhere Dimensionen anwenden (Aufgabe 3.7).

3.3 Der Satz von Sylvester und Gallai

Im Jahre 1893 legte James Joseph Sylvester (1814–1897) in der Rubrik „Mathematische Fragen" der *Educational Times* das folgende Problem vor:

Man beweise, dass es nicht möglich ist, eine beliebige endliche Anzahl reeller Punkte so anzuordnen, dass eine rechte Linie, die durch zwei der Punkte verläuft, immer auch durch einen dritten Punkt verläuft, es sei denn, alle Punkte liegen auf derselben rechten Linie.

Unter einer „rechten Linie" verstand Sylvester eine Gerade. Über vierzig Jahre später löste Tibor Gallai (1912–1992) das Problem, kurz bevor es von Paul Erdős (Erdős, 1943) in der folgenden Form im *American Mathematical Monthly* vorgestellt wurde:

> n Punkte sollten die Eigenschaft haben, dass die gerade Linie durch zwei beliebige Punkte immer auch durch einen dritten Punkt der Menge verläuft. Man zeige, dass die n Punkte auf einer Geraden liegen.

Offensichtlich kannte Erdős weder die Aufgabe von Sylvester noch die Lösung von Gallai. Seit damals sind weitere Beweise zu diesem *Satz von Sylvester und Gallai* gefunden worden. Der hier vorgestellte einfache, direkte und sehr elegante Beweis stammt von L. M. Kelly (Coxeter, 1948).

Satz 3.3 (**Sylvester und Gallai**) *Wenn eine endliche Anzahl von Punkten in einer Ebene nicht alle auf einer Geraden liegen, dann gibt es eine Gerade, die durch genau zwei der Punkte verläuft.*

Beweis Es sei P die Menge der Punkte und L die Menge der Geraden, die durch die Punkte p in P bestimmt sind. Für jedes p in P und ℓ in L mit der Eigenschaft, dass p nicht auf ℓ liegt, betrachten wir nun das Paar (p, ℓ) und berechnen den Abstand von p zu ℓ. Da P und L endliche Mengen sind, muss man nur eine endliche Anzahl von Paaren (p, ℓ) betrachten, und damit können wir auch das Paar (p_0, ℓ_0) finden, für das dieser Abstand minimal ist. Wir zeigen nun, dass ℓ_0 genau zwei Punkte von P enthält.

Angenommen, ℓ_0 enthalte drei oder mehr Punkte von P. Es sei q der Fußpunkt (der ein Punkt von P sein kann, aber nicht sein muss) der Senkrechten von p_0 zu ℓ_0. Von allen Punkten aus P auf ℓ_0 müssen mindestens zwei auf derselben Seite von q liegen, die wir mit p_1 und p_2 bezeichnen, wobei p_1 (der mit q identisch sein kann) zwischen q und p_2 liegen soll (Abb. 3.4). Nun sei

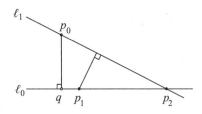

Abb. 3.4

ℓ_1 die Gerade in L, die durch p_0 und p_2 verläuft. Offensichtlich muss der Abstand von p_1 zu ℓ_1 kleiner sein als der Abstand von p_0 zu ℓ_0. Das kann jedoch nicht sein, da das Paar (p_0, ℓ_0) gerade dem minimalen Abstand entsprechen sollte. Also enthält ℓ_0 genau zwei Punkte von P. ∎

3.4 Exakte Aufteilung von 100.000 Punkten

Innerhalb eines Kreises seien 100.000 beliebige Punkte gegeben. Ist es immer möglich, eine Gerade durch den Kreis zu zeichnen, die durch keinen der Punkte verläuft, sodass genau 50.000 Punkte auf jeder der beiden Seiten der Geraden liegen?

Die Antwort lautet „ja" (Gardner, 1989). Tatsächlich ist dies für *jede* gerade Anzahl $2n$ von Punkten innerhalb des Kreises möglich. Abbildung 3.5 zeigt, wie man eine solche Gerade für sechs Punkte finden kann, aber das Verfahren lässt sich für jede gerade Anzahl von Punkten durchführen.

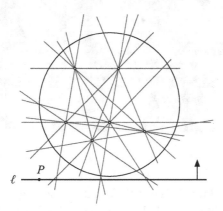

Abb. 3.5

Man betrachte alle Geraden, die durch je ein Punktepaar innerhalb des Kreises definiert sind, und wähle einen Punkt P außerhalb des Kreises, der nicht auf einer dieser Geraden liegt. Man zeichne eine Gerade ℓ durch P, die den Kreis nicht schneidet, wie in Abb. 3.5. Nun drehe man die Gerade ℓ um den Punkt P. Dabei streicht ℓ über jeden der Punkte einzeln, da P nicht auf irgendeiner der Geraden durch zwei oder mehr Punkte liegt. Nachdem ℓ genau n Punkte überstrichen hat, ist man fertig, denn nun liegen genau n der $2n$ Punkte auf jeder Seite der Geraden.

3.5   Tauben und Taubenschläge

Das *Taubenschlagprinzip*, manchmal auch als *Dirichlet'sches Schubfachprinzip* bezeichnet, ist ein sehr einfaches, aber schlagkräftiges Verfahren zur Lösung von kombinatorischen Problemen oder zum Beweis mathematischer Sätze. Es wurde zum ersten Mal 1834 von Peter Gustav Lejeune Dirichlet (1805– 1859) formuliert und beruht auf einer einfachen Beobachtung: Wenn sich m Tauben auf n Taubenschläge verteilen und $m > n$ ist, dann muss mindestens ein Taubenschlag mehr als eine Taube enthalten. In Abb. 3.6 sehen wir beispielsweise $m = 10$ Tauben in $n = 9$ Taubenschlägen.

Abb. 3.6

Ross Honsberger (Honsberger, 1973) erzählt die folgende Geschichte über Paul Erdős und Louis Pósa. Als Pósa ungefähr elf Jahre alt war, stellte ihm Erdős eines Tages während des Mittagessens die folgende Frage: „Beweise, dass von $n + 1$ positiven ganzen Zahlen, alle verschieden und kleiner als $2n$, mindestens zwei keinen gemeinsamen Teiler haben." Ungefähr eine halbe Minute später gab Pósa die Antwort: „Wenn man $n + 1$ positive ganze Zahlen hat, die alle kleiner oder gleich $2n$ sind, müssen mindestens zwei der Zahlen benachbart sein und haben damit keinen gemeinsamen Teiler."

In (Schattschneider, 2006) findet man diesbezüglich die Bemerkung, dass es sich hierbei um das Taubenschlagprinzip in reinster Form handelt. Da es bei insgesamt $2n$ Taubenschlägen, die entlang einer Linie aufgereiht sind, nur maximal n nicht benachbarte Taubenschläge gibt, müssen bei einer Auswahl von $n + 1$ dieser Taubenschläge mindestens zwei benachbart sein. Siehe Aufgabe 3.8 hinsichtlich eines ähnlichen Problems zu den ersten $2n$ positiven ganzen Zahlen.

Es folgen einige weitere Beispiele für Beweise, die auf diesem Prinzip beruhen. Sie alle beziehen sich auf Punkte in der Ebene oder auf der Oberfläche einer Kugel.

Beispiel 3.1 In jeder Menge aus fünf Punkten innerhalb eines gleichseitigen Dreiecks der Seitenlänge 1 gibt es ein Paar von Punkten, die nicht weiter als $1/2$ Einheiten voneinander entfernt sind.

Man unterteile das Dreieck in vier gleichseitige Dreiecke (die Taubenschläge) der Seitenlänge $1/2$. Nach dem Taubenschlagprinzip müssen mindestens zwei der fünf Punkte in demselben kleinen Dreieck liegen.

Beispiel 3.2 (Aufgabe A-2 des 63. William-Lowell-Putnam-Mathematik-wettbewerbs, 2002). Es seien fünf beliebige Punkte auf einer Kugeloberfläche gegeben. Man zeige: Es gibt immer vier Punkte, die auf einer abgeschlossenen Halbkugel liegen.

Man zeichne einen Großkreis durch zwei der Punkte. Es gibt zwei abgeschlossene Halbkugeln, die diesen Kreis zum Rand haben, und jeder der drei anderen Punkte muss auf einer dieser Halbkugeln liegen. Nach dem Taubenschlagprinzip müssen zwei der drei Punkte auf derselben Halbkugel liegen und somit enthält diese Halbkugel vier der fünf Punkte.

Allgemeiner kann man sagen: Wenn m Tauben sich auf n Taubenschläge verteilen und $m > n$ ist, dann muss mindestens ein Taubenschlag mindestens $\lceil m/n \rceil$ Tauben enthalten, wobei $\lceil x \rceil$ die Funktion bezeichnet, die x die kleinste ganze Zahl größer oder gleich x zuordnet.

Beispiel 3.3 In jeder Menge von 51 Punkten innerhalb eines Quadrats der Seitenlänge 1 gibt es immer eine Teilmenge von mindestens drei Punkten, die sich mit einer Kreisscheibe vom Radius $1/7$ überdecken lassen.

Wir teilen das Quadrat in 25 gleich große Teilquadrate der Seitenlänge $1/5$ auf. Nach dem Taubenschlagprinzip muss es mindestens ein Teilquadrat geben, das mindestens $\lceil 51/25 \rceil = 3$ Punkte enthält. Doch jedes Teilquadrat der Seitenlänge $1/5$ passt in einen Kreis vom Durchmesser $2/7$, da $\sqrt{2}/5 < 2/7$.

Oft lässt sich ein Verfahren aus der diskreten Mathematik erweitern und auf kontinuierliche Fälle anwenden. Das gilt auch für das Taubenschlagprinzip. Die Hauptschwierigkeit liegt meist darin zu entscheiden, was die Tauben und was die Taubenschläge sind. Das Abzählen von Objekten wird oft durch Ausmessen ersetzt. Es folgt ein Beispiel (Strzelecki und Schenitzer, 1999).

Beispiel 3.4 Wenn man mehr als die Hälfte der Oberfläche einer Kugel eingefärbt hat, dann müssen von mindestens einer Geraden durch den Mittelpunkt beide Schnittpunkte mit der Kugeloberfläche eingefärbt sein.

Angenommen, die Aussage wäre falsch. Würde man die Kugel an ihrem Mittelpunkt spiegeln, dann würde das Bild von jedem eingefärbten Punkt in einen nicht eingefärbten Punkt übergehen. Das Bild N der Menge P der eingefärbten Punkte wäre somit in der Menge der nicht eingefärbten Punkte enthalten. Also wären N und P disjunkte Teilmengen der Oberfläche mit gleichen Flächen. Das ist jedoch nicht möglich, da die Fläche von P mehr als die Hälfte der Fläche der Kugel ausmacht.

3.6 Zuordnung von Zahlen zu Punkten in der Ebene

Jedes Jahr im April werden rund 500 Schüler amerikanischer Highschools eingeladen, an der USAMO (United States of America Mathematical Olympiad) teilzunehmen. Bei der USAMO handelt es sich um eine Prüfung, die sich über zwei Tage von jeweils neun Stunden erstreckt und bei der insgesamt sechs Aufgaben bearbeitet werden müssen. Die USAMO dient dem Zweck, die kreativsten Schüler des Landes anzuspornen und die Talente ausfindig zu machen, die zur Spitze der mathematischen Wissenschaft in der nächsten Generation heranwachsen könnten. Obwohl sich alle Probleme mit einfachen mathematischen Methoden lösen lassen und noch nicht einmal Differenzial- oder Integralrechnung benötigen, hätten die meisten Berufsmathematiker mit ihnen vermutlich große Schwierigkeiten. Es folgt Aufgabe 6 der USAMO von 2001 und eine Lösung von einem der Teilnehmer (Andreescu und Feng, 2002):

Aufgabe 6. Jedem Punkt in der Ebene wird eine reelle Zahl zugeordnet, sodass für jedes Dreieck die Zahl im Mittelpunkt des einbeschriebenen Kreises gleich dem arithmetischen Mittelwert der drei Zahlen an den Eckpunkten des Dreiecks ist. Man beweise, dass allen Punkten der Ebene dieselbe Zahl zugeschrieben werden muss.

Lösung (Michael Hamburg, St. Joseph's High School, South Bend, Indiana). Ein Kleinbuchstabe steht für die Zahl, die einem Punkt mit dem entsprechenden Großbuchstaben zugeordnet wird. Es seien A und B zwei beliebige Punkte. Wir betrachten das reguläre Sechseck $ABCDEF$ in der Ebene (Abb. 3.7). Die Geraden durch CD und FE schneiden sich im Punkt G. Es sei ℓ die Gerade durch G, die senkrecht auf der Geraden durch ED steht. Die Punkte A, F, E sind jeweils die Spiegelbilder von B, C, D in Bezug auf die Gerade ℓ. Somit haben die Dreiecke CEG und DFG denselben Innenkreismittelpunkt, d. h. es gilt $c + e = d + f$, und auch die Dreiecke ACE und BDF haben denselben Innenkreismittelpunkt, also ist $a + c + e = b + d + f$. Damit folgt $a = b$ und wir sind fertig.

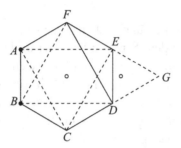

Abb. 3.7

Jedes Jahr verleiht das Clay Mathematics Institute den Clay Olympiad Scholar Preis für die Lösung, die als kreativste angesehen wird. Im Jahr 2001 erhielt Michael Hamburg für seine Lösung den Preis. In ihrer Pressemitteilung schrieb das Clay Mathematics Institute:

Die zwölf Mitglieder des Komitees der USA Mathematical Olympiad Competition empfahlen Herrn Hamburg, einen Schüler der elften Klasse der Saint Joseph's High School, als den Teilnehmer, dessen richtige Lösung einer der mathematischen Aufgaben des Wettbewerbs am besten die Auswahlkriterien des CMI – Eleganz, Schönheit, Phantasie und eine tiefe Einsicht – erfüllten. Einstimmig schlugen sie Mr. Hamburg für seine Lösung von Aufgabe Nr. 6 vor, die insgesamt nur 9 der 270 Teilnehmer der Abschlussrunde richtig gelöst haben. Michael entwickelte eine besonders geniale Konstruktion und leitete anschließend präzise und elegant das Ergebnis her. Die Mitglieder der Jury erklärten, dass die Zeichnung in seiner Lösung gewissermaßen einen „Beweis ohne Worte" darstelle.

3.7 Aufgaben

3.1 Gibt es ein gleichseitiges Gitterdreieck?

3.2 Gibt es eine Verallgemeinerung des Pick'schen Satzes für dreidimensionale Gitterpolyeder? (Hinweis: Betrachten Sie ein Tetraeder mit den Eckpunkten (0,0,0), (1,0,0), (0,1,0) und (1,1,k) für eine positive ganze Zahl k.)

3.3 Weshalb gilt der Satz von Sylvester und Gallai nicht mehr für eine unendliche Punktmenge?

3.4 Es seien $n \geq 3$ Punkte in der Ebene gegeben, die nicht alle auf einer Geraden liegen. Nach dem Satz von Sylvester und Gallai muss es mindestens eine Gerade geben, die genau zwei Punkte enthält. Es kann jedoch mehr als eine solche Gerade geben. Tatsächlich haben Kelly und Moser (1958) bewiesen, dass es mindestens $3n/7$ Geraden mit genau zwei Punkten geben muss. Man zeige, dass es in der Ebene eine Anordnung von n Punkten gibt, sodass genau $3n/7$ Geraden genau zwei Punkte enthalten (somit lässt sich die untere Grenze von $3n/7$ nicht weiter verbessern). (Hinweis: Man nehme $n = 7$.)

3.5 Man betrachte ein rechtwinkliges Raster aus Gitterpunkten mit jeweils m Punkten in n Zeilen. Bestimmen Sie die Anzahl der Rechtecke, deren Eckpunkte auf den Gitterpunkten liegen und deren Kanten parallel zu den Rasterlinien verlaufen.

3.6 Beweisen Sie, dass $r_2(n) = 0$ ist, wenn n die Form $n = 4k - 1$ für eine beliebige positive ganze Zahl k hat.

3.7 Für eine beliebige positive ganze Zahl n sei $N_3(n)$ die Anzahl der Punktetripel (x, y, z) von ganzen Zahlen, für die $x^2 + y^2 + z^2 \leq n$. Man zeige, dass $N_3(n)$ für sehr große Werte von n näherungsweise gleich $4\pi n\sqrt{n}/3$ ist.

3.8 Jeder Eckpunkt eines regulären Fünfecks sei entweder schwarz oder weiß gefärbt. Beide Farben sollen auftreten. Man beweise, dass es drei Eckpunkte des Fünfecks gibt, welche dieselbe Farbe haben, und dass diese drei Punkte ein gleichschenkliges Dreieck bilden.

3.9 Man beweise, dass in jeder Menge aus $n + 1$ Zahlen aus den ersten $2n$ positiven ganzen Zahlen mindestens zwei Zahlen die Eigenschaft haben, dass eine durch die andere teilbar ist.

3.10 (a) Jeder Punkt der Ebene trage eine von zwei Farben. Man beweise, dass es zwei Punkte in der Ebene mit derselben Farbe geben muss, die genau einen Zentimeter voneinander entfernt sind.

(b) Jeder Punkt in der Ebene trage eine von drei möglichen Farben. Man beweise, dass es zwei Punkte mit derselben Farbe gibt, die genau einen Zentimeter voneinander entfernt sind.

(c) Ist Teil (b) immer noch richtig, wenn „drei" durch „neun" ersetzt wird?

3.11 Jeder Punkt der Ebene sei entweder rot oder blau eingefärbt. Man beweise, dass es Rechtecke gibt, bei denen alle Eckpunkte dieselbe Farbe haben.

4

Spielwiese der Vielecke

Darüber steht der Adel, und man unterscheidet
verschiedene Adelsstufen, je nach Zahl der Seiten. Von den
Sechsecken an hat man das Recht, den Titel „polygon" zu
führen, was soviel wie „vielseitig" bedeutet.[1]

Edwin A. Abbott, *Flatland*

Neben Geraden und Kreisen gehören die Vielecke zu den frühesten Sammlungen geometrischer Figuren, die vom Menschen untersucht wurden. Vielecke und die mit ihnen zusammenhängenden Sterne treten im Verlauf der Geschichte immer wieder in Erscheinung, meist in Form religiös-mystischer Symbole. Das Buch IV der *Elemente* von Euklid befasst sich ausschließlich mit der Konstruktion bestimmter regulärer Vielecke (Dreiecke, Quadrate, Fünfecke, Sechsecke und reguläre 15-Ecke) und damit, wie man ihnen Kreise ein- bzw. umschreibt.

In diesem Kapitel betrachten wir einige bemerkenswerte Ergebnisse und ihre Beweise, die sich auf allgemeine Vielecke anwenden lassen. In den folgenden Kapiteln untersuchen wir dann bestimmte Vielecke, wie Dreiecke, Quadrate, allgemeine Vierecke, Vielecke zur Parkettierung der Ebene usw.

4.1 Kombinatorik von Vielecken

Unter einem *Vieleck* oder *Polygon* verstehen wir eine geschlossene Figur aus einer endlichen Anzahl n gerader Linien ($n \geq 3$), von denen jede einen Streckenabschnitt bildet. Polygone können konvex, konkav oder auch sternförmig sein (Abb. 4.1). Wir verwenden die Bezeichnung *n-Eck* für ein Vieleck mit n Seiten (und Winkeln).

---

[1] Übersetzung aus *Flächenland* von Peter Buck, Verlag Franzbecker, 1990

konvex   konkav   Stern

Abb. 4.1

Satz 4.1 *Für ein konvexes n-Eck gilt:*
(i)   *Die Summe der Winkel ist* $(n-2)\,180°$.
(ii) *Es gibt* $n(n-3)/2$ *Diagonalen.*
(iii) *Die Diagonalen schneiden sich in höchstens* $\binom{n}{4}$*inneren Punkten.*

Beweis Da das n-Eck konvex sein soll, können wir einen beliebigen Eckpunkt auswählen und $n-3$ Diagonalen einzeichnen, die diesen Eckpunkt mit allen anderen Eckpunkten außer seinen beiden unmittelbaren Nachbarpunkten verbinden. Die $n-3$ Diagonalen unterteilen das n-Eck in $n-2$ Dreiecke, sodass die Summe aller inneren Winkel gleich $(n-2)\,180°$ ist. Für (ii) stellen wir zunächst fest, dass an jedem Eckpunkt $n-3$ Diagonalen enden, sodass die Gesamtzahl aller Endpunkte von Diagonalen gleich $n(n-3)$ ist. Da jede Diagonale zwei Endpunkte besitzt, gibt es $n(n-3)/2$ Diagonalen. Zu (iii): Jeder innere Schnittpunkt zweier Diagonalen ist gleichzeitig der Schnittpunkt der Diagonalen von mindestens einem Viereck, dessen vier Eckpunkte zu den Eckpunkten des n-Ecks zählen (Abb. 4.2). Andererseits gibt es $\binom{n}{4}$ Möglichkeiten, vier Eckpunkte aus einem n-Eck auszuwählen. ∎

Wir betrachten nun ein n-Eck gemeinsam mit all seinen Diagonalen. Wie viele Dreiecke lassen sich in einer solchen Figur finden? Wir beantworten diese Frage für den Fall, dass sich keine drei Diagonalen in demselben inneren Punkt schneiden, wie in Abb. 4.2.

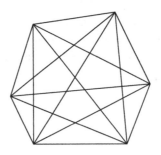

Abb. 4.2

Satz 4.2 *Es sei P ein konvexes n-Eck mit der Eigenschaft, dass sich keine drei Diagonalen an einem inneren Punkt treffen. Dann ist die Anzahl der Dreiecke in P, deren Eckpunkte entweder innere Punkte oder aber Eckpunkte von P sind, gleich*

$$\binom{n}{3} + 4\binom{n}{4} + 5\binom{n}{5} + \binom{n}{6}.$$

Beweis (Conway und Guy, 1996) Wir zählen die Dreiecke entsprechend der Anzahl der Eckpunkte, die jedes Dreieck mit P gemeinsam hat. Es gibt $\binom{n}{3}$ Dreiecke, bei denen alle drei Eckpunkte auch Eckpunkte von P sind (Abb. 4.3a), $4\binom{n}{4}$ Dreiecke, die genau zwei Eckpunkte mit P gemeinsam haben (Abb. 4.3b), $5\binom{n}{5}$ Dreiecke, die genau einen Eckpunkt mit P gemeinsam haben (Abb. 4.3c), und schließlich $\binom{n}{6}$ Dreiecke, bei denen alle Eckpunkte innere Punkte von P sind. ■

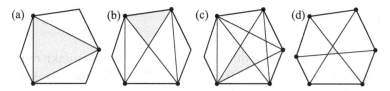

Abb. 4.3

Die folgende Frage ist ähnlicher Natur: In wie viele Gebiete unterteilen die Diagonalen eines Vielecks das Innere des Vielecks?

Satz 4.3 *Es sei P ein konvexes n-Eck mit der Eigenschaft, dass sich keine drei Diagonalen in einem inneren Punkt treffen. Dann ist die Anzahl der Bereiche in der durch die Diagonalen erreichten Aufteilung des Inneren von P gleich*

$$\binom{n}{4} + \binom{n-1}{2}.$$

Beweis (Honsberger, 1973; Freeman, 1976) Für diesen Beweis verwenden wir das Argument der rotierenden Geraden, das wir schon in Abschn. 3.4 eingeführt haben. Da P nur eine endliche Anzahl von Seiten und Diagonalen besitzt, können wir einen Punkt Q außerhalb von P wählen, sodass Q auf keiner der Geraden liegt, die man durch eine Verlängerung der Kanten und Diagonalen von P erhält (Abb. 4.4).

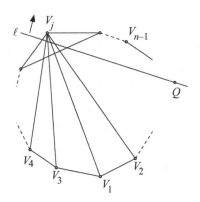

Abb. 4.4

Wir zeichnen eine Gerade ℓ durch Q, die keinen Schnittpunkt mit P hat, und beginnen ℓ um den Punkt Q zu drehen. Wir zählen nun die Anzahl der Bereiche in P, wobei wir einen bestimmten Bereich immer dann hinzunehmen, wenn die Gerade ℓ diesen Bereich zum ersten Mal bei ihrer Drehung um Q schneidet. Das ist dann der Fall, wenn ℓ entweder über einen Eckpunkt von P oder einen inneren Punkt von P (d. h. einen Punkt, bei dem sich zwei Diagonalen in P schneiden) fährt.

Wir betrachten zunächst einen inneren Punkt I von P. Bevor ℓ zu I gelangt, ist ℓ bereits in drei der vier Bereiche, die I als Eckpunkt haben, eingetreten, und diese drei Bereiche wurden somit schon gezählt. Wenn ℓ den Punkt I überstreicht, kommt also genau ein neuer Bereich hinzu, der nun gezählt wird. Somit erhöht sich die Anzahl der gezählten Bereich bei jedem inneren Punkt von P um eins.

Nun betrachten wir die Eckpunkte von P. Jeder Eckpunkt von P ist gleichzeitig Eckpunkt von $n-2$ dreieckigen Bereichen. Wir nummerieren die Eckpunkte nun in der Reihenfolge, in der sie von der Geraden ℓ bei ihrer Drehung um Q überstrichen werden: $V_1, V_2, \ldots, V_n$. Bei V_1 erhöht sich die Anzahl der Bereiche um $n-2$, bei V_2 um $n-3$, da eines der Dreiecke (das auch schon den Eckpunkt V_1 hat) bereits gezählt wurde, und so weiter, bis ℓ schließlich die Punkte V_{n-1} und V_n durchfährt, bei denen keine Dreiecke hinzukommen, die nicht schon berücksichtigt wurden. Wenn also ℓ den

Eckpunkt V_j überstreicht, verläuft jede Strecke $V_1 V_j, V_2 V_j, \ldots, V_{j-1} V_j$ in der Halbebene hinter ℓ und gehört zu einem Dreieck, das schon gezählt wurde.

Da wir für jeden inneren Punkt von P ein neues Gebiet erhalten, und für jeden Eckpunkt V_j genau $n - 1 - j$ neue Gebiete (für $j = 1, 2, \ldots, n - 1$, und 0 für V_n), und da ℓ jedes Gebiet nur einmal überstreicht, ist die Gesamtzahl der Gebiete in P gleich

$$\binom{n}{4} + (n - 2) + (n - 3) + \cdots + 2 + 1 + 0 + 0 = \binom{n}{4} + \binom{n-1}{2}.$$

■

4.2 Konstruktion eines *n*-Ecks mit vorgegebenen Seitenlängen

Sind die Seitenlängen a, b, c eines Dreiecks gegeben, lässt sich das Dreieck leicht konstruieren. Nun seien jedoch die Zahlen $a_1, a_2, \ldots, a_n$ als die in dieser Reihenfolge angeordneten Seitenlängen eines n-Ecks gegeben. Kann man die zugehörige Figur zeichnen, ohne dass man die Winkelmaße kennt? Die überraschende Antwort lautet: ja!

Wie man schon vermuten könnte, benötigen wir dazu allerdings mehr als nur die von den Griechen für die klassischen Konstruktionen zugelassenen Instrumente, Zirkel und Lineal, nämlich zusätzlich ein großes Stück festes Papier oder Karton und eine Schere. Man zeichne auf das Papier einen großen Kreisbogen, markiere einen Punkt in der Nähe eines seiner Enden und konstruiere Sehnen der Längen $a_1, a_2, \ldots, a_n$ (in dieser Reihenfolge) entlang des Bogens, sodass dem Bogen ein Polygonzug einbeschrieben wird. Mit dem Lineal zeichne man den Radius vom Mittelpunkt des Bogens zu jedem Eckpunkt dieser Linie. Nun schneide man diese Figur mit der Schere aus und

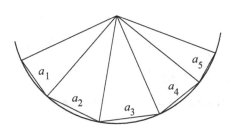

Abb. 4.5

falte sie so, dass jeder Radius zur Kante einer Pyramide wird, deren Grundfläche das gesuchte n-Eck mit den Seitenlängen $a_1, a_2, \ldots, a_n$ ist (Abb. 4.5).

Das 65.537-Eck und sehr viel Geduld

Die ersten regulären Vielecke, die (mit Zirkel und Lineal) einem Kreis einbeschrieben wurden, werden in Buch IV von Euklids *Elementen* erläutert. Dabei
handelt es sich um das gleichseitige Dreieck, das Quadrat, das reguläre Fünfeck,
das reguläre Sechseck und das reguläre 15-Eck. Als Neunzehnjähriger bewies Carl
Friedrich Gauß, dass sich auch ein reguläres 17-Eck mit Zirkel und Lineal konstruieren lässt, allerdings hat er diese Konstruktion nicht explizit ausgeführt. Das
reguläre 257-Eck wurde 1832 von Friedrich Julius Richelot (1808–1875) konstruiert, und das reguläre 65.537-Eck konstruierte 1894 nach über zehn Jahren
aufopferungsvoller und harter Arbeit Johann Gustav Hermes (1846–1912). Das
Beispiel zeigt, dass Geduld und Ausdauer manchmal eine willkommene Ergänzung zu mathematischer Genialität bilden.

4.3   Die Sätze von Maekawa und Kawasaki

Origami (von jap. *oru* – „falten" – und *kami* – „Papier") ist eine traditionelle
japanische Kunst des Papierfaltens. Gewöhnlich geht man von einem quadratischen Blatt Papier aus, dem die Form eines Gegenstands, beispielsweise eines
Vogels oder einer Blume, gegeben wird. Unter *flachem Origami* versteht man
Figuren, die sich z. B. zwischen den Seiten eines Buchs flach pressen lassen,
ohne dass neue Falten oder Knicke hinzukommen. Wird ein Origami aufge-
klappt, erkennt man ein Muster der Knicke und Falten auf dem quadratischen
Papier, ein *Faltenmuster*. Es besteht aus zwei Arten von Falten: *Bergfalten* und
Talfalten (Abb. 4.6).

Bergfalten kennzeichnen wir durch durchgezogene Linien und Talfalten
durch gestrichelte Linien. Ein *Vertex* eines Faltenmusters ist ein Punkt, in
dem sich zwei oder mehr Falten treffen, und eine *flache Vertexfaltung* ist ein

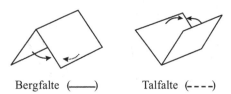

Bergfalte (——)   Talfalte (- - - -)

Abb. 4.6

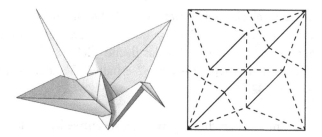

Abb. 4.7

Faltenmuster mit nur einem Vertex. Abbildung 4.7 zeigt eine klassische Origamifigur – einen Kranich – und einen Teil seines Faltenmusters.

Wir gehen nun auf zwei mathematische Sätze über flache Vertexfaltungen und ihre Beweise ein. Der erste dieser Sätze ist nach dem japanischen Physiker Jun Maekawa benannt. Er erschien unter diesem Namen zuerst im Jahr 1987, allerdings ohne Beweis. Der französische Mathematiker Jacques Justin veröffentlichte das Ergebnis 1986, ebenfalls ohne Beweis. Der folgende einfache Beweis stammt von Jan Siwanowicz, der ihn fand, als er noch ein Schüler war (Hull, 1994).

Satz 4.4 (**Maekawa**) *Die Differenz zwischen der Anzahl der Bergfalten und der Anzahl der Talfalten bei einer flachen Vertexfaltung ist zwei.*

Beweis Es sei n die Gesamtzahl der Falten, die an dem Vertex zusammenkommen, und davon seien m Bergfalten und v Talfalten, sodass $n = m + v$. Man falte die Figur, presse sie flach (Abb. 4.8a und b) und schneide das Papier unterhalb des Vertex durch. Die Schnittstelle zeigt ein gefaltetes Polygon im Querschnitt, wie in Abb. 4.8c. Dieser Querschnitt ist ein *flaches Vieleck*, dessen (innere) Winkel alle entweder 0° oder 360° sind.

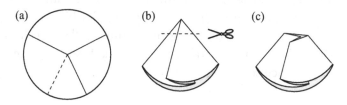

Abb. 4.8

Betrachtet man das flache Vieleck von oben, entsprechen den Bergfalten die 0°-Winkel und den Talfalten die 360°-Winkel, und somit ist die

Winkelsumme des Vielecks gleich $(0m + 360v)°$. Doch nach Satz 4.1(i) muss die Winkelsumme gleich $(n-2)\,180° = (m+v-2)\,180°$ sein, und somit ist $m - v = 2$. Hätten wir von unten auf das flache Vieleck geschaut (oder das Papier umgedreht), hätten wir $m - v = -2$ erhalten. Wiederum ist, wie behauptet, $|m - v| = 2$. ∎

Da sich m und v um 2 unterscheiden, müssen sie entweder beide gerade oder beide ungerade sein, also ist $n = m + v$ gerade. Damit haben wir Folgendes bewiesen:

Korollar 4.1 *Die Anzahl der Falten, die von einem Vertex einer flachen Faltung ausgehen, ist gerade.*

Daraus folgt, dass auch die Anzahl der Winkel zwischen aufeinanderfolgenden Falten an einem Vertex gerade ist. Der nächste Satz besagt etwas über die Winkelsumme für flache Vertexfaltungen.

Satz 4.5 (**Kawasaki**) *Die Summe aller übernächsten Winkel um den Vertex einer flachen Vertexfaltung ist* 180°.

Beweis Es seien $\theta_1, \theta_2, \ldots, \theta_{2n}$ aufeinanderfolgende Winkel um einen Vertex. Natürlich gilt $\theta_1 + \theta_2 + \ldots + \theta_{2n} = 360°$. Pressen wir das gefaltete Papier flach und folgen einem Weg auf dem Papier um den Vertex, beginnend an einer der Falten, dann wechseln wir jedesmal, wenn wir an eine Falte kommen, die Richtung. Nach $2n$ Schritten befinden wir uns wieder an unserem Ausgangspunkt, und somit gilt $\theta_1 - \theta_2 + \theta_3 - \ldots - \theta_{2n} = 0°$. Wir bilden die Summe der beiden Gleichungen, teilen durch 2 und erhalten $\theta_1 + \theta_3 + \ldots + \theta_{2n-1} = 180°$, ebenso können wir die Differenz bilden und durch 2 teilen: $\theta_2 + \theta_4 + \ldots + \theta_{2n} = 180°$. ∎

Auch die Umkehrung des Satzes von Kawasaki gilt (siehe [Hull, 1994]), allerdings folgt aus diesen Sätzen noch nicht die ganze Geschichte (vgl. Aufgabe 4.4). Außerdem beziehen sich diese Ergebnisse nur auf flache Faltungen mit einem einzigen Vertex und die Verallgemeinerung auf Faltungen mit mehreren Vertices ist ziemlich schwierig.

4.4   Die Quadratur von Vielecken

Für die klassischen griechischen Geometer bedeutete die *Quadratur* einer ebenen Figur die Konstruktion eines Quadrats mit derselben Fläche in einer endlichen Anzahl von Schritten, wobei nur Zirkel und Lineal verwendet werden durften. Über die Jahrhunderte hat das Problem der Quadratur von Figuren, die von Kurven begrenzt werden (beispielsweise Kreise und Mondphasen, siehe Kap. 9), sehr viel Aufmerksamkeit erfahren, doch die Tatsache, dass jedes Vieleck eine Quadratur besitzt, war auch schon im Altertum bekannt. Unter diesem Gesichtspunkt ist es vielleicht etwas überraschend, dass es zwar zu jedem regulären Vieleck eine Quadratur gibt, nicht aber für die Grenzfigur, nämlich den Kreis.

Nach einem einfachen Lemma zur Quadratur von Dreiecken behandeln wir zwei Sätze, die sich auf verschiedene Möglichkeiten der Quadratur eines Vielecks beziehen, einmal direkt und einmal induktiv bewiesen.

Lemma 4.1 *Jedes Dreieck besitzt eine Quadratur nur mit Zirkel und Lineal.*

Beweis Man umschließe das Dreieck durch ein Rechteck und bilde anschließend eine Quadratur für das Rechteck mithilfe der geometrischen Konstruktion für den geometrischen Mittelwert $\sqrt{ab}$ von zwei positiven Zahlen a und b (Abb. 4.9). ■

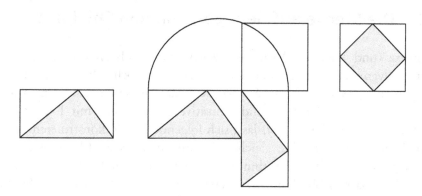

Abb. 4.9

Satz 4.6 *Jedes konvexe n-Eck besitzt eine Quadratur nur mit Zirkel und Lineal.*

Beweis Für $n = 3$ gilt Lemma 4.1. Für $n \geq 4$ unterteilen wir das n-Eck in $n - 2$ Dreiecke, indem wir von einem Eckpunkt aus die Diagonalen einzeichnen. Nun können wir mit Lemma 4.1 jedes der Dreiecke in ein Quadrat umwandeln und erhalten $n - 2$ Quadrate. Abschließend addieren wir die Quadrate geometrisch, indem wir wiederholt aus den Seitenlängen rechte Winkel bilden und den Satz des Pythagoras anwenden. ■

Satz 4.7 *Gegeben ein konvexes n-Eck P_n, $n \geq 4$, dann gibt es ein konvexes $(n-1)$-Eck P_{n-1} mit derselben Fläche, das sich mit Zirkel und Lineal konstruieren lässt.*

Beweis Siehe Abb. 4.10. ■

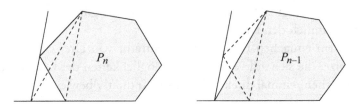

Abb. 4.10

In Kap. 9 untersuchen wir das Problem der Quadratur von Figuren, die von Kurven berandet werden.

4.5 Die Sterne auf dem polygonalen Spielplatz

Konvexe (und konkave) Vielecke bezeichnet man als *einfach*, wenn sich keine Polygonkanten überschneiden. Lassen wir jedoch solche Überschneidungen zu, sprechen wir von *Sternen*. Reguläre Sterne bezeichnet man mit dem Symbol $\{p/q\}$, wobei p und q positive ganze Zahlen mit $1 < q < p/2$ sind. Der reguläre Stern $\{p/q\}$ lässt sich folgendermaßen konstruieren: Man verteile zunächst p Punkte gleichmäßig auf einem Kreis (der später wieder wegradiert wird) und verbinde anschließend jeden Punkt mit seinem q-ten Nachbarn. Abbildung 4.11 zeigt von links nach rechts die Sterne $\{5/2\}, \{6/2\}, \{7/2\}, \{7/3\}, \{8/2\}$ und $\{8/3\}$.

Viele Sterne haben eigene Namen: $\{5/2\}$ ist ein *Pentagramm*, $\{6/2\}$ das *Hexagramm*, der *Davidstern* oder auch das *Siegel des Salomon*, $\{8/2\}$ der *Stern von Lakshmi* und $\{8/3\}$ das *Oktagramm*. Das Pentagramm gibt es als heid-

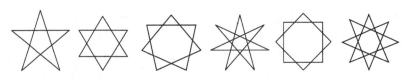

Abb. 4.11

nisches religiöses Symbol seit über 5000 Jahren, es wurde auch im frühen Christentum und Islam als religiöses Symbol verwendet. Es erscheint auf den Nationalflaggen von Marokko und Äthiopien. Der Davidstern befindet sich auf der Nationalflagge von Israel und der Flagge des britischen Nigeria vor der Unabhängigkeit 1960. Das Oktagramm erscheint auf der Nationalflagge von Aserbaidschan und jener der Irakischen Republik zwischen 1959 und 1963. Polygonale Sterne findet man auch häufig in maurischen Fliesenmustern. Die linke Seite von Abb. 4.12 zeigt einen $\{8/2\}$-Stern aus der Patio del Cuarto Dorado in der Alhambra in Granada in Spanien aus dem 14. Jahrhundert. In der Parkettierung in der Mitte sehen wir einen $\{8/3\}$-Stern innerhalb eines $\{8/2\}$-Sterns, umringt von acht weiteren $\{8/3\}$-Sternen aus der Real Alcázar in Sevilla in Spanien, ebenfalls aus dem 14. Jahrhundert. Die Parkettierung auf der rechten Seite zeigt einen $\{12/4\}$-Stern, umgeben von $\{6/2\}$- und $\{8/2\}$-Sternen, ebenfalls aus der Real Alcázar.

Abb. 4.12

Für allgemeine, d. h. nicht notwendigerweise regelmäßige sternförmige Fünfecke, gilt der folgende Satz. Der Beweis erfolgt in Anlehnung an einen Beweis in (Nakhli, 1986).

Satz 4.8 *Die Summe der Winkel in den Eckpunkten eines beliebigen sternförmigen Fünfecks ist* 180°.

Beweis Siehe Abb. 4.13. ∎

Beim Davidstern ist die Summe der spitzen Eckwinkel gleich 360°, da es sich bei dieser Figur um die Summe zweier gleichseitiger Dreiecke handelt. Ganz allgemein ist die Summe der Eckwinkel in einem regulären Stern $\{p/q\}$ gleich $(p-2q)\,180°$. Diese Formel entdeckte zuerst Thomas Bradwardine (1290–1349), Erzbischof von Canterbury (Eves, 1983); siehe Aufgabe 4.6.

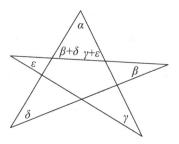

Abb. 4.13

Im Folgenden beschränken wir uns auf *gewöhnliche* und *eigentliche* Vielecke (d. h. kein Punkt der Ebene gehört zu mehr als zwei Kanten und an keinem der Eckpunkte sind die benachbarten Kanten kollinear) (Grünbaum, 1975).

Wie viele verschiedene Klassen von Fünfecken gibt es, wenn wir alle möglichen Arten berücksichtigen (einschließlich solcher mit Schnittpunkten der Kanten und überstumpfen Winkeln)? Entsprechend der Definition aus (Steinitz, 1922) gehören zwei gewöhnliche und eigentliche n-Ecke $P_0 = [a_1, a_2, \ldots, a_n]$ und $P_1 = [b_1, b_2, \ldots, b_n]$ *in dieselbe Klasse*, wenn es eine Schar von gewöhnlichen und eigentlichen n-Ecken $P((t)) = [x_1((t)), x_2(t), \ldots, x_n(t)]$ für $0 \leq t \leq 1$ gibt, sodass $P(0) = P_0$ und $P(1)$ entweder mit P_1 oder mit einem Spiegelbild von P_1 übereinstimmt, und für jedes i in $\{1, 2, \ldots, n\}$ die Funktion $x_i(t)$ stetig im Intervall $[0,1]$ ist. Unter diesen Bedingungen gibt es genau 11 Klassen von Fünfecken (Grünbaum, 1975), dargestellt in Abb. 4.14.

Die vollständige Klassifikation von Sechsecken ist nicht bekannt, bisher wurden 72 Klassen identifiziert (Grünbaum, 1975).

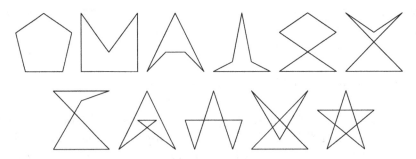

Abb. 4.14

Sterne und sternförmige Vielecke

Ein *sternförmiges Gebiet* einer Ebene ist eine Menge S von Punkten mit der Eigenschaft, dass es einen Punkt A in S gibt, sodass für jeden Punkt X in S die Strecke AX vollständig in S liegt. Handelt es sich bei S um das Innere eines Vielecks, bezeichnen wir dies als *sternförmiges Vieleck*. Jeder Stern ist zwar ein sternförmiges Vieleck, es gibt jedoch sternförmige Vielecke, die keine Sterne sind (beispielsweise konvexe Vielecke). Die Klasse der sternförmigen Vielecke wird im Zusammenhang mit Sichtbarkeitsproblemen (siehe nächster Abschnitt) und in der Robotik untersucht.

4.6 Museumswächter

Im Jahre 1973 formulierte Victor Klee das bekannte „Problem der Museumswächter" (Aigner und Ziegler, 2001): Wie viele Wächter sind notwendig, sodass sie, wenn sie in alle Richtungen schauen, sämtliche Punkte eines Museums überwachen können?

Wir betrachten einen Raum, der von einem Vieleck berandet wird. Wenn es sich bei dem Raum um eine konvexe Menge handelt, genügt offenbar eine einzige Aufsicht (Abb. 4.15a). Bei konkaven Vielecken benötigt man jedoch möglicherweise mehr als eine Aufsichtsperson. Abbildung 4.15b zeigt einen kammförmigen Raum mit zwölf Wänden, die zur vollständigen Überwachung insgesamt vier Wächter benötigt – einen in jedem schattierten Dreieck, sodass jeder „Zinken" des Kamms eingesehen werden kann. Ganz allgemein gilt folgender Satz, der zuerst in (Chvátal, 1975) bewiesen wurde. Unser Beweis (Do, 2004) beruht auf dem eleganten einseitigen Beweis in (Fisk, 1978).

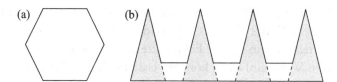

Abb. 4.15

Satz 4.9 *Für jeden polygonalen Grundriss eines Museums mit n Wänden genügen immer $\lfloor n/3 \rfloor$ Aufsichtspersonen und sind unter Umständen auch notwendig.*

Beweis Die Notwendigkeit ergibt sich aus den kammförmigen Grundrissen mit n Zinken, ähnlich Abb. 4.15b, die insgesamt $3k$ Wände haben und k Wachen benötigen. Wenn wir eine oder zwei der Ecken kappen, erhalten wir Grundrisse mit $3k + 1$ oder $3k + 2$ Wänden, die ebenfalls k Wachen benötigen.

Der Beweis, dass $\lfloor n/3 \rfloor$ Wachen auch immer ausreichen, erfolgt in drei Hauptschritten.

(i) *Wir können jedes Vieleck triangulieren.* Unter einer Triangulation eines Vielecks versteht man die Unterteilung in nicht überlappende Dreiecke mithilfe von sich nicht schneidenden Diagonalen, die jeweils Paare von Eckpunkten verbinden. Das lässt sich erreichen, wenn jedes Vieleck mindestens eine Diagonale zwischen zwei Eckpunkten besitzt, die vollständig innerhalb des Vielecks liegt. Ist das der Fall, können wir mit dieser Diagonalen das Vieleck in kleinere Vielecke unterteilen und diesen Prozess so lange fortsetzen, bis nur noch Dreiecke übrigbleiben.

Wie folgende Überlegung zeigt, gibt es (für $n \geq 4$) eine solche Diagonale immer: Wir positionieren eine Wache an den Eckpunkt A mit einer Taschenlampe, die sie auf einen benachbarten Eckpunkt B richtet. Wenn die Wache die Lampe nun langsam zum Inneren des Raumes dreht, muss das Licht irgendwann auf einen anderen Eckpunkt C treffen, und wir können AC oder BC als die gesuchte Diagonale wählen. Das setzt voraus, dass es innerhalb des Dreiecks ABC keinen anderen Eckpunkt des Vielecks gibt, doch einen solchen kann es nicht geben, da das Licht der Lampe diesen Eckpunkt schon beleuchtet hätte, bevor es Punkt C erreichte.

(ii) *Jede Triangulation eines Vielecks lässt sich mit drei Farben kolorieren.* Unter einer Kolorierung einer Triangulation eines Vielecks mit drei Farben versteht man eine Zuordnung von einer von drei Farben zu jedem Eckpunkt des Vielecks derart, dass die Eckpunkte jedes Dreiecks drei verschiedene Farben haben. Da man die Eckpunkte eines Dreiecks offensichtlich in der angegebenen Weise einfärben kann, betrachten wir ein n-Eck mit $n \geq 4$. Mit der vorherigen Behauptung gibt es eine Diagonale zwischen zwei Eckpunkten, die vollständig innerhalb des Vielecks liegt und die das Vieleck in zwei kleinere Vielecke unterteilt. Wenn wir die Eckpunkte der beiden kleineren Vielecke in der geforderten Weise einfärben können, lassen sich die Vielecke zusammenfügen, möglicherweise nach einer Umbenennung der Farben bei einem der Vielecke (Abb. 4.16). Die kleineren Vielecke können wir auf dieselbe Weise einfärben, indem wir sie wiederum in kleinere Vielecke unterteilen und schließlich bei Dreiecken enden.

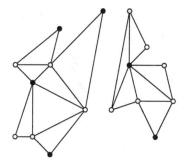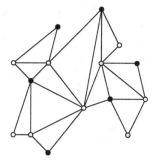

Abb. 4.16

(iii) *Nun platziere man die Wachen an den Eckpunkten mit der Farbe, die am seltensten auftritt.* Angenommen, die Farben der Eckpunkte seien rot, blau und gelb. Wenn wir bei allen Eckpunkten mit derselben Farbe Aufsichtspersonen aufstellen, wird offensichtlich der gesamte Raum überwacht. Also wählen wir die Farbe, die am seltensten auftritt. Da es nicht möglich ist, dass jede der Farben häufiger als $n/3$-mal auftritt, muss eine der Farben (beispielsweise rot) bei der Einfärbung k-mal auftreten, wobei $k \leq n/3$. Da k jedoch eine ganze Zahl ist, folgt $k \leq \lfloor n/3 \rfloor$. ∎

4.7 Triangulation konvexer Vielecke

Das Problem der Abzählung aller möglichen Triangulationen eines gegebenen konvexen n-Ecks hat eine interessante Vergangenheit. Formuliert wurde das Problem von Leonhard Euler (1707–1783) (zusammen mit einigen Vermutungen zu den Werten für verschiedene n) in einem Brief an Christian Goldbach (1690–1764) (Euler, 1965). Über Euler gelangte das Problem unter anderem zu Jan Andrej Segner (1704–1777), der es lösen konnte. Später wurde es von Joseph Liouville (1809–1894) als Problem veröffentlicht und von mehreren Mathematikern unabhängig gelöst, unter ihnen auch Gabriel Lamé (1795–1870). Wir beschreiben hier die kombinatorischen Argumente von Lamé (Lamé, 1838). Unter der Triangulation eines Vielecks versteht man seine Unterteilung in nicht überlappende Dreiecke mithilfe von sich nicht schneidenden Diagonalen, die jeweils Paare von Eckpunkten des Vielecks miteinander verbinden. Beispielsweise gibt es 2 Triangulationen für ein Quadrat, 5 für ein Fünfeck und 14 für ein Sechseck (Abb. 4.17).

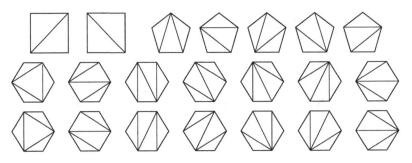

Abb. 4.17

Satz 4.10 *Es sei* T_n, $n \geq 3$, *die Anzahl der Triangulationen eines konvexen n-Ecks. Dann ist* $T_3 = 1$ *und*

(i) $T_{n+1} = T_n + T_3 T_{n-1} + T_4 T_{n-2} + \ldots + T_{n-2} T_4 + T_{n-1} T_3 + T_n$ *für* $n \geq 3$,

(ii) $T_n = n(T_3 T_{n-1} + T_4 T_{n-2} + \ldots + T_{n-2} T_4 + T_{n-1} T_3)/(2n-6)$ *für* $n \geq 4$, *und*

(iii) $T_{n+1} = (4n-6) T_n/n$ *für* $n \geq 3$.

Beweis (i) Wir erläutern den Beweis an einem Achteck. Die Verallgemeinerung auf ein beliebiges n-Eck ist offensichtlich (Abb. 4.18).

Abb. 4.18

Wir betrachten die Grundseite des Achtecks. Nach einer Triangulation kann sie zur Grundseite von genau sechs verschiedenen Dreiecken werden, wie in der Abbildung angedeutet. In jedem der Fälle gibt es jeweils ein Vieleck (möglicherweie auch nur eine Strecke oder ein „2-Eck") auf der linken und der rechten Seite des Dreiecks, die ebenfalls trianguliert werden müssen.

Beim ersten Achteck in Abb. 4.18 gibt es eine Strecke auf der linken Seite und ein 7-Eck auf der rechten, das sich auf T_7 verschiedene Weisen triangulieren lässt. Beim zweiten Achteck gibt es ein Dreieck auf der linken Seite und ein Sechseck auf der rechten, die sich zusammen auf $T_3 T_6$ verschiedene Möglichkeiten triangulieren lassen. Für die verbleibenden Fälle erhalten wir ähnliche Beziehungen, sodass insgesamt folgt: $T_8 = T_7 + T_3 T_6 + T_4 T_5 + T_5 T_4 + T_6 T_3 + T_7$.

(ii) Diesen Beweis zeigen wir am Beispiel eines Siebenecks, doch auch hier ist offensichtlich, wie sich der Beweis für ein n-Eck verallgemeinern lässt (Abb. 4.19). Jede der Diagonalen tritt in mehreren Triangulationen auf. Die Diagonale ganz links in Abb. 4.19 tritt in $T_3 T_6$ Triangulationen auf, da sie das Siebeneck in ein Dreieck und ein Sechseck unterteilt. Die Diagonale rechts daneben tritt in $T_4 T_5$ Triangulationen auf, das sie das Siebeneck in ein Viereck und ein Fünfeck unterteilt. Da das Siebeneck insgesamt sieben Eckpunkte besitzt, umfasst die Größe $L_7 = 7(T_3 T_6 + T_4 T_5 + T_5 T_4 + T_6 T_3)$ alle möglichen Triangulationen, die man durch Diagonalen abzählen kann, allerdings werden natürlich viele dieser Triangulationen mehrfach gezählt. Allgemein gilt $L_n = n(T_3 T_{n-1} + T_4 T_{n-2} + \ldots + T_{n-1} T_3)$.

Abb. 4.19

Jede Triangulation eines n-Ecks besitzt $n-3$ verschiedene Diagonalen, und jede gegebene Menge von $n-3$ verschiedenen Diagonalen tritt in der Summe L_n genau $2(n-3)$-mal auf, da jede Diagonale zwei Endpunkte besitzt. Daher ist, wie behauptet, $T_n = L_n/(2n-6)$. Schließlich ist (iii) eine unmittelbare Folgerung aus (i) und (ii). ∎

Das Ergebnis aus Teil (iii) von Satz 4.10 liefert eine explizite Formel für T_n, entsprechend dem Korollar 4.2. Wir verzichten hier auf den Beweis, der sich über vollständige Induktion führen lässt.

Korollar 4.2 *Sei T_n, $n \geq 3$, die Anzahl der Triangulationen eines konvexen n-Ecks. Dann gilt*

$$T_n = \frac{1}{n-1} \binom{2n-4}{n-2}.$$

Catalan'sche Zahlen

Die Zahlen $\{T_n\}_{n=3}^{\infty}$ sind eher unter der Bezeichnung *Catalan'sche Zahlen* $C_n = T_{n+2}$ bekannt, d. h., die n-te Catalan'sche Zahl entspricht der Anzahl der Möglichkeiten, ein $(n+2)$-Eck für $n \geq 1$ zu triangulieren. Sie treten auch bei vielen anderen kombinatorischen Problemen auf, beispielsweise der möglichen Klammerungen in Produkten, der Anzahl der möglichen Wege in einem Quadratgitter unterhalb einer Diagonalen oder auch in binären Bäumen. Benannt sind sie nach dem französischen Mathematiker Eugene Charles Catalan (1814–1894), der in Bruges (als es noch zu Frankreich gehörte) geboren wurde. Er arbeitete auf dem Gebiet der Zahlentheorie (insbesondere über Kettenbrüche), der beschreibenden Geometrie und der Kombinatorik. Auf ihn geht auch die *Catalan'sche Vermutung* zurück, wonach 8 und 9 die einzigen nicht-trivialen aufeinanderfolgenden ganzzahligen Potenzzahlen sind (der erste Beweis wurde 2004 von Preda Mihăilescu veröffentlicht).

4.8   Zykloiden, Zyklogone und polygonale Zykloiden

Eine *Zykloide* bezeichnet eine Kurve, die von einem Punkt eines Kreises überstrichen wird, wenn dieser eine gerade Linie entlangrollt. Die Zykloide hat zwei besonders nette Eigenschaften: (i) Die Fläche unter einer Zykloide ist das Dreifache der Fläche des sie erzeugenden Kreises; (ii) die Länge einer Zykloide ist das Vierfache des Durchmessers des generierenden Kreises. Erstaunlich ist vielleicht, dass ähnliche Eigenschaften auch für die Kurven gelten, die man erhält, wenn man den Kreis durch ein reguläres Vieleck ersetzt.

Wenn wir dies tun, setzt sich die Kurve, die von einem Eckpunkt auf dem Vieleck erzeugt wird, aus Kreisbogenabschnitten zusammen. Eine solche Kurve bezeichnet man manchmal als *Zyklogon* (Apostol und Mnatsakanian, 1999). Abbildung 4.20a zeigt die Kurve, die man erhält, wenn ein Sechseck eine Gerade entlangrollt.

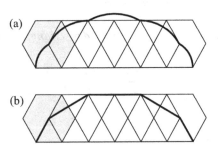

Abb. 4.20

Ersetzen wir die Kreisbögen durch ihre entsprechende Sehnen, bezeichnet man die so entstandene Figur als *polygonale Zykloide*. Abbildung 4.20b zeigt den Fall eines Sechsecks. Wir berechnen die Fläche unter einem Abschnitt der polygonalen Zykloide sowie ihre Länge. Doch zunächst beweisen wir ein Lemma, das auch für sich genommen sehr interessant ist.

Lemma 4.2 *Seien $V_1, V_2, \ldots, V_n$ die Eckpunkte eines regulären n-Ecks mit Umkreisradius R, und sei P irgendein Punkt auf dem Umkreis des n-Ecks, dann gilt:*

$$|PV_1|^2 + |PV_2|^2 + \cdots + |PV_n|^2 = 2nR^2.$$

Beweis (Ouellette und Bennett, 1979) Man lege das n-Eck in die xy-Ebene, sodass der Mittelpunkt des Umkreises im Ursprung liegt, außerdem seien $V_i = (a_i, b_i)$ und $P = (u, v)$. Dann gilt

$$
\begin{aligned}
|PV_1|^2 + |PV_2|^2 + \cdots + |PV_n|^2 &= \sum_1^n (u - a_i)^2 + \sum_1^n (v - b_i)^2 \\
&= n(u^2 + v^2) - 2u \sum_1^n a_i - 2v \sum_1^n b_i \\
&\quad + \sum_1^n \left(a_i^2 + b_i^2 \right) \\
&= 2nR^2 - 2u \sum_1^n a_i - 2v \sum_1^n b_i,
\end{aligned}
$$

da $u^2 + v^2 = R^2$ und $a_i^2 + b_i^2 = R^2$. Der Beweis ist fertig, wenn wir gezeigt haben, dass $\sum_1^n a_i = \sum_1^n b_i = 0$. Man lege an die Eckpunkte des n-Ecks jeweils gleiche Gewichte. Der Schwerpunkt der n Gewichte ist gleich dem Mittelpunkt des Umkreises, daher verschwinden auch die x- und die y-Komponente der Momente, also $\sum_1^n a_i = \sum_1^n b_i = 0$. (Einen formalen Beweis mit komplexen Zahlen findet man in [Ouellette und Bennett, 1979]). ∎

Ein besonderer Fall tritt auf, wenn der Punkt P einer der Eckpunkte des n-Ecks ist. Dann gilt

Korollar 4.3 *Die Summe der Abstandsquadrate von einem Eckpunkt eines regulären n-Ecks mit Umkreisradius R zu den jeweils anderen n − 1 Eckpunkten ist $2nR^2$.*

Wir beweisen nun, dass die oben erwähnte Eigenschaft für die Fläche einer Zykloide auch für polygonale Zykloiden gilt.

Satz 4.11 *Wenn ein reguläres Vieleck eine Gerade entlangrollt, ist die Fläche der polygonalen Zykloide, die von einem Eckpunkt des Vielecks erzeugt wird, das Dreifache der Fläche des Vielecks.*

Beweis Es sei R der Radius des Umkreises des n-Ecks, und wir bezeichnen mit $d_1, d_2, \ldots, d_{n-1}$ die Abstände von einem gegebenen Eckpunkt (beispielsweise V_1) des n-Ecks zu den anderen $n-1$ Eckpunkten; vgl. Abb. 4.21a.

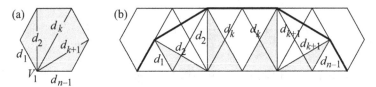

Abb. 4.21

Es sei A der Zahlenwert der Fläche des regulären n-Ecks mit Umkreisradius 1. Abbildung 4.21b zeigt die polygonale Zykloide, die von V_1 erzeugt wird, wenn das Vieleck die Gerade entlangrollt. Die Fläche unter der polygonalen Zykloide lässt sich in $n-2$ grau unterlegte Dreiecke und $n-1$ weiße gleichschenklige Dreiecke, jeweils mit einem Winkel an der Spitze von $2\pi/n$, unterteilen. Die jeweiligen Schenkel in den gleichschenkligen Dreiecken haben die Längen $d_1, d_2, \ldots, d_{n-1}$. Die $n-2$ grau unterlegten Dreiecke sind kongruent zu den $n-2$ Dreiecken, die sich aus den Diagonalen des ursprünglichen n-Ecks ergeben, und somit ist ihre Summe gleich R^2A. Nach dem Korrollar 4.2 ist die Summe der Flächen der $n-1$ weißen gleichschenkligen Dreiecke gleich

$$\frac{1}{n}A\left(d_1^2 + d_2^2 + \cdots + d_{n-1}^2\right) = \frac{A}{n} \cdot 2nR^2 = 2R^2A.$$

Also ist die Fläche unter der polygonalen Zykloide gleich $3R^2A$ oder das Dreifache der Fläche des erzeugenden n-Ecks. ∎

Wir betrachten nun die Länge der polygonalen Zykloide.

Satz 4.12 *Wenn ein reguläres Vieleck eine Gerade entlangrollt, ist die Länge der polygonalen Zykloide, die von einem Eckpunkt des Vielecks erzeugt wird, das Vierfache der Summe aus dem Inkreisradius und dem Umkreisradius des Vielecks.*

Beweis (Mallinson, 1998b) Wir behandeln die Fälle n gerade und n ungerade getrennt. In beiden Fällen zeichnen wir Rhomben, deren Seitenlängen mit den Seitenlängen des n-Ecks übereinstimmen und deren Diagonalen Abschnitte der polygonalen Zykloide sind. Diese Rhomben lassen sich in dem n-Eck so anordnen, dass die Summe der Längen der Abschnitte der polygonalen Zykloide gleich dem Vierfachen der Summe des Inkreisradius und des Umkreisradius des erzeugenden n-Ecks sind. Abbildung 4.22 zeigt den Fall $n = 10$ und Abb. 4.23 den Fall $n = 9$. ■

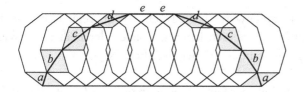

Abb. 4.22

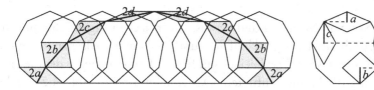

Abb. 4.23

Das gleiche Verfahren – die Ausnutzung von Rhomben und ihren Diagonalen – lässt sich auch für einen Beweis von Satz 4.11 verwenden (Mallinson, 1998a).

Zu Beginn dieses Abschnitts haben wir festgestellt, dass sich die Kurve, die von einem Eckpunkt eines Vielecks überstrichen wird, wenn dieses eine Gerade entlangrollt, aus Kreisbögen zusammensetzt. Die Fläche unter einem Zyklogon lässt sich leicht mit ähnlichen Verfahren wie beim Beweis von Satz 4.11 bestimmen (siehe [Apostol und Mnatsakanian, 1999]).

Satz 4.13 *Wenn ein reguläres Vieleck eine Gerade entlangrollt, ist die Fläche, die von einem Eckpunkt des Vielecks erzeugt wird, gleich der Fläche des Vielecks plus dem Doppelten der Umkreisfläche des Vielecks.*

4.9 Aufgaben

4.1 Gegeben sei ein Kreis, und es sei $n \geq 3$. Mit p_n und a_n bezeichnen wir den Umfang und die Fläche des einbeschriebenen regulären n-Ecks zu diesem Kreis, und entsprechend mit P_n und A_n Umfang und Fläche des umschriebenen regulären n-Ecks. Man zeige, dass $p_n/P_n = \cos(\pi/n)$ und $a_n/A_n = \cos^2(\pi/n)$.

4.2 Man zeige, dass der Zahlenwert für die Fläche a_{2n} des regulären $2n$-Ecks, das einem Einheitskreis einbeschrieben ist, gleich der Hälfte des Werts für den Umfang p_n des einbeschriebenen n-Ecks ist.

4.3 Es seien p_k und P_k jeweils der Umfang eines regulären k-Ecks, das einem gegebenen Kreis einbeschrieben bzw. umschrieben ist. Man zeige, dass

$$P_{2n} = 2p_n P_n/(p_n + P_n) \quad \text{und} \quad p_{2n} = \sqrt{p_n P_{2n}}.$$

4.4 Der Satz von Maekawa und Kawasaki für flache Origami sagt uns, dass die Anzahl der Berg- und Talfalten und die Winkel zwischen ihnen kritische Größen sind. Das Gleiche gilt für die Reihenfolge, in der die Falten um einen Eckpunkt auftreten. Das Knickmuster in Abb. 4.24a gehört zu einer flachen Faltung, wie in Abb. 4.24b dargestellt, doch das Muster in Abb. 4.24c nicht. Weshalb nicht?

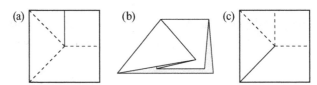

Abb. 4.24

4.5 Es sei p_n der Umfang eines regulären n-Ecks, das einem Kreis vom Radius r einbeschrieben ist. Unter Ausnutzung von $\lim_{n \to \infty} p_n = 2\pi r$ beweise man $\lim_{\theta \to 0+} \sin\theta/\theta = 1$.

4.6 Man beweise, dass die Summe der Eckwinkel eines regulären Sterns $\{p/q\}$ gleich $(p - 2q)\,180°$ ist.

4.7 Es sei P ein reguläres n-Eck mit Umkreisradius R. Man zeige, dass die Summe der Quadrate aller Seitenlängen und aller Diagonalen von P gleich $n^2 R^2$ ist.

4.8 Es sei T_n die Anzahl der Triangulationen eines gegebenen konvexen n-Ecks. Man zeige: $T_n \geq 2T_{n-1}$ und $T_n \geq 2^{n-3}$.

4.9 Wie groß sind die Winkel in einer polygonalen Zykloide, die von einem entlang einer Gerade rollenden n-Eck erzeugt wird?

4.10 Es sei Q ein Punkt auf oder innerhalb eines regulären n-Ecks. Man zeige, dass die Summe der senkrechten Abstände von Q zu den Seiten des n-Ecks eine Konstante ist. (Hinweis: Die Konstante ist gleich dem n-fachen des Inkreisradius des n-Ecks.)

4.11 (a) Man zeige, dass sich ein reguläres Sechseck, sechs Quadrate und sechs gleichseitige Dreiecke ohne Überlappung zu einem regelmäßigen Zwölfeck zusammenlegen lassen.

(b) Es seien $V_1, V_2, \dots, V_{12}$ die Eckpunkte eines regulären Dodekaeders (entsprechend der Reihenfolge im oder entgegen dem Uhrzeigersinn). Man diskutiere den (oder die) Schnittpunkt(e) der drei Diagonalen $V_1 V_9$, $V_2 V_{11}$, und $V_4 V_{12}$ (Aufgabe I-1 des 24. Lowell-Putnam-Mathematikwettbewerbs 1963).

5

Eine Schatzkiste voller Dreieckssätze

Der einzige Königsweg zur elementaren Geometrie ist die Genialität.

Eric Temple Bell

Der Autor gibt ehrfürchtig zu, dass für ihn die Geometrie nichts anderes als eine Kunstrichtung ist.

Julian L. Coolidge

Das Erste Buch der *Elemente* von Euklid handelt von Sätzen zu parallelen Geraden, Flächen und Dreiecken. Von den 48 Propositionen in diesem Buch beziehen sich alleine 23 auf das Dreieck. Proposition 47 in Buch I ist vielleicht der bekannteste Satz der Mathematik – der Satz des Pythagoras. Dementsprechend ist es durchaus gerechtfertigt zu sagen, dass Dreiecke den Kern der Geometrie bilden.

Wir beginnen dieses Kapitel mit mehreren Beweisen des Satzes des Pythagoras, es folgen einige damit zusammenhängende Ergebnisse, unter anderem die Verallgemeinerung dieses Satzes durch Pappus. Die Untersuchung von Inkreisen und Umkreisen allgemeiner Dreiecke führt auf die Formel von Heron und die Ungleichung von Euler. Den Abschluss dieses Kapitels bilden die Ungleichung von Erdős und Mordell, der Satz von Steiner und Lehmus, einige Ergebnisse zu den Seitenhalbierenden in Dreiecken und ein Problem von Lewis Carroll.

5.1 Der Satz des Pythagoras

Wie schon in der Einleitung erwähnt, gibt es vermutlich mehr Beweise für den Satz des Pythagoras als für irgendeinen anderen Satz in der Mathematik. Der Klassiker *The Pythagorean Proposition* von Elisha Scott Loomis (Loomis, 1968) enthält 370 Beweise. Auf der Webseite von Alexander Bogomolny *Interactive Mathematics Miscellany and Puzzles*, www.cut-the-knot.org, findet man 84 Beweise (Stand 2009), von denen viele sogar interaktiv sind. Man kann durchaus argumentieren, dass der beste Beweis immer noch der von

Euklid ist, bei dem der Satz als Proposition 47 in Buch I der *Elemente*[1] auftaucht: *Am rechtwinkligen Dreieck ist das Quadrat über der dem rechten Winkel gegenüberliegenden Seite den Quadraten über den den rechten Winkel umfassenden Seiten zusammen gleich.*

Die in der Einleitung erwähnte kombinatorische Beweistechnik einer zweifachen Abzählung lässt sich auch auf Flächen erweitern: *Berechnet man den Flächeninhalt eines Gebietes auf zwei verschiedene Weisen, muss man denselben Wert erhalten.* Diese Erweiterung des Prinzips von Fubini wird in einem klassischen Beweis des Satzes des Pythagoras verwendet. Dieser beruht auf einem Beweis aus dem *Zhou bi suan jing*, einem chinesischen Dokument, das auf die Zeit um 200 v. Chr. datiert wird (Abb. 5.1).

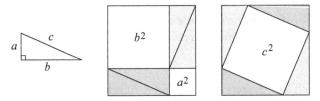

Abb. 5.1

Für ein rechtwinkliges Dreieck mit den Katheten a und b und der Hypotenuse c zerlegen wir die Fläche eines Quadrats mit den Seitenlängen $a + b$ auf zwei verschiedene Weisen, um die Beziehung $a^2 + b^2 = c^2$ zu erhalten.

Eine andere Möglichkeit, das erweiterte Prinzip von Fubini für unsere Zwecke hier auszunutzen, besteht in einer Zerlegung der Flächen: Die Quadrate mit den Flächeninhalten a^2 und b^2 werden in mehrere Teile zerlegt, die dann zu einem Quadrat mit der Fläche c^2 wieder zusammengelegt werden. Der Beweis in Abb. 5.2a wird gewöhnlich Annairizi von Arabien (ca. 900)

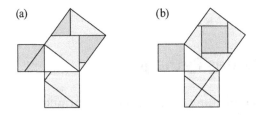

Abb. 5.2

---

zugeschrieben, während die Zerlegung in Abb. 5.2b auf Henri Perigal (1801–1899) zurückzugehen scheint.

5.2 Pythagoreische Verwandte

In diesem Abschnitt behandeln wir einige Ergebnisse, die eng mit dem Satz des Pythagoras zusammenhängen.

Satz 5.1 (**Reziproker Pythagoras**) *Wenn a und b die Katheten und h die Höhe über der Hypotenuse eines rechtwinkligen Dreiecks sind, dann gilt:*

$$\left(\frac{1}{a}\right)^2 + \left(\frac{1}{b}\right)^2 = \left(\frac{1}{h}\right)^2.$$

Beweis Sei c die Länge der Hypotenuse. Wir multiplizieren die Seitenlängen mit $1/ab$ und erhalten ein Dreieck mit den Seiten $1/b$, $1/a$, c/ab, das ähnlich zu dem ursprünglichen Dreieck mit den Seiten a, b, c ist. Wir berechnen die Dreiecksfläche auf zwei verschiedene Weisen: $ab/2 = ch/2$ und somit $c/ab = 1/h$. Also ist das Dreieck mit den Seitenlängen $1/b$, $1/a$, $1/h$ ein rechtwinkliges Dreieck (und ähnlich zu dem ursprünglichen Dreieck). ∎

Der folgende Satz ist dem Pythagoras ähnlich.

Satz 5.2 (Hoehn, 2000) *In einem gleichschenkligen Dreieck sei c die Länge der Schenkelseiten. Wir zeichnen eine Strecke der Länge a von der Dreiecksspitze zur Basisseite, sodass diese in Abschnitte der Längen b und d unterteilt wird* (Abb. 5.3a). *Dann gilt* $c^2 = a^2 + bd$.

Beweis Es sei h die Höhe des Dreiecks, und wir definieren $d = x + y$ und $b = x - y$; vgl. Abb. 5.3b. Nach dem Satz des Pythagoras gilt sowohl $c^2 =$

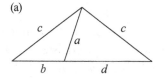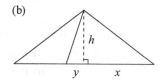

Abb. 5.3

$h^2 + x^2$ als auch $a^2 = h^2 + y^2$ und somit $c^2 = a^2 + x^2 - y^2$. Andererseits ist $x^2 - y^2 = (x - y)(x + y) = bd$ und wir sind fertig. ∎

Es folgt ein Satz zur Winkelhalbierenden eines rechten Winkels.

Satz 5.3   (Eddy, 1991) *Die innere Winkelhalbierende des rechten Winkels in einem rechtwinkligen Dreieck teilt das Quadrat über der Hypotenuse in seiner Mitte* (Abb. 5.4a).

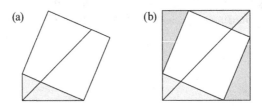

Abb. 5.4

Beweis Wir betrachten Abb. 5.4b, die dem *Zhou bi suan jing*-Beweis des Satzes des Pythagoras entlehnt ist (Abb. 5.1). Aus der Abbildung folgt auch, dass die Winkelhalbierende des rechten Winkels durch den Mittelpunkt des Quadrats über der Hypotenuse verläuft. ∎

Man kann leicht zeigen, dass die einzigen rechtwinkligen Dreiecke, deren Seitenlängen eine arithmetische Folge bilden, ähnlich zu dem rechtwinkligen Dreieck mit den Seitenverhältnissen $3 : 4 : 5$ sind. Wie steht es mit Seiten, deren Längen sich wie in einer geometrischen Folge verhalten? Der folgende Satz gibt die etwas überraschende Antwort (Herz-Fischler, 1993). Sein Beweis folgt unmittelbar aus dem Satz des Pythagoras.

Satz 5.4   *Die Seiten in einem rechtwinkligen Dreieck verhalten sich genau dann wie eine geometrische Folge, wenn dass Dreieck ähnlich ist zu einem Dreieck mit den Seitenlängen* 1, $\sqrt{\varphi}$ *und* φ, *wobei* φ *der Goldene Schnitt ist.*

Johannes Kepler (1571–1630) schrieb: „Die Geometrie besitzt zwei Schätze: Der eine ist der Satz des Pythagoras, der andere die Unterteilung einer Strecke entsprechend dem Goldenen Schnitt. Den ersten Schatz können wir mit Gold vergleichen, den zweiten mit einem wertvollen Edelstein." Die Dreiecke aus Satz 5.4 bezeichnet man manchmal als *Kepler-Dreiecke*, da sie beide Kepler'schen Schätze in sich vereinen.

Kepler-Dreiecke und die Große Pyramide

Unzählige Spekulationen ranken sich um die Große Pyramide von Khufu in Gizeh in Ägypten, und es wurde auch auf viele überraschende Zusammenhänge hingewiesen. Einige Enthusiasten behaupten, dass die Große Pyramide so gebaut wurde, dass die Fläche der dreieckigen Seitenflächen gleich dem Quadrat der Höhe der Pyramide ist (Abb. 5.5). Wäre das richtig, würde Folgendes gelten: Sei b die Länge der quadratischen Grundseite, h die Höhe der Pyramide und s die Höhe einer der dreieckigen Seitenflächen, dann gilt $bs/2 = h^2$ und $s^2 = h^2 + (b/2)^2$. Der Einfachheit setzen wir $b = 2$, sodass $s = h^2$ und $s^2 = h^2 + 1$ und somit $s^2 = s + 1$. Also entspricht s dem Goldenen Schnitt φ und das dunkelgraue rechtwinklige Dreieck in Abb. 5.5 mit den Seitenlängen s, $b/2$ und h ist ein Kepler-Dreieck.

Abb. 5.5

Andere Pyramidenmystiker behaupten, die Pyramide sei so erbaut worden, dass der Umfang der Grundfläche gleich dem Umfang eines Kreises ist, dessen Radius gleich der Pyramidenhöhe ist, also $4b = 2\pi h$. Falls beide Behauptungen wahr wären (was natürlich nicht der Fall ist), dann folgte aus $b = 2$ und $h = \sqrt{\varphi}$, dass $\pi = 4/\sqrt{\varphi} \approx 3{,}1446$, was immerhin innerhalb einer Genauigkeit von 0,1 % liegt, und damit eine erstaunliche Übereinstimmung bedeutet (Peters, 1978). Weitere Beziehungen zwischen π und φ findet man in Abschn. 12.3.

5.3 Der Inkreisradius eines rechtwinkligen Dreiecks

Für ein rechtwinkliges Dreieck ist es vergleichsweise leicht, den *Inkreisradius* (d. h. den Radius eines einbeschriebenen Kreises) zu berechnen. Wie zuvor sollen a und b die Katheten und c die Hypotenuse bezeichnen, außerdem sei r der Radius des Inkreises des rechtwinkligen Dreiecks (Abb. 5.6a). Dann lässt sich r nach einer der folgenden Beziehungen berechnen:

$$r = \frac{a + b - c}{2} \quad \text{und} \quad r = \frac{ab}{a + b + c}. \tag{5.1}$$

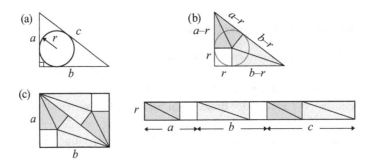

Abb. 5.6

Abbildung 5.4b entnehmen wir $c = a + b - 2r$ bzw. $r = (a + b - c)/2$. Mit der Zerlegung des Dreiecks wie in Abbildung 5.5b erkennen wir, dass die Teile des Rechtecks mit der Fläche ab sich zu einem Rechteck umordnen lassen, das die Fläche $r(a + b + c)$ besitzt (Abb. 5.6c), womit wir $r = ab/(a + b + c)$ erhalten.

Eliminieren wir schließlich r aus den beiden Gleichungen in (5.1), erhalten wir $a^2 + b^2 = c^2$ – also wiederum einen Beweis für den Satz des Pythagoras! Es ergibt sich aber auch eine andere Formel für die Fläche des rechtwinkligen Dreiecks. Da $K = ab/2$ und $ab = r(a + b + c)$ folgt $K = rs$, wobei s der *halbe Umfang* $(a + b + c)/2$ des Dreiecks ist. Dieses Ergebnis gilt sogar für jedes beliebige Dreieck (siehe Lemma 5.1 in Abschn. 5.5).

Der nächste Satz bezieht sich auf eine überraschende Formel für die Fläche eines rechtwinkligen Dreiecks.

Satz 5.5 *Die Fläche K eines rechtwinkligen Dreiecks ist gleich dem Produkt xy aus den Längen der Hypotenusenabschnitte, die durch den Berührungspunkt des Inkreises definiert sind* (Abb. 5.7a).

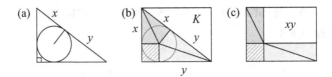

Abb. 5.7

Beweis Da $x = a - r$ und $y = b - r$ (vgl. Abb. 5.6b), gibt es zwar auch einen algebraischen Beweis (Aufgabe 5.2), doch der folgende visuelle Beweis ist schöner. Zunächst konstruiere man ein Rechteck aus zwei Kopien des Dreiecks (Abb. 5.7b). Nun ordne man die Teile des dunkel unterlegten Dreiecks wie in Abb. 5.7c um. Da die Flächen des großen Rechtecks und die schattierten Flächen in beiden Abbildungen gleich sind, muss dies auch für die Flächen der nicht schattierten Anteile gelten. Also folgt $K = xy$. ■

Wir beschließen diesen Abschnitt mit einem erstaunlichen Ergebnis bezüglich dreier Kreise, die sich in ein rechtwinkliges Dreieck legen lassen.

Satz 5.6 *Es sei ABC ein rechtwinkliges Dreieck mit Inkreisradius r, und es sei h die Länge der Höhe CD über der Hypotenuse. Außerdem seien r' und r'' die Inkreisradien zu den Dreiecken ACD und BCD (Abb. 5.8). Dann gilt*

$$r + r' + r'' = h.$$

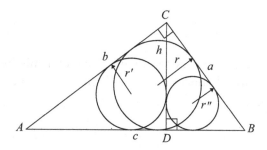

Abb. 5.8

Beweis Da $|AD| = b^2/c$ und $|BD| = a^2/c$, können wir die erste Gleichung aus (5.1) auf jedes der drei rechtwinkligen Dreiecke anwenden und erhalten

$$r + r' + r'' = (1/2)\left[(a + b - c) + (b^2/c + h - b) + (a^2/c + h - a)\right]$$
$$= (1/2)\left[(a^2 + b^2)/c - c + 2h\right] = h.$$

■

5.4 Die Verallgemeinerung des Satzes von Pythagoras durch Pappus

In Buch IV seiner *Mathematical Collection* beschreibt Pappus von Alexandrien (ca. 320) die folgende Verallgemeinerung des Satzes von Pythagoras. Es handelt sich sogar in zweifacher Hinsicht um eine Verallgemeinerung: Das Dreieck muss nicht rechtwinklig sein und statt Quadraten konstruiert man Parallelogramme über den Seiten.

Satz 5.7 (**Flächenformel von Pappus**) *Es sei ABC ein beliebiges Dreieck und es seien ABDE und ACFG beliebige Parallelogramme über den Seiten AB und AC* (Abb. 5.9). *Man verlängere DE und FG bis zu ihrem Schnittpunkt H. Von den Punkten B und C des Dreiecks zeichne man die Strecken BL und CM parallel und gleichlang zu HA. Dann gilt für die Flächen: BCML = ABDE + ACFG.*

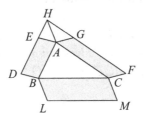

Abb. 5.9

Beweis Unser Beweis des Satzes beruht auf einem dynamischen Prozess, den wir hier nur beschreiben können. Er fußt auf dem einfachen Beweis aus (Eves, 1969) (Abb. 5.10).

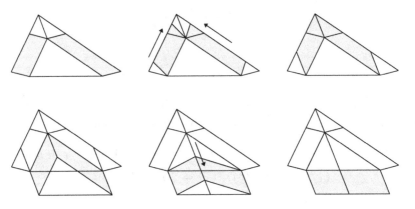

Abb. 5.10

Wir betrachten Schertransformationen für die Parallelogramme *ABDE* und *ACFG*, sodass die Eckpunkte *E* und *G* in den Punkt *H* übergehen. Bei diesem Prozess bleiben die Flächen unverändert. Die beiden so entstandenen Parallelogramme werden zunächst um den Abstand *HA* = *BL* = *CM* nach unten verschoben und anschließend nochmals geschert, bis sie das Parallelogramm *BCML* bilden. Auch dabei bleibt die Fläche unverändert, was den Beweis abschließt. ∎

5.5 Der Inkreis und die Formel von Heron

Die bemerkenswerte Formel des Heron von Alexandrien (ca. 10–75 n. Chr.) für die Fläche K eines Dreiecks mit den Seiten a, b und c lautet: $K = \sqrt{s(s-a)(s-b)(s-c)}$, wobei s den halben Umfang $(a+b+c)/2$ bezeichnet. Es ist die vermutlich einfachste Weise, die Fläche eines Dreiecks aus den Längen seiner drei Seiten zu berechnen. Sei beispielsweise $(a, b, c) = (13, 14, 15)$, dann ist $K = \sqrt{21 \cdot 8 \cdot 7 \cdot 6} = 84$.

Zunächst konstruieren wir den Mittelpunkt des Inkreises aus den Winkelhalbierenden des Dreiecks, und wir erhalten den Inkreisradius als den gemeinsamen senkrechten Abstand dieses Punktes von den drei Seiten; vgl. Abb. 5.11a. Die drei Winkelhalbierenden und die drei Inkreisradien unterteilen das Dreieck in drei Paare kongruenter rechtwinkliger Dreiecke, wie man in Abb. 5.11b erkennt. Der Abbildung entnehmen wir nun folgende Beziehungen: $a = y+z$, $b = x+z$ und $c = x+y$. Also ist $s = x+y+z$, $x = s-a$, $y = s-b$ und $z = s-c$. Außerdem sei $A = 2\alpha$, $B = 2\beta$ und $C = 2\gamma$.

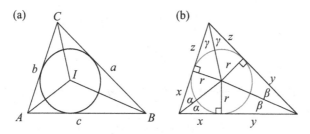

Abb. 5.11

Wir beweisen nun zwei Sätze. Der erste liefert uns eine Formel für die Fläche K als Funktion von r und s, während der zweite das Produkt xyz durch r und s ausdrückt. Für den Beweis des zweiten Satzes verwenden wir ein Rechteck, das sich aus Dreiecken zusammensetzt, die ähnlich zu den Dreiecken aus Abb. 5.11b sind.

Lemma 5.1 $K = r(x+y+z) = rs$.

Beweis Siehe Abb. 5.12. ∎

Lemma 5.2 $xyz = r^2(x+y+z) = r^2 s$.

Beweis Siehe Abb. 5.13, wobei w für $\sqrt{r^2 + x^2}$ steht. Das gewünschte Ergebnis folgt, weil die Höhen auf der linken und rechten Seite des Rechtecks gleich sind. ∎

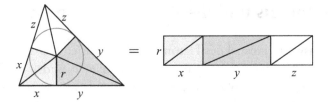

Abb. 5.12

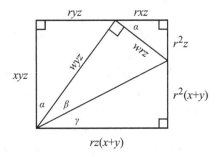

Abb. 5.13

Nun gilt

Satz 5.8 (**Formel von Heron**) *Die Fläche K eines Dreiecks mit den Seiten a,*
b und c ist durch

$$K = \sqrt{s(s-a)(s-b)(s-c)}$$

gegeben, wobei $s = (a+b+c)/2$.

Beweis Aus Lemma 5.2 folgt $sxyz = r^2s^2 = (rs)^2$, und nach Lemma 5.1 gilt
$K = rs$ und somit $K^2 = sxyz = s(s-a)(s-b)(s-c)$. ∎

5.6   Der Umkreis und Eulers Dreiecksungleichung

Neben einem Inkreis besitzt jedes Dreieck auch einen umschriebenen Kreis,
den sogenannten *Umkreis* (sein Mittelpunkt ist der Umkreismittelpunkt des
Dreiecks und sein Radius der Umkreisradius). Der Kreis liegt außerhalb des
Dreiecks und verläuft durch jeden der drei Eckpunkte. Sei R der Umkreisra-
dius (und r wie zuvor der Inkreisradius), dann besagt die berühmte Euler'sche
Dreiecksungleichung: Für jedes Dreieck gilt $R \geq 2r$.

Überraschenderweise folgt die Euler'sche Dreiecksungleichung aus der Ungleichung zwischen dem arithmetischen und dem geometrischen Mittelwert

(der *AM-GM-Ungleichung*) für zwei Zahlen: Für zwei nichtnegative Zahlen x und y ist der arithmetische Mittelwert $(x + y)/2$ immer größer oder gleich ihrem geometrischen Mittelwert $\sqrt{xy}$. In Abschn. 12.4 verallgemeinern wir diese Aussage für n Zahlen.

Wenden wir die AM-GM-Ungleichung auf jede Seite des Dreiecks in Abb. 5.12 an, erhalten wir die Ungleichung $abc \geq 8xyz$:

$$abc = (y + z)(x + z)(x + y) \geq 2\sqrt{yz} \cdot 2\sqrt{xz} \cdot 2\sqrt{xy} = 8xyz. \qquad (5.2)$$

Lemma 5.2 gab uns eine Beziehung zwischen dem Produkt xyz und dem Inkreisradius r. Das folgende Lemma bezieht sich auf eine ähnliche Beziehung zwischen dem Produkt abc und dem Umkreisradius R.

Lemma 5.3 $abc = 4KR$.

Beweis Siehe Abb. 5.14. Die beiden grau unterlegten Dreiecke sind ähnlich, also gilt $h/b = a/2R$ und somit $h = ab/2R$. Daraus folgt: $K = hc/2 = abc/4R$. ■

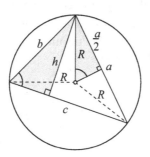

Abb. 5.14

Damit kommen wir zu

Satz 5.9 (Euler'sche Dreiecksungleichung) *Seien r der Inkreisradius und R der Umkreisradius eines Dreiecks, dann gilt $R \geq 2r$.*

Beweis Aus der Ungleichung (5.2) und den Lemmata 5.1, 5.2 und 5.3 folgt:

$$\frac{R}{r} = \frac{4KR}{4Kr} = \frac{abc}{4r^2s} \geq \frac{8xyz}{4xyz} = 2.$$

■

Die Ungleichung (5.2) können wir ausschließlich durch a, b und c ausdrücken, indem wir die Beziehungen $2x = b + c - a$, $2y = a + c - b$ und $2z = a + b - c$ ausnutzen. Damit folgt

$$abc \geq (a + b - c)(a + c - b)(b + c - a).$$

Dies bezeichnet man auch als *Padoas Ungleichung* (Alessandro Padoa, 1868–1937).

5.7 Das Höhenfußdreieck

Im Jahr 1775 stellte Giovanni Francesco Fagnano dei Toschi (1715–1797) die folgende Frage: Gegeben ein spitzwinkliges Dreieck; man finde das einbeschriebene Dreieck mit dem kleinsten Umfang. Unter einem in ein gegebenes Dreieck *ABC einbeschriebenen Dreieck* verstehen wir ein Dreieck *PQR*, sodass jeder Eckpunkt *P*, *Q*, *R* auf einer anderen Seite von *ABC* liegt. Fagano löste das Problem mithilfe der Differenzialrechnung, doch der folgende Beweis beruht im Wesentlichen auf Spiegelungen und Symmetrien und stammt von Lipót Fejér (1880–1959) (Kazarinoff, 1961). Die Lösung besteht in dem *Höhenfußdreieck*, dessen Eckpunkte die Fußpunkte der Höhen zu jedem der drei Eckpunkte *ABC* sind (Abb. 5.15a).

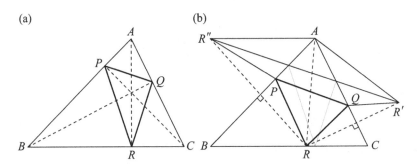

Abb. 5.15

Satz 5.10 *In jedem spitzwinkligen Dreieck ist das einbeschriebene Dreieck mit dem kleinsten Umfang das Höhenfußdreieck.*

Beweis Gesucht sind die Punkte *P*, *Q*, *R*, die den Umfang von *PQR* minimieren. Dazu spiegeln wir den Punkt *R* an den Seiten *AB* und *AC* (wie im vorigen Abschnitt) und erhalten die Punkte *R'* und *R''*. Der Umfang von

PQR ist gleich $|R''P| + |PQ| + |QR'|$. Der Umfang von PQR wird minimal, wenn die Punkte R'', P, Q und R' auf derselben Geraden liegen. Für einen gegebenen Punkt R ergibt sich daraus die optimale Lage von P und Q. Um auch die optimale Lage für R zu finden, stellen wir zunächst fest, dass das Dreieck $R''AR'$ gleichschenklig ist und $|AR''| = |AR'| = |AR|$. Außerdem gilt für den Winkel bei A die Beziehung $\angle R''AR' = 2\angle BAC$. Da die Größe des Winkels des Dreiecks $R''AR'$ nicht von R abhängt, wird die Grundseite $R''R'$ (der Umfang von PQR) am kürzesten, wenn die Schenkellängen am kürzesten sind, und diese wiederum sind am kürzesten, wenn $|AR|$ minimal wird, d. h. wenn AR senkrecht auf BC steht. ∎

5.8   Die Ungleichung von Erdős und Mordell

In der Aufgabenrubrik des *American Mathematical Monthly* erschien 1935 das folgende Problem (Erdős, 1935):

> **3740.** *Gestellt von Paul Erdős, The University, Manchester, England.* Von einem Punkt O im Inneren eines Dreiecks ABC werden die Senkrechten OP, OQ, OR auf die Seiten des Dreiecks gefällt. Man beweise:
>
> $$|OA| + |OB| + |OC| \geq 2\,(|OP| + |OQ| + |OR|)\,.$$

Trigonometrische Lösungen von Mordell und Barrow erschienen in (Mordell und Barrow, 1937), allerdings waren die Beweise recht aufwendig. In der Folgezeit kam eine Vielzahl von Beweisen hinzu, und in gewisser Hinsicht wurden sie immer elementarer. Der folgende einfache visuelle Beweis stammt aus (Alsina und Nelsen, 2007).

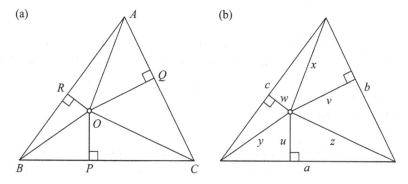

Abb. 5.16

Abbildung 5.16a zeigt das Dreieck, wie es von Erdős beschrieben wurde, und in Abb. 5.16b haben wir die Längen der relevanten Strecken mit Kleinbuchstaben gekennzeichnet. In dieser Schreibweise lautet die Erdős-Mordell-Ungleichung $x + y + z \geq 2(u + v + w)$.

Ausgehend von Ähnlichkeiten konstruieren wir das Trapez in Abb. 5.17b. Es besteht aus drei Dreiecken – eines ist dem Dreieck ABC ähnlich, die anderen beiden Dreiecke sind den grau unterlegten Dreiecken in Abb. 5.17a ähnlich. Mit dieser Konstruktion beweisen wir Lemma 5.4. Der Beweis bezieht sich auf spitzwinklige Dreiecke, für stumpfwinklige Dreiecke kann man aus einer analogen Konstruktion dieselben Ungleichungen ableiten.

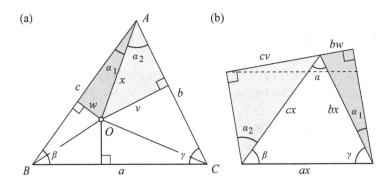

Abb. 5.17

Lemma 5.4 *Für das Dreieck ABC in Abb. 5.16b gilt $ax \geq bw + cv$, $by \geq aw + cu$ und $cz \geq av + bu$.*

Beweis Der gestrichelte Streckenabschnitt in Abb. 5.17b hat die Länge ax und somit ist $ax \geq bw + cv$. Die anderen beiden Ungleichungen lassen sich entsprechend zeigen. ■

Wir sollten an dieser Stelle betonen, dass es sich bei dem Viereck in Abb. 5.17b tatsächlich um ein Trapez handelt: Die drei Winkel an dem Punkt, an dem die drei Dreiecke zusammenkommen, sind $(\pi/2) - \alpha_2, \alpha = \alpha_1 + \alpha_2$ und $(\pi/2) - \alpha_1$; daher ist ihre Summe gleich π.

Wir beweisen nun den Satz von Erdős und Mordell.

Satz 5.11 *Sei O ein Punkt in einem Dreieck ABC mit den Abständen u, v und w zu den Seiten und den Abständen x, y and z zu den Eckpunkten, dann gilt*

$$x + y + z \geq 2(u + v + w) .$$

Beweis Aus Lemma 5.4 folgt $x \geq \frac{b}{a}w + \frac{c}{a}v$, $y \geq \frac{a}{b}w + \frac{c}{b}u$ und $z \geq \frac{a}{c}v + \frac{b}{c}u$. Für die Summe ergibt sich

$$x + y + z \geq \left(\frac{b}{c} + \frac{c}{b}\right)u + \left(\frac{a}{c} + \frac{c}{a}\right)v + \left(\frac{a}{b} + \frac{b}{a}\right)w. \qquad (5.3)$$

Nach der AM-GM-Ungleichung sind die Koeffizienten von u, v und w jeweils mindestens 2, woraus das gesuchte Ergebnis folgt. ∎

Die drei Ungleichungen aus Lemma 5.4 werden genau dann zu Gleichungen, wenn O gleich dem Mittelpunkt des Umkreises von ABC ist. Das ergibt sich aus der Beobachtung, dass das Trapez in Abb. 5.17b genau dann zu einem Rechteck wird, wenn $\beta + \alpha_2 = \pi/2$ und $\gamma + \alpha_1 = \pi/2$ (Entsprechendes gilt für die anderen beiden Fälle), also $\angle AOQ = \beta = \angle COQ$. Die rechtwinkligen Dreiecke AOQ und COQ sind damit kongruent und es ist $x = z$. Ganz ähnlich beweist man $x = y$, also gilt $x = y = z$, und O muss gleich dem Mittelpunkt des Umkreises von ABC sein. Die Koeffizienten von u, v und w in (5.3) sind genau dann gleich 2, wenn $a = b = c$. Also wird die Erdős-Mordell-Ungleichung genau dann zu einer Gleichung, wenn ABC gleichseitig ist und O in seinem Mittelpunkt liegt.

5.9 Der Satz von Steiner und Lehmus

Man kann leicht beweisen, dass die Winkelhalbierenden zu den gleichen Winkeln in einem gleichschenkligen Dreieck dieselbe Länge haben. Die Umkehrung ist jedoch nicht so leicht zu beweisen und ist als *Satz von Steiner und Lehmus* bekannt geworden. Im Jahre 1840 fragte C. L. Lehmus den Schweizer Geometer Jakob Steiner (1796–1863) nach einem rein geometrischen Beweis, da algebraische Beweise vergleichsweise leicht sind, sobald man einmal die Längen der Winkelhalbierenden durch die Seitenlängen ausgedrückt hat (siehe (Alsina und Nelsen, 2009)). H. S. M. Coxeter und S. L. Greitzer (Coxeter und Greitzer, 1967) schreiben, dass dieses Ergebnis eine besondere Faszination auf jeden auszuüben scheint, der über das Problem stolpert. Seit 1840 wurden Hunderte von Beweisen veröffentlicht und ständig erscheinen neue. Bei unserem Beweis handelt es sich um einen jüngeren trigonometrischen Beweis (Hajja, 2008a), der nur die Eigenschaften der Sinus-Funktion und den Satz über Winkelhalbierende (wonach eine Winkelhalbierende in einem Dreieck die dem Winkel gegenüberliegende Seite im Verhältnis der benachbarten Seiten teilt) verwendet.

Satz 5.12 (**Steiner und Lehmus**) *Wenn zwei innere Winkelhalbierende in einem Dreieck gleiche Längen haben, handelt es sich um ein gleichschenkliges Dreieck.*

Beweis Seien BB' und CC' die inneren Winkelhalbierenden der Winkel B und C und seien $a = |BC|$, $b = |AC|$, $c = |AB|$, $B = 2\beta$, $C = 2\gamma$, $u = |AB'|$, $U = |B'C|$, $v = |AC'|$ und $V = |C'B|$; vgl. Abb. 5.18.

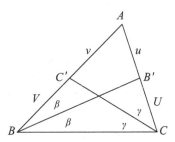

Abb. 5.18

Angenommen $|BB'| = |CC'|$ und $C > B$ (und somit $c > b$). Wir leiten nun einen Widerspruch der Form $b/u < c/v$ und $b/u > c/v$ her.

Der Satz von den Winkelhalbierenden besagt $U/u = a/c$ und $V/v = a/b$. Damit folgt:

$$\frac{b}{u} - \frac{c}{v} = \frac{u+U}{u} - \frac{v+V}{v} = \frac{U}{u} - \frac{V}{v} = \frac{a}{c} - \frac{a}{b} < 0.$$

Aus den Eigenschaften der Sinus-Funktion und dem Additionstheorem für die Sinus-Funktion ergibt sich:

$$\frac{b}{u} \div \frac{c}{v} = \frac{b}{c}\frac{v}{u} = \frac{\sin B}{\sin C}\frac{v}{u} = \frac{2\cos\beta\sin\beta}{2\cos\gamma\sin\gamma}\frac{v}{u} = \frac{\cos\beta}{\cos\gamma}\frac{\sin\beta}{u}\frac{v}{\sin\gamma}$$

$$= \frac{\cos\beta}{\cos\gamma}\frac{\sin A}{\sin A}\frac{|CC'|}{|BB'|} = \frac{\cos\beta}{\cos\gamma} > 1$$

und damit die gewünschte Schlussfolgerung. ■

In Anbetracht der Einfachheit des Beweises wundert man sich vielleicht über die Aussage von Coxeter und Greitzer hinsichtlich der „besonderen Faszination", die dieser Satz für einige Mathematiker zu haben scheint. Allerdings forderte Lehmus einen rein geometrischen Beweis, was für unseren Beweis offensichtlich nicht der Fall ist. Außerdem gilt die Suche einem direkten geometrischen Beweis – nahezu alle bekannten geometrischen Beweise sind, ähnlich dem unsrigen, indirekt, also Widerspruchsbeweise.

5.10 Die Seitenhalbierenden in einem Dreieck

Eine *Seitenhalbierende* in einem Dreieck ist eine Strecke, die einen Eckpunkt mit dem Mittelpunkt der gegenüberliegenden Seite verbindet. Zu den vielen bemerkenswerten Eigenschaften von Seitenhalbierenden gehört auch der folgende Satz, der bereits Archimedes bekannt war. Wir geben allerdings einen moderneren Beweis.

Satz 5.13 *Die drei Seitenhalbierenden eines Dreiecks treffen sich in einem Punkt, dem sogenannten* Schwerpunkt *des Dreiecks, und dieser Punkt teilt jede Seitenhalbierende im Verhältnis* 2 : 1.

Beweis (Rubinstein, 2003): In dem Dreieck ABC seien BF und CD zwei Seitenhalbierende, die sich im Punkt G treffen (Abb. 5.19a). Man zeichne die Strecke AG und verlängere sie, bis sie im Punkte H auf eine Parallele zu (CD) durch den Punkt B trifft (Abb. 5.19b). Es sei E der Schnittpunkt von BC und AH. Außerdem zeichnen wir die Strecke CH.

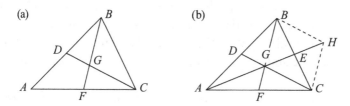

Abb. 5.19

D ist der Mittelpunkt von AB, und DG ist parallel zu BH, daher ist G auch der Mittelpunkt von AH. Doch F ist der Mittelpunkt von AC, und daher muss CH auch parallel zu BF sein. Also bildet $BGCH$ ein Parallelogramm, und seine Diagonalen BC und GH teilen sich gegenseitig genau in der Hälfte. Damit ist AE ebenfalls eine Seitenhalbierende und die drei Seitenhalbierenden treffen sich in dem Schwerpunkt G. Als Bonus erhalten wir: $|AG| = |GH| = 2|GE|$ und ein entsprechendes Ergebnis für die anderen beiden Seitenhalbierenden. Also teilt der Schwerpunkt jede Seitenhalbierende in zwei Abschnitte im Verhältnis 2 : 1. ∎

Korollar 5.1 *Die drei Seitenhalbierenden eines Dreiecks unterteilen das Dreieck in sechs Dreiecke derselben Fläche.*

Beweis Es sei K die Fläche des großen Dreiecks und u, v, w, x, y und z jeweils die Flächen der sechs kleinen Dreiecke, wie in Abb. 5.20. Da eine Seitenhal-

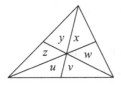

Abb. 5.20

bierende ein Dreieck immer in zwei kleinere Dreiecke gleicher Fläche unterteilt, folgt $u = v$, $w = x$ und $y = z$. Außerdem gilt $u + v + w = K/2 = v + w + x$, sodass $u = x$. Entsprechend folgt $v = y$ und $w = z$, also $u = v = y = z = w = x$. ∎

Aus den drei Seitenlängen eines Dreiecks kann man leicht die Längen der drei Seitenhalbierenden berechnen (Aufgabe 5.7). Außerdem kann man mithilfe der drei Seitenhalbierenden ein Dreieck konstruieren, dessen Fläche immer 3/4 der Fläche des ursprünglichen Dreiecks ist (siehe Satz 10.4).

Man kann ein gegebenes Dreieck sehr einfach in vier ähnliche Dreiecke unterteilen – man muss lediglich die drei Mittelpunkte der Seiten miteinander verbinden. Es ist ebenfalls einfach zu beweisen, dass man ein Dreieck nicht in zwei, drei oder fünf ähnliche Dreiecke unterteilen kann. Seltsamerweise sind aber alle anderen Werte möglich, wie unser nächster Satz zeigt.

Satz 5.14 *Für jedes $n \geq 6$ lässt sich ein Dreieck in n ähnliche Dreiecke unterteilen.*

Beweis Unser Beweis besteht aus zwei Teilen: (a) Zunächst zeigen wir, dass er für $n = 6,7,8$ wahr ist; anschließend (b) zeigen wir, dass aus der Richtigkeit des Satzes für $n = k$ auch seine Richtigkeit für $n = k + 3$ folgt (Abb. 5.21). ∎

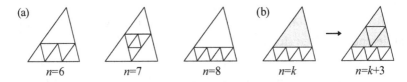

Abb. 5.21

Dasselbe Ergebnis gilt auch für Quadrate – siehe Abschn. 8.4.

5.11   Sind die meisten Dreiecke stumpfwinklig?

Wenn man in einer Ebene drei Punkte „zufällig" auswählt, wie groß ist die Wahrscheinlichkeit, dass sie die Eckpunkte eines spitz-, recht- oder stumpf-winkligen Dreiecks bilden?.

Hierbei handelt es sich um ein altes Problem mit vielfältigen Lösungen. Eine der ersten Lösungen scheint von Lewis Carroll zu stammen, der in erster Linie als Autor von *Alice im Wunderland* und *Alice hinter den Spiegeln* bekannt ist. Der richtige Name von Carroll war Charles Lutwidge Dodgson (1832–1898), und sein Träger unterrichtete Mathematik am Christ Church College in Oxford. In diesem Zusammenhang veröffentlichte er 1893 auch *Pillow-Problems Thought Out During Wakeful Hours* (Carroll, 1958). Die Aufgabe 58 dieser Sammlung lautet:

> Auf einer unendlichen Ebene werden drei Punkte zufällig ausgewählt. Man bestimme die Wahrscheinlichkeit, mit der sie die Eckpunkte eines stumpf-winkligen Dreiecks bilden.

Carroll berechnet diese Wahrscheinlichkeit folgendermaßen: Es sei *AB* die längste Seite des Dreiecks, und ohne Einschränkung der Allgemeinheit können wir $|AB| = 1$ setzen. Dann befindet sich der dritte Eckpunkt *C* innerhalb der Schnittmenge von zwei Kreisen vom Radius 1 mit den Mittelpunkten *A* und *B*, also innerhalb des linsenförmigen Bereichs in Abb. 5.22a. Das Dreieck *ABC* ist stumpfwinklig, sofern *C* innerhalb des Kreises mit Durchmesser *AB* liegt. Also ist die Wahrscheinlichkeit, dass (*ABC*) stumpfwinklig ist, gleich dem Verhältnis der Fläche des dunkelgrauen Kreises zur gesamten, grau un-terlegten linsenförmigen Fläche. Dieses Verhältnis lässt sich leicht bestimmen:

$$\frac{\pi/4}{2\pi/3 - \sqrt{3}/2} \approx 0,639 \,.$$

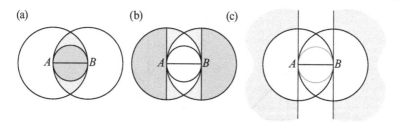

Abb. 5.22

Wählt man jedoch *AB* als die zweitlängste Seite, dann muss *C* innerhalb eines der beiden größeren Kreise und außerhalb des jeweils anderen liegen (die in Abb. 5.22b grau unterlegte Fläche). In diesem Fall ist (*ABC*) stumpfwinklig, wenn *C* außerhalb der Geraden senkrecht zu *AB* in den Punkten *A* und *B* liegt. Für diesen Fall ergibt sich als Verhältnis der beiden Flächen:

$$\frac{\pi/2}{\pi/3 + \sqrt{3}/2} \approx 0,821 \, .$$

Wählen wir schließlich *AB* als die kürzeste Seite, dann muss *C* außerhalb der beiden großen Kreise und außerhalb der beiden Geraden senkrecht zu *AB* liegen (Abb. 5.22c), und damit ist die Wahrscheinlichkeit, dass (*ABC*) stumpfwinklig ist, beliebig nahe bei 1.

Wir haben für die gesuchte Wahrscheinlichkeit drei verschiedene Werte erhalten. Der Grund ist, dass die Aussage „In einer Ebene werden drei Punkte zufällig gewählt" nicht eindeutig definiert ist. Eine Diskussion sowie weitere Lösungsmöglichkeiten findet man in (Guy, 1993; Portnoy, 1994).

5.12 Aufgaben

5.1 In dem Filmklassiker *Der Zauberer von Oz* (1939) gibt die Vogelscheuche eine falsche Version des Satzes von Pythagoras und behauptet: „Die Summe der Quadratwurzeln von je zwei Seiten eines gleichschenkligen Dreiecks ist gleich der Quadratwurzel der verbliebenen Seite." Gibt es irgendwelche Dreiecke, gleichschenklig oder nicht, die diese Eigenschaft haben?

5.2 Man beweise Satz 5.5 algebraisch.

5.3 In ein gleichschenkliges, rechtwinkliges Dreieck wurde auf zwei Weisen ein Quadrat einbeschrieben (Abb. 5.23). Welches der Quadrate hat die größere Fläche?

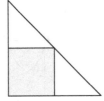 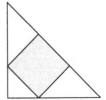

Abb. 5.23

5.4 Man beweise: In einem Dreieck teilt eine Winkelhalbierende die gegenüberliegende Seite im Verhältnis der Längen der beiden anderen Seiten.

5.5 In einem Dreieck (ABC) seien h_a, h_b und h_c die jeweiligen Höhen über
den Seiten a, b und c. Außerdem seien R und r die Radien des Um-
bzw. Inkreises. Man zeige:

$$\text{(a)} \quad h_a + h_b + h_c = \frac{ab + bc + ca}{2R} \quad \text{und} \quad \text{(b)} \quad \frac{1}{h_a} + \frac{1}{h_b} + \frac{1}{h_c} = \frac{1}{r}.$$

(Hinweis: Die Fläche K von ABC ist $K = ah_a/2 = bh_b/2 = ch_c/2$.)

5.6 Kreise oder Kreisbögen in einem Quadrat erlauben die Konstruktion
von Dreiecken wie in Abb. 5.24. Man beweise, dass die grau unterlegten Dreiecke in allen Fällen dem rechtwinkligen $3 : 4 : 5$-Dreieck ähnlich
sind (Bankoff und Trigg, 1974).

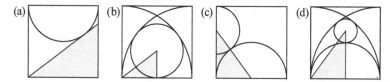

Abb. 5.24

5.7 In einem Dreieck (ABC) sei m_a die Länge der Seitenhalbierenden vom
Eckpunkt A zum Mittelpunkt der gegenüberliegenden Seite der Länge
a; entsprechend seien m_b und m_c definiert.

(a) Man beweise $m_a^2 = (2b^2 + 2c^2 - a^2)/4$ und entsprechende Formeln
für m_b^2 und m_c^2.

(b) Man zeige, dass aus $a \le b \le c$ auch $m_a \ge m_b \ge m_c$ folgt.

5.8 Man beweise den *Satz von Carnot*: In einem spitzwinkligen Dreieck ist
die Summe der Abstände zwischen dem Mittelpunkt des Umkreises und
den Seiten gleich der Summe aus dem Inkreisradius und dem Umkreisradius.

5.9 Man beweise, dass der Schwerpunkt G, der Umkreismittelpunkt und
der Höhenschnittpunkt H eines Dreiecks auf einer Geraden liegen (die
als *Euler'sche Gerade* eines Dreiecks bekannt ist) und dass $|GH| = 2|GO|$.

5.10 Man beweise, dass sich die Höhen in einem Dreieck in einem Punkt treffen (also dass es den Höhenschnittpunkt überhaupt gibt).

5.11 Gegeben sei ein Kreis mit Durchmesser AB und ein Punkt P außerhalb des Kreises. Kann man eine Senkrechte von P auf die durch AB gegebene Gerade zeichnen, wobei man nur ein (markierungsfreies) Lineal verwenden darf?

5.12 Gegeben sei ein Dreieck, dessen Seitenlängen eine arithmetische Folge bilden. Man beweise, dass die Gerade durch den Schwerpunkt und den Inkreismittelpunkt parallel zu einer der Seiten des Dreiecks verläuft.

5.13 In einem gleichschenkligen, rechtwinkligen Dreieck zeichne man zwei Strecken von der Spitze (dem Eckpunkt mit dem rechten Winkel) zur Hypotenuse. Die Hypotenuse wird dadurch in drei Abschnitte unterteilt (Abb. 5.25). Man beweise, dass die drei Abschnitte genau dann die Seiten eines rechtwinkligen Dreiecks bilden, wenn der Winkel zwischen den beiden Strahlen 45° beträgt.

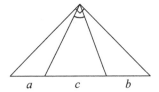

Abb. 5.25

5.14 Man beweise, dass die Formel von Heron und der Satz des Pythagoras äquivalent sind.

6

Der Zauber des gleichseitigen Dreiecks

*Von allen Figuren in der ebenen Geometrie ist das Dreieck
die interessanteste und die ergiebigste hinsichtlich der
Anzahl der mathematischen Sätze. Und unter allen
Dreiecken erstrahlt das gleichseitige Dreieck als
personifizierte Perfektion.*

J. Garfunkel und S. Stahl

Gleichseitige Dreiecke liegen im Zentrum der Geometrie. Beispielsweise lautet Proposition 1 in Buch I der *Elemente* von Euklid (Joyce, 1996): *Über einer gegebenen Strecke ein gleichseitiges Dreieck zu errichten.* Immer noch faszinieren gleichseitige Dreiecke sowohl die Berufsmathematiker als auch die Amateure. Viele mathematische Sätze, die sich auf gleichseitige Dreiecke beziehen, sind hinsichtlich ihrer Schönheit und Einfachheit verblüffend.

Mathematiker bemühen sich, schöne Beweise für schöne Sätze zu finden. In diesem Kapitel stellen wir eine kleine Auswahl an Sätzen zu gleichseitigen Dreiecken und ihre Beweise vor.

6.1 Sätze von der Art des Pythagoras

Der Satz des Pythagoras wird gewöhnlich durch Quadrate über den Katheten und der Hypotenuse des Dreiecks veranschaulicht, und viele nette visuelle Beweise beruhen auf solchen Bildern. Beispiele findet man in Abschn. 5.1. Eine Folgerung aus Proposition 31 in Buch VI von Euklids *Elementen* ist jedoch, dass man über den Seiten drei beliebige ähnliche Figuren errichten kann. Abbildung 6.1 zeigt zwei Beispiele, bei denen jeweils die Summe der grauen Flächen über den Katheten gleich der Fläche der entsprechenden Figur über der Hypotenuse ist.

In Abschn. 9.1 beschäftigen wir uns mit Mondsicheln, und dabei werden wir rechtwinklige Dreiecke mit Halbkreisen über den Seiten betrachten. In diesem Abschnitt konstruieren wir gleichseitige Dreiecke über den drei Seiten von rechtwinkligen Dreiecken, aber auch über den Seiten von spitzwinkligen und stumpfwinkligen Dreiecken.

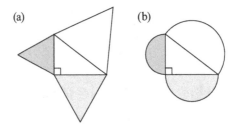

Abb. 6.1

Können wir den Satz des Pythagoras mit Abb. 6.1a beweisen? 1923 erschienen die folgenden beiden Probleme im *American Mathematical Monthly*, das erste in der Ausgabe von Juli-August und das zweite in der Dezemberausgabe:

> **3028.** *Gestellt von Norman Anning, University of Michigan.* Über den Seiten eines rechtwinkligen Dreiecks werden gleichseitige Dreiecke gezeichnet. Man zerlege die Dreiecke über den Katheten in Teile, die sich zu dem Dreieck über der Hypotenuse zusammenlegen lassen.

> **3048.** *Gestellt von H. C. Bradley, Massachusetts Institute of Technology.* Man zerlege zwei im beliebigem Verhältnis stehende gleichseitige Dreiecke in insgesamt nicht mehr als fünf Teile, die sich zu einem einzigen gleichseitigen Dreieck zusammenlegen lassen.

Sechs Jahre später, 1930, erschienen von H. C. Bradley die Lösungen zu beiden Problemen – eine ungewöhnlich lange Wartezeit für die Lösung zu einer *Aufgabe des Monats*! Bradley zerlegt das gleichseitige Dreieck über der längeren der beiden Katheten und legt die Teile mit dem gleichseitigen Dreieck über der kürzeren Kathete zu dem gleichseitigen Dreieck über der Hypotenuse zusammen (Abb. 6.2).

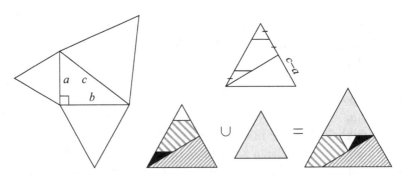

Abb. 6.2

Es gibt noch andere Möglichkeiten, die Dreiecke zu zerlegen; siehe (Frederickson, 1997). Einen weiteren Beweis des Satzes von Pythagoras ausgehend von Abb. 6.1a findet man in Abschn. 7.6.

Im Folgenden konstruieren wir gleichseitige Dreiecke über den Seiten beliebiger Dreiecke. Es sei ABC ein beliebiges Dreieck mit den Seiten a, b und c (jeweils den Eckpunkten A, B und C gegenüberliegend) und der Fläche T. Mit T_s bezeichnen wir die Fläche eines gleichseitigen Dreiecks mit der Seitenlänge s (Abb. 6.3).

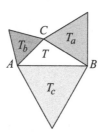

Abb. 6.3

Der Satz des Pythagoras zur Abb. 6.1a lässt sich nun in folgender Form ausdrücken: Für $C = 90°$ ist $T_c = T_a + T_b$. Es gelten jedoch überraschend ähnliche Beziehungen zwischen T, T_a, T_b und T_c wenn C entweder 60° oder 120° ist.

Satz 6.1
(a) *Für $C = 60°$ gilt $T + T_c = T_a + T_b$;*
(b) *für $C = 120°$ gilt $T_c = T_a + T_b + T$.*

Beweis Für Teil (a) berechnen wir die Fläche eines gleichseitigen Dreiecks mit der Seitenlänge $a + b$ auf zwei verschiedene Weisen. Dies führt uns auf $3T + T_c = 2T + T_a + T_b$, woraus die Behauptung folgt (Moran Cabre, 2003) (Abb. 6.4).

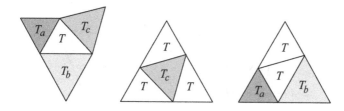

Abb. 6.4

Für Teil (b) berechnen wir die Fläche eines Sechsecks, dessen Innenwinkel alle gleich und dessen Seitenlängen abwechselnd a und b sind, auf zwei verschiedene Weisen. Daraus folgt $3T + T_c = 4T + T_a + T_b$ und damit das Ergebnis (Nelsen, 2004) (Abb. 6.5). ■

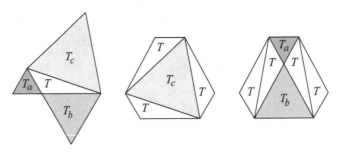

Abb. 6.5

Ganz allgemein gilt $T_c = T_a + T_b - \sqrt{3}\cot C \cdot T$ (Aufgabe 6.1). Daraus ergeben sich die beiden folgenden Spezialfälle:

Korollar 6.1
(a) *Für $C = 30°$ gilt $3T + T_c = T_a + T_b$;*
(b) *für $C = 150°$ gilt $T_c = T_a + T_b + 3T$.*

6.2 Der Fermat'sche Punkt eines Dreiecks

Der bekannte Mathematiker Pierre de Fermat (1601–1665) stellte Evangelista Torricelli (1608–1647) die folgende Aufgabe, und Torricelli löste sie auf verschiedene Weisen:

> Man finde den Punkt F in (oder auf) einem gegebenen Dreieck ABC, sodass die Summe $|FA| + |FB| + |FC|$ minimal ist (der Punkt F heißt heute *Fermat'scher Punkt* des Dreiecks) (Abb. 6.6a).

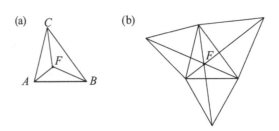

Abb. 6.6

Ist einer der Winkel 120° oder größer, dann ist der Eckpunkt an dem stumpfen Winkel der Fermat'sche Punkt (Aufgabe 6.3). Wir betrachten daher nur Dreiecke, bei denen alle Winkel kleiner als 120° sind. Es gibt ein einfaches Verfahren, den Fermat'schen Punkt in einem solchen Dreieck zu finden. Man konstruiere jeweils gleichseitige Dreiecke über den Seiten von ABC und verbinde jeden Eckpunkt von ABC mit dem äußeren Eckpunkt des gegenüberliegenden gleichseitigen Dreiecks. Diese drei Strecken schneiden sich im Fermat'schen Punkt (Abb. 6.6b)!

Es gibt viele Beweise dafür. Unserer wurde 1929 von J. E. Hofmann veröffentlicht, allerdings war er zu dieser Zeit nicht mehr neu. Tibor Gallai und andere hatten ihn unabhängig voneinander schon früher gefunden (Honsberger, 1973).

Man nehme irgendeinen Punkt P innerhalb von ABC, verbinde ihn mit den drei Eckpunkten und drehe das Dreieck ABP (in Abb. 6.7 grau unterlegt) um 60° um den Punkt B gegen den Uhrzeigersinn in das Dreieck $C'BP'$ (vgl. Abb. 6.7b). Nun verbinde man P' mit P.

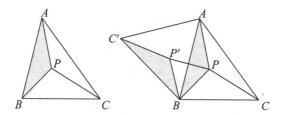

Abb. 6.7

Da das Dreieck $BP'P$ gleichseitig ist, folgt $|AP| = |C'P'|$ und $|BP| = |P'P|$ und somit $|AP| + |BP| + |CP| = |C'P'| + |P'P| + |PC|$. Also ist die Summe $|AP| + |BP| + |CP|$ minimal, wenn P und P' auf der Verbindungsstrecke zwischen C' und C liegt. Statt der Seite AB hätten wir ebenso die Seiten BC oder AC entgegen (oder auch mit) dem Uhrzeigersinn um einen Eckpunkt drehen können und statt C' die Punkte A' bzw. B' erhalten. Also muss P auch auf den Strecken $B'B$ und $A'A$ liegen (in der Abbildung nicht eingezeichnet) und der Fermat'sche Punkt ist P. Außerdem ist jeder der sechs Winkel bei F genau 60° und die Strecken von C zu C', B zu B' und A zu A' (in Abb. 6.6b eingezeichnet, nicht allerdings in Abb. 6.7) haben alle dieselbe Länge: $|AP| + |BP| + |CP|$.

6.3   Der Satz von Viviani

Der Fermat'sche Punkt eines Dreiecks ist der Punkt in oder auf dem Dreieck, für den die Summe der Abstände zu den Eckpunkten minimal wird. Was wissen wir über Punkte P in oder auf dem Dreieck, für welche die Summe der senkrechten Abstände zu den *Seiten* des Dreiecks minimal wird?

Wir betrachten zunächst ein gleichseitiges Dreieck. In diesem Fall lautet das überraschende Ergebnis, dass P jeder Punkt innerhalb oder auf dem Dreieck sein kann, denn die Summe der Abstände von einem beliebigen Punkt in einem gleichseitigen Dreieck zu seinen Seiten ist konstant. Diese Aussage ist nach Vincenzo Viviani (1622–1703) als *Satz von Viviani* bekannt.

Satz 6.2   (**Viviani**) *Die Summe der senkrechten Abstände von einem Punkt in oder auf einem gleichseitigen Dreieck ist gleich der Höhe des Dreiecks.*

Beweis   Zum Beweis bedarf es lediglich der Abb. 6.8 (Kawasaki, 2005). ∎

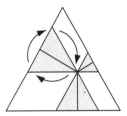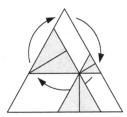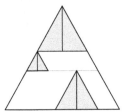

Abb. 6.8

Für nicht gleichseitige Dreiecke ist die Lage anders. In diesem Fall befindet sich der Punkt P, der die Summe der Abstände zu den Seiten minimiert, bei dem Eckpunkt mit dem größten Winkel. Wenn es zwei größte Winkel gibt, gibt es zwei Orte für P (Aufgabe 6.4).

6.4   Eine Dreiecksparkettierung der Ebene und die Ungleichung von Weitzenböck

Mit Kopien der vier Dreiecke aus Abb. 6.3 lässt sich die Ebene wie in Abb. 6.9 dargestellt *parkettieren*, d. h. ohne Überlappung vollständig überdecken. Die „Fliese" dieser Parkettierung ist das spezielle Sechseck auf der rechten Seite: Es besteht aus den drei gleichseitigen Dreiecken und drei Kopien des ursprünglichen (beliebigen) Dreiecks, und bei ihm sind gegenüberliegende Seiten gleich lang und parallel.

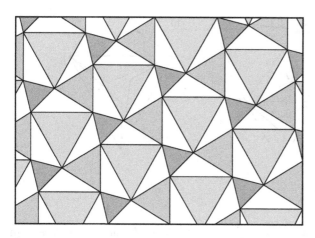

Abb. 6.9

Aufgabe 2 der Dritten Internationalen Mathematikolympiade im Jahr 1961 lautete:

Seien a, b, c die Seiten eines Dreiecks und T seine Fläche. Man beweise

$$a^2 + b^2 + c^2 \geq 4\sqrt{3}\,T\,.$$

Für welchen Fall gilt die Gleichheit?

Diese Ungleichung ist in der mathematischen Rätselliteratur als *Weitzenböck'sche Ungleichung* bekannt und geht auf einen Artikel in *Mathematische Zeitschrift* von R. Weitzenböck aus dem Jahr 1919 zurück. Es sind viele analytische Beweise bekannt, allein elf verschiedene Beweise findet man in (Engel, 1998). Weniger bekannt ist allerdings eine nette geometrische Interpretation dieser Ungleichung. Wenn wir beide Seiten der Ungleichung mit $\sqrt{3}/4$ multiplizieren, wird sie zu

$$T_a + T_b + T_c \geq 3T\,, \tag{6.1}$$

d. h. mindestens die Hälfte des Sechsecks in Abb. 6.9 – und damit auch die Hälfte der Parkettierung der Ebene – ist grau, unabhängig von der Form der weißen Dreiecke.

Zum Beweis von (6.1) betrachten wir zunächst den Fall, dass alle Winkel des gegebenen Dreiecks kleiner als 120° sind. Für ein solches Dreieck ABC seien x, y und z die Längen der Strecken, die den Fermat'schen Punkt F mit den Eckpunkten verbinden (Abb. 6.10a). Außerdem ist die Summe der beiden spitzen Winkel in jedem Dreieck, von dem F ein Eckpunkt ist, gleich 60°.

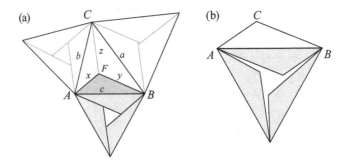

Abb. 6.10

Also ist das gleichseitige Dreieck mit der Fläche T_c gleich der Vereinigung von drei gleichen Dreiecken, die dem dunkelgrauen Dreieck mit den Seitenlängen x, y und c entsprechen, sowie einem gleichseitigen Dreieck mit der Seitenlänge $|x-y|$.

Ähnliche Aussagen gelten für die Dreiecke mit den Flächen T_a und T_b, und daher folgt

$$T_a + T_b + T_c = 3T + T_{|x-y|} + T_{|y-z|} + T_{|z-x|}, \qquad (6.2)$$

womit die Ungleichung (6.1) bewiesen ist, da in diesem Fall $T_{|x-y|}$, $T_{|y-z|}$ und $T_{|z-x|}$ jeweils nichtnegativ sind. Die Gleichheit in (6.1) gilt genau dann, wenn $x = y = z$, sodass die drei Dreiecke mit dem gemeinsamen Eckpunkt F gleich sind. Also folgt $a = b = c$ und das Dreieck ABC ist gleichseitig.

Ist einer der Winkel (beispielsweise C) gleich 120° oder größer, gilt (vgl. Abb. 6.1b)

$$T_a + T_b + T_c \geq T_c \geq 3T,$$

womit der Beweis fertig ist.

Die Beziehung in (6.2) ist sogar stärker als die Ungleichung von Weitzenböck, und mit ihrer Hilfe können wir die *Ungleichung von Hadwiger und Finsler* beweisen: Wenn a, b und c die Seiten eines Dreiecks mit der Fläche T sind, dann gilt:

$$a^2 + b^2 + c^2 \geq 4\sqrt{3}T + (a-b)^2 + (b-c)^2 + (c-a)^2.$$

Ausgedrückt durch die Flächen von Dreiecken bedeutet dies

$$T_a + T_b + T_c \geq 3T + T_{|a-b|} + T_{|b-c|} + T_{|c-a|}.$$

Einen Beweis findet man in (Alsina und Nelsen, 2008, 2009).

6.5 Der Satz von Napoleon

Wir kehren nun zu der Parkettierung der Ebene aus Abb. 6.9 zurück. Dreht man die Parkettierung um 120° im oder entgegen dem Uhrzeigersinn um den Mittelpunkt irgendeines der gleichseitigen Dreiecke, erhält man dasselbe Bild. Diese Rotationssymmetrie genügt für den Beweis eines weiteren überraschenden Ergebnisses.

Satz 6.3 (**Napoleon**) *Konstruiert man über den Seiten eines beliebigen Dreiecks nach außen jeweils die gleichseitigen Dreiecke, dann bilden ihre Mittelpunkte die Eckpunkte eines weiteren gleichseitigen Dreiecks* (Abb. 6.11a).

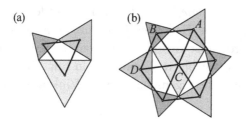

Abb. 6.11

Beweis Abbildung 6.11b zeigt einen Ausschnitt der Parkettierung von Abb. 6.9. Wir drehen die Parkettierung um den Punkt B um 120° im Uhrzeigersinn. Da das Bild wieder dasselbe ist, folgt $AB = BD$, und der Winkel zwischen den Strecken ist 120°. Entsprechend ergibt eine Drehung um den Punkt C um 120° entgegen dem Uhrzeigersinn $AC = CD$ und wiederum einen Winkel von 120° zwischen diesen beiden Strecken. Die beiden Dreiecke ABC und BCD sind gleich, und BC halbiert sowohl $\angle ABD$ als auch $\angle ACD$. Also ist das Dreieck ABC gleichseitig. ∎

Ob Napoleon diesen Satz tatsächlich bewiesen hat, ist nicht bekannt, noch nicht einmal, ob er ihn überhaupt kannte. Allerdings hatte Napoleon eine gewisse mathematische Begabung und viele sind der Meinung, dass er ihn bewiesen haben könnte.

Von der Konfiguration in Abb. 6.11a sind viele weitere Eigenschaften bekannt; hier erwähnen wir nur noch eine. Es sei T_N die Fläche des *Napoleon-Dreiecks*, dessen Eckpunkte die Mittelpunkte der ursprünglichen drei gleichseitigen Dreiecke sind. Aus Abb. 6.11b folgt dann $6T_N = 3T + T_a + T_b + T_c$, mit anderen Worten, das reguläre Sechseck in Abb. 6.11b und die verzerrte sechseckige Fliese aus Abb. 6.9 haben dieselbe Fläche. Das bedeutet:

$$T_N = \frac{1}{2}\left(T + \frac{T_a + T_b + T_c}{3}\right).$$

Da $6(T_N - T) = T_a + T_b + T_c - 3T$, ist die Ungleichung $T_N \geq T$ äquivalent zur Weitzenböck'schen Ungleichung.

6.6 „Morleys Wunder"

Im Jahre 1899 entdeckte Frank Morley (1860–1937) einen erstaunlichen Satz über Dreiecke, der als *Morley's miracle* bekannt wurde. Das Wundersame an diesem Satz ist nicht seine Tiefe oder Bedeutung, sondern dass er nicht schon zuvor entdeckt wurde. Der Grund könnte damit zusammenhängen, dass eine Dreiteilung eines beliebigen Winkels allein mit Zirkel und Lineal nicht möglich ist und daher die Eigenschaften von Winkeldreiteilungen kaum untersucht wurden.

Satz 6.4 (**Morley-Dreieck**) *Die drei Schnittpunkte von jeweils benachbarten Geraden von Winkeldreiteilungen in einem beliebigen Dreieck bilden die Eckpunkte eines gleichseitigen Dreiecks.*

In Abb. 6.12a bilden die Schnittpunkte der entsprechenden Winkelteiler – AR, AQ, BP, BR, CP und CQ – das gleichseitige Dreieck PQR.

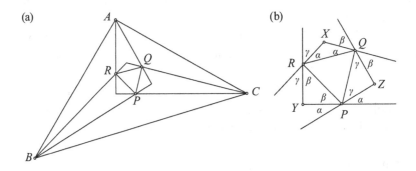

Abb. 6.12

Es sind viele Beweise des Satzes von Morley bekannt, und die meisten davon sind geometrischer oder trigonometrischer Natur. Direkte Beweise sind schwierig, daher hangelt man sich meist rückwärts, beginnt bei einem gleichseitigen Dreieck und konstruiert ein allgemeines Dreieck, das dem gegebenen

Dreieck ABC ähnlich ist. Unser Beweis stammt aus (Coxeter, 1961) und beruht auf einem von Raoul Bricard 1922 veröffentlichten Beweis.

Beweis Siehe Abb. 6.12b. Über den Seiten eines gleichseitigen Dreiecks PQR konstruiere man die gleichschenkligen Dreiecke RQX, QPZ und RPY mit den Basiswinkeln α, β, γ, für die gilt

$$\alpha + \beta + \gamma = 120°, \quad \alpha < 60°, \quad \beta < 60°, \quad \gamma < 60°.$$

Man verlängere die Seiten der drei gleichschenkligen Dreiecke über ihre Basis hinaus, bis sie sich in den Punkten A, B und C treffen. Da $\alpha + \beta + \gamma + 60° = 180°$, können wir einige der anderen Winkel wie in Abb. 6.12b benennen (die Werte dieser Winkel stellen sicher, dass sich die verlängerten Seiten der gleichschenkligen Dreiecke tatsächlich in den Punkten A, B und C treffen).

Nach Abb. 5.11a lässt sich der Inkreismittelpunkt I eines Dreiecks ABC auch so charakterisieren, dass er auf der Winkelhalbierenden bei A liegt und von A einen Abstand hat, für den gilt:

$$\angle BIC = 90° + (1/2)\angle BAC.$$

Angewandt auf den Punkt P in dem Dreieck BXC bedeutet dies, dass die Strecke PX (die in der Abbildung nicht eingezeichnet ist, die allerdings die Seitenhalbierende sowohl von dem gleichschenkligen Dreieck RQX als auch dem gleichseitigen Dreieck PQR ist) die Winkelhalbierende bei X ist. Da $\angle BXC = \angle RXQ = 180° - 2\alpha$ und $\angle BPC = 180° - \alpha = 90° + (1/2)\angle BXC$, ist P der Inkreismittelpunkt von Dreieck BXC. Entsprechend ist Q der Inkreismittelpunkt von Dreieck AYC und R der Inkreismittelpunkt von Dreieck AZB. Also sind die drei kleinen Winkel bei A gleich; Entsprechendes gilt für B und C. Die Winkel von ABC wurden somit gedrittelt.

Die drei kleinen Winkel bei A sind jeweils $(1/3)\angle A = 60° - \alpha$ (entsprechend bei B und C), und daher folgt:

$$\alpha = 60° - (1/3)\angle A, \quad \beta = 60° - (1/3)\angle B, \quad \gamma = 60° - (1/3)\angle C.$$

Indem wir also diese Werte für die Basiswinkel α, β und γ der gleichschenkligen Dreiecke RQX, QPZ und RPY wählen, können wir mit diesem Verfahren immer ein Dreieck ABC konstruieren, dass einem gegebenen Dreieck ähnlich ist. ∎

Das Sierpiński-Dreieck

Eines der schönsten Fraktale ist das *Sierpiński-Dreieck*, das auch als Sierpiński-Sieb bekannt ist. Der polnische Mathematiker Wacław Sierpiński beschrieb es zuerst im Jahr 1915. Zu seiner Konstruktion beginnen wir mit einem gleichseitigen Dreieck und nehmen das gleichseitige Dreieck in der Mitte, das ein Viertel des Gesamtdreiecks ausmacht, heraus. Anschließend entfernen wir die mittleren Viertel-Dreiecke von jedem der drei verbliebenen kleineren gleichseitigen Dreiecke und setzen diesen Prozess unendlich fort. Die ersten paar Schritte sind in Abb. 6.13 wiedergegeben.

Abb. 6.13

Fraktale sind selbstähnliche Mengen. Das Sierpiński-Dreieck besteht aus drei Kopien seiner selbst, jeweils um einen Faktor $1/2$ skaliert. Daher ist seine Hausdorff-Dimension $\ln 3/\ln 2 \approx 1{,}585$.

6.7   Der Satz von van Schooten

Der folgende einfache, aber überraschende Satz wird dem holländischen Mathematiker Franciscus van Schooten (1615–1660) zugeschrieben. Es gibt viele Beweise für diesen Satz; unser Beweis gleicht dem Verfahren, das wir bei der Bestimmung des Fermat'schen Punkts in einem Dreieck verwendet haben.

Satz 6.5 (**Van Schooten**) *Einem Kreis sei ein gleichseitiges Dreieck ABC einbeschrieben. P sei ein beliebiger Punkt auf dem Kreis, und man ziehe die Verbindungsstrecken AP, BP und CP. Die Länge der längsten dieser drei Segmente ist gleich der Summe der Längen der beiden kürzeren.*

Beweis Vergleiche Abb. 6.14a. Die Behauptung lautet $|AP| = |BP| + |CP|$. Zunächst drehe man das Dreieck ABC und die drei Strecken von P zu den Eckpunkten im Uhrzeigersinn um $60°$ um den Eckpunkt B; dies führt auf die Konfiguration in Abb. 6.14b. Es seien C' und P' die Bilder von C und P unter dieser Drehung. Da $BP = BP'$ und $\angle PBP' = 60°$, ist das Dreieck BPP' gleichseitig. Doch $\angle CPB = 120°$, sodass die Punkte C, P und P' auf einer Geraden liegen. Also ist $|AP| = |CP'| = |CP| + |PP'| = |CP| + |BP|$. ∎

(a) 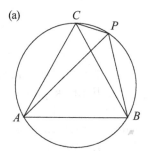 (b)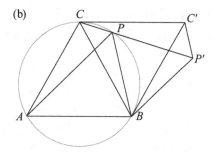

Abb. 6.14

Kurven konstanter Breite und das Reuleaux-Dreieck

Unter der *Breite* einer konvexen geschlossenen Kurve versteht man den Abstand zweier paralleler Geraden, die außerhalb dieser Kurve verlaufen, sie aber auf dem Rand berühren. Ist die Breite für jedes Paar paralleler Geraden dieselbe, dann spricht man von einer *Kurve konstanter Breite*. Der Kreis ist eine Kurve konstanter Breite, das Gleiche gilt für das *Reuleaux-Dreieck* (Franz Reuleaux, 1829–1905). Zu seiner Konstruktion beginnt man mit einem gleichseitigen Dreieck und zeichnet um jeden Eckpunkt einen Kreisbogen durch die anderen beiden Eckpunkte mit der Seitenlänge als Radius; vgl. Abb. 6.15.

Abb. 6.15

Unter allen Kurven mit einer konstanten Breite w hat der Kreis die größte Fläche und das Reuleaux-Dreieck die kleinste. Etwas überraschend ist, dass beide Kurven denselben Umfang haben: πw. Noch überraschender jedoch ist der *Satz von Barbier* (Joseph Emile Barbier, 1839–1889): *Jede* konvexe Kurve mit der konstanten Breite w hat denselben Umfang πw! Einen Beweis findet man in (Honsberger, 1970).

6.8 Das gleichseitige Dreieck und der Goldene Schnitt

In Abschn. 2.3 hatten wir erwähnt, dass es eine natürliche Beziehung zwischen dem Goldenen Schnitt und dem regulären Fünfeck gibt. Weniger bekannt ist, dass der Goldene Schnitt auch bei gleichseitigen Dreiecken und ihren Umkreisen auftritt. Die folgende Aufgabe erschien 1983 in der August/September-Ausgabe von *American Mathematical Monthly*.

> **E 3007.** *Gestellt von George Odom, Poughkeepsie, NY.* Es seien A und B die Mittelpunkte der Seiten EF und ED eines gleichseitigen Dreiecks DEF. Man verlängere AB bis zum Punkt C auf dem Umkreis (von DEF). Man zeige, dass B die Strecke AC im Verhältnis des Goldenen Schnitts teilt.

Drei Jahre später erschien eine Lösung (van de Craats, 1986) ausgehend von der Abb. 6.16a. Die grau unterlegten Dreiecke sind ähnlich, daher gilt $(1 + x)/x = x/1$ und somit $x^2 = x + 1$. Da x positiv sein muss, ist es gleich dem Goldenen Schnitt φ.

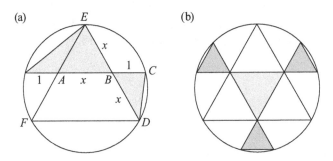

Abb. 6.16

Betrachten wir nun die symmetrische Figur in Abb. 6.16b, so folgt aus dem vorherigen Ergebnis, dass das Verhältnis von der Seitenlänge des größeren schattierten Dreiecks zu der des kleineren schattierten Dreiecks gleich φ ist, und das Verhältnis der entsprechenden Flächen ist $\varphi + 1$ (Rigby, 1988).

6.9 Aufgaben

6.1 Mit der Notation aus Abschnitt 6.1 beweise man $T_c = T_a + T_b - \sqrt{3}\cot C \cdot T$.

6.2 In Analogie zu den Abb. 6.4 und 6.5 überlege man sich einen visuellen Beweis von Korollar 6.1.

6.3 Man beweise, dass für ein Dreieck, bei dem ein Winkel 120° oder größer ist, der zugehörige Eckpunkt der Fermat'sche Punkt des Dreiecks ist. (Hinweis: Siehe Abb. 6.17.)

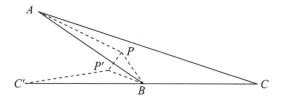

Abb. 6.17

6.4 Man beweise, dass für ein nicht-gleichseitiges Dreieck der Punkt P in oder auf dem Dreieck, für den die Summe der senkrechen Abstände von den Seiten minimal wird, der Eckpunkt zu dem größten Winkel ist.

6.5 Man zeige, dass jedes Dreieck unendlich viele einbeschriebene gleichseitige Dreiecke besitzt.

6.6 Man beweise mithilfe der gleichseitigen Dreiecke aus Abb. 6.18, dass $\sqrt{3}$ irrational ist.

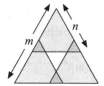

Abb. 6.18

6.7 Man beweise den *Satz von Pompeiu* (Dimitrie Pompeiu, 1873–1954): Sei ABC ein gleichseitiges Dreieck und P ein beliebiger Punkt in der Ebene von ABC. Dann bilden die Längen $|AP|$, $|BP|$, $|CP|$ immer ein (möglicherweise zu einer Linie entartetes) Dreieck.

6.8 In einem Quadrat $ABCD$ sei der Punkt E wie in Abb. 6.19 definiert. Man beweise, dass das Dreieck ABE gleichseitig ist.

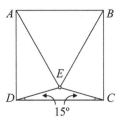

Abb. 6.19

6.9 Man kann leicht zeigen, dass die Fläche eines gleichschenkligen rechtwinkligen Dreiecks gleich einem Viertel des Quadrats über der Hypotenuse ist (man betrachte ein Quadrat und seine zwei Diagonalen). Beweisen Sie, dass die Fläche eines rechtwinkligen Dreiecks mit einem 15°-Winkel gleich einem Achtel des Quadrats über der Hypotenuse ist. (Hinweis: Nutzen Sie die vorherige Aufgabe.)

6.10 Legen Sie ein gleichseitiges Dreieck in ein Quadrat wie in Abb. 6.20a, sodass eine Seite in einem Winkel von 45° zu den Seiten des Quadrats liegt. Beweisen Sie, dass (i) die Summe der Flächen der beiden dunkelgrauen Dreiecke in Abb. 6.20b gleich der Fläche des hellgrauen Dreiecks ist, und (ii): Wenn, wie in Abb. 6.20c dargestellt, kleine gleichschenklige rechtwinklige Dreiecke von den dunkelgrauen Dreiecken weggenommen werden, dann ist die Summe der Flächen aller drei grauen Dreiecke gleich der Fläche des weißen gleichseitigen Dreiecks.

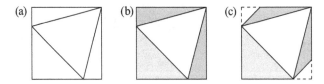

Abb. 6.20

6.11 Man zeichne zwei gleichseitige Dreiecke *ABE* und *ADF* über den Seiten eines Quadrats *ABCD*, einmal innerhalb und einmal außerhalb des Quadrats, wie in Abb. 6.21. Beweisen Sie, dass die Punkte *C*, *E* und *F* auf einer Geraden liegen.

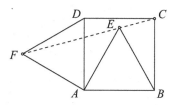

Abb. 6.21

7

Das Reich der Vierecke

*Eine Pensionswirtin ist ein Parallelogramm – das heißt,
eine längliche, abgewinkelte Figur, die sich nicht
beschreiben lässt, aber die allem gleicht.*

Stephen Leacock, *Boarding-House Geometry* (1910)

Die *Elemente* von Euklid enthalten ungefähr drei Dutzend Propositionen in
Bezug auf die Eigenschaften von Dreiecken, doch nur rund ein Dutzend
bezüglich der Eigenschaften von Vierecken, und von diesen beziehen sich
die meisten auf Parallelogramme. Diese Zahlen täuschen, bedenkt man die
Reichhaltigkeit von Vierecken und ihren verschiedenen Spezialfällen: Sehnenvierecke, Tangentenvierecke, Parallelogramme, Trapeze, Quadrate und so
weiter. In diesem Kapitel betrachten wir einige erstaunliche Ergebnisse mit
Beweisen zu allgemeinen Vierecken sowie einigen der gerade erwähnten Spezialfälle.

Dreiecke können spitzwinklig, rechtwinklig oder stumpfwinklig sein; sie
können auch gleichseitig oder gleichschenklig sein oder drei verschiedene
Seiten haben. Entsprechend können Vierecke *planar* oder nichtplanar sein;
planare Vierecke können *überschlagen* (selbstschneidend) oder *einfach* (nicht
selbstschneidend) sein; einfache Vierecke können *konvex* sein (jeder Innenwinkel ist kleiner als 180°) oder *konkav* (ein Innenwinkel ist größer als 180°).

7.1 Mittelpunkte in Vierecken

Gleich unser erster Satz ist sehr bemerkenswert und gilt für jedes beliebige
Viereck – konvex, konkav, überschlagen und auch nichtplanar. Veröffentlicht
wurde er zuerst von Pierre Varignon (1654–1722) und daher ist er als *Satz
von Varignon* bekannt.

Satz 7.1 (Varignon) *Die Seitenmittelpunkte eines beliebigen Vierecks bilden
ein Parallelogramm.*

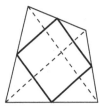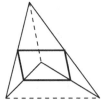

Abb. 7.1

Beweis Siehe Abb. 7.1. In allen Fällen ist die Verbindung zwischen den Mittelpunkten benachbarter Seiten parallel zu einer der Diagonalen und hat als Folgerung aus Proposition VI.2 in Euklids *Elemente* die halbe Länge. Also sind bei dem Viereck aus den Verbindungen zwischen benachbarten Seitenmittelpunkten jeweils gegenüberliegende Seiten parallel und daher handelt es sich um ein Parallelogramm. ∎

Das Parallelogramm aus Satz 7.1 bezeichnet man auch als das *Varignon-Parallelogramm* zu einem gegebenen Viereck. Die *Bimediane* (Verbindungsstrecken zwischen gegenüberliegenden Seitenmittelpunkten) des Vierecks bilden die Diagonalen des Varignon-Parallelogramms und schneiden sich daher jeweils in ihren Mittelpunkten.

Aus dem Beweis von Satz 7.1 folgt unmittelbar, dass der Umfang des Varignon-Parallelogramms gleich der der Summe der Längen der Diagonalen des Vierecks ist. Außerdem kann man leicht zeigen, dass (für den konvexen Fall) die Fläche des Varignon-Parallelogramms gleich der Hälfte der Fläche des Vierecks ist (Aufgabe 7.1).

Noch überraschender als der Satz von Varignon ist vielleicht das folgende Ergebnis.

Satz 7.2 *In jedem konvexen Viereck halbiert der Schnittpunkt der Bimediane die Strecke zwischen den Mittelpunkten der Diagonalen (Abb. 7.2a).*

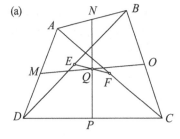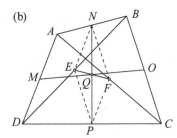

Abb. 7.2

Beweis Der Schnittpunkt Q der Bimediane des Vierecks $ABCD$ ist gleichzeitig der Mittelpunkt sowohl von MO als auch NP (vgl. Abb. 7.2b). Da EN und FP parallel zu AD sind und entsprechend EP und FN parallel zu BC, bilden $ENFP$ ein Parallelogramm. Also halbieren sich die Diagonalen EF und NP gegenseitig, und damit ist, wie behauptet, Q der Mittelpunkt von EF. ∎

Die Verbindung der Mittelpunkte der Diagonalen in einem Viereck, das kein Parallelogramm ist (die Strecke EF in Abb. 7.2a), bezeichnet man manchmal als *Newton'sche Gerade* des Vierecks. Sie spielt bei vielen Ergebnissen in diesem Kapitel eine wichtige Rolle.

Wir schließen diesen Abschnitt mit zwei weiteren netten Eigenschaften der Flächen konvexer Vierecke ab. Für die erste Eigenschaft zeichnen wir die Verbindungsgeraden zwischen gegenüberliegenden Eckpunkten und den Mittelpunkten der jeweils gegenüberliegenden Seiten (vgl. Abb. 7.3a). Dadurch entsteht ein kleineres Viereck (in der Abbildung grau unterlegt), dessen Fläche genau die Hälfte der ursprünglichen Viereckfläche ist (Abb. 7.3b).

(a) (b)

Abb. 7.3

Für die zweite Eigenschaft wählen wir zwei beliebige Punkte R und S auf der Newton'schen Geraden des Vierecks $ABCD$ (Abb. 7.4). Wir bilden zwei Dreiecke mit RS als Grundseite und gegenüberliegenden Eckpunkten des Vierecks als jeweils drittem Eckpunkt (beispielsweise A und C oder B und D). Dann haben die beiden Dreiecke dieselbe Fläche, weil sie dieselbe Grundseite und dieselbe Höhe haben.

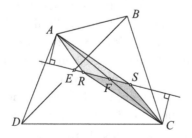

Abb. 7.4

7.2 Sehnenvierecke

Bei einem *Sehnenviereck* liegen alle vier Eckpunkte auf einem Kreis. Als Folgerung aus Proposition 22 in Buch III von Euklids *Elementen* ergänzen sich die Winkel an gegenüberliegenden Eckpunkten eines Sehnenvierecks jeweils zu 180°.

In diesem Abschnitt zeigen wir, dass unter allen einfachen Vierecken mit gegebenen Seitenlängen das Sehnenviereck die größte Fläche hat. Unser Beweis benötigt lediglich einige trigonometrische Identitäten und etwas Algebra. Zunächst beweisen wir einen Satz, der die folgende Frage beantwortet: Gegeben ein beliebiges einfaches Viereck, gibt es ein Sehnenviereck mit denselben Seitenlängen?

Lemma 7.1 *Zu jedem einfachen Viereck mit gegebenen Seitenlängen gibt es ein Sehnenviereck mit denselben Seitenlängen.*

Beweis (Peter, 2003) Es sei Q ein einfaches Viereck mit den Seiten a, b, c und d wie in Abb. 7.5. Wir können Q als konvex annehmen, da jedes konkave Viereck in einem konvexen Viereck mit denselben Seitenlängen enthalten ist. Die Bezeichnung der Seiten sei so gewählt, dass $a + b \leq c + d$.

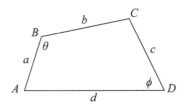

Abb. 7.5

Nun stellen wir uns vor, Q habe an jedem seiner vier Eckpunkte ein Gelenk. Indem wir den Eckpunkt B zur Mitte schieben, können wir aus dem Viereck ein Dreieck machen, bei dem die Punkte A, B und C auf einer Geraden liegen. In diesem Dreieck ist $\theta = \pi$ und $\phi > 0$, sodass $\theta + \phi > \pi$. Ohne Einschränkung der Allgemeinheit können wir noch annehmen, dass $b + c \leq a + d$. Indem wir den Eckpunkt B wieder herausziehen, können wir Q auch zu einem Dreieck verformen, bei dem B, C und D auf einer Geraden liegen, und für dieses Dreieck gilt $\theta + \phi < \pi$. Also gibt es auch eine Lage für B, bei der $\theta + \phi = \pi$ gilt, und in dieser Lage ist Q ein Sehnenviereck. ∎

Satz 7.3 *Das Sehnenviereck Q hat die größte Fläche unter allen Vierecken mit denselben Kantenlängen wie Q.*

Beweis Siehe Abb. 7.5. Mit dem Kosinussatz, angewandt auf die Dreiecke ABC und ACD, erhalten wir

$$a^2 + b^2 - 2ab \cos \theta = c^2 + d^2 - 2cd \cos \phi\,,$$

wobei θ und ϕ im Intervall $(0, \pi)$ liegen. Also gilt

$$0 = 4(a^2 b^2 \cos^2 \theta - 2abcd \cos \theta \cos \phi + c^2 d^2 \cos^2 \phi) \\ - (a^2 + b^2 - c^2 - d^2)^2\,. \tag{7.1}$$

Die Fläche K von Q ist gleich der Summe der Flächen der Dreiecke ABC und ACD, d. h. $K = (1/2)(ab \sin \theta + cd \sin \phi)$ und somit

$$16K^2 = 4a^2 b^2 \sin^2 \theta + 8abcd \sin \theta \sin \phi + 4c^2 d^2 \sin^2 \phi\,. \tag{7.2}$$

Wir bilden die Summe von (7.1) und (7.2) und fassen einige Terme zusammen:

$$16K^2 = 4(a^2 b^2 + c^2 d^2) - (a^2 + b^2 - c^2 - d^2)^2 - 8abcd \cos(\theta + \phi)\,. \tag{7.3}$$

Also it $16K^2$ (und damit auch K) maximal, wenn $\cos(\theta + \phi)$ minimal ist, was genau für $\theta + \phi = \pi$ der Fall ist, d. h. wenn Q ein Sehnenviereck ist. ∎

Der Beweis führt uns auch auf eine nette Formel für die Fläche eines Sehnenvierecks, die als *Formel von Brahmagupta* bekannt ist. Sei Q ein Sehnenviereck, dann gilt:

$$\begin{aligned} 16K^2 &= 4(a^2 b^2 + c^2 d^2) - (a^2 + b^2 - c^2 - d^2)^2 + 8abcd \\ &= 4(ab + cd)^2 - (a^2 + b^2 - c^2 - d^2)^2 \\ &= [(a + b)^2 - (c - d)^2][(c + d)^2 - (a - b)^2] \\ &= (a + b + c - d)(a + b - c + d)(a - b + c + d) \\ &\quad \cdot (-a + b + c + d)\,. \end{aligned}$$

Damit ergibt sich das folgende

Korollar 7.1 (Formel von Brahmagupta) *Die Fläche K eines Sehnenvierecks Q mit den Seitenlängen a, b, c und d ist*

$$K = \sqrt{(s - a)(s - b)(s - c)(s - d)}\,,$$

wobei $s = (a + b + c + d)/2$ der halbe Umfang von Q ist.

Satz 7.3 lässt sich auch mit analytischen Verfahren beweisen (Peter, 2003) oder mit Sätzen zur Isoperimetrie (Alsina und Nelsen, 2009).

7.3   Gleichungen und Ungleichungen zu Vierecken

Es gibt eine Fülle netter Gleichungen und Ungleichungen für ein Viereck Q
mit der Fläche K, den Seitenlängen a, b, c, d, den Diagonalen p und q und,
falls Q ein Sehnenviereck ist, dem Umkreisradius R. Wir beginnen mit dem
Satz von Ptolemäus für Sehnenvierecke. Er wird im Allgemeinen Claudius
Ptolemäus von Alexandrien (um 85–165) zugeschrieben. Für diesen Satz gibt
es viele Beweise, doch der vielleicht eleganteste stammt von Ptolemäus selbst
und findet sich in seinem *Almagest*. Diesen stellen wir nun vor.

Satz 7.4   (**Ptolemäus**) *In einem Sehnenviereck Q ist das Produkt der Diagona-*
len gleich der Summe der beiden Produkte von jeweils gegenüberliegenden Seiten,
d. h. hat Q die Seiten a, b, c und d (in dieser Reihenfolge) und die Diagonalen p
und q, dann ist $pq = ac + bd$.

Beweis   Abbildung 7.6a zeigt ein Sehnenviereck $ABCD$. In Abb. 7.6b haben
wir auf der Diagonalen den Punkt E gewählt und den Abschnitt CE einge-
tragen, wobei gelten soll: $\angle BCA = \angle DCE$. Es sei $|BE| = x$ und $|ED| = y$ mit
$x + y = q$.

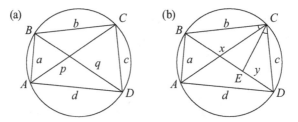

Abb. 7.6

Die beiden in Abb. 7.7a durch $\vartriangleleft$ gekennzeichneten Winkel liegen demselben Kreisbogen gegenüber und sind daher gleich. Also sind die beiden grau
unterlegten Dreiecke ähnlich und es gilt $a/p = y/c$ oder $ac = py$. Entsprechend sind die beiden Dreiecke in Abb. 7.7b ähnlich und es gilt $d/p = x/b$
oder $bd = px$.

Also folgt $ac + bd = p(x + y) = pq$. ∎

Der Satz von Ptolemäus lässt sich für beliebige konvexe Vierecke zur *Un-*
gleichung von Ptolemäus verallgemeinern: *Sei Q ein konvexes Viereck mit den*
Seiten a, b, c, d (in dieser Reihenfolge) und den Diagonalen p und q, dann gilt
$pq \leq ac + bd$. Das Gleichheitszeichen gilt genau dann, wenn Q ein Sehnenviereck
ist. Für einen Beweise siehe (Alsina und Nelsen, 2009).

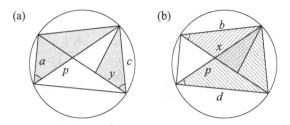

Abb. 7.7

Der folgende Satz ergänzt in gewisser Hinsicht den Satz von Ptolemäus, indem er einen Ausdruck für das Verhältnis der beiden Diagonalen in einem Sehnenviereck liefert. Damit lassen sich die Längen der Diagonalen durch die Seitenlängen ausdrücken. Als Bonus erhalten wir einen Ausdruck für die Fläche eines Sehnenvierecks als Funktion der Seitenlängen und des Umkreisradius.

Satz 7.5 *Es sei Q ein Sehnenviereck. Die Bezeichnung der Seiten und Diagonalen entspreche Abb. 7.6a, außerdem sei K die Fläche und R der Umkreisradius. Dann gilt*

(a) $\dfrac{p}{q} = \dfrac{ad + bc}{ab + cd}$,

(b) $p = \sqrt{\dfrac{(ac + bd)(ad + bc)}{ab + cd}}$ und $q = \sqrt{\dfrac{(ac + bd)(ab + cd)}{ad + bc}}$,

(c) $4KR = \sqrt{(ab + cd)(ac + bd)(ad + bc)}$.

Beweis In Lemma 5.3 hatten wir einen Ausdruck für die Fläche eines Dreiecks als Funktion seiner drei Seiten und des Umkreisradius erhalten. Dieses Lemma wenden wir nun auf die Dreiecke mit den Flächen K_1, K_2, K_3 und K_4 an, die aus jeweils zwei benachbarten Seiten von Q und einer Diagonalen bestehen; vgl. Abb. 7.8.

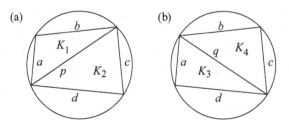

Abb. 7.8

Wir erhalten

$$K = K_1 + K_2 = \frac{pab}{4R} + \frac{pcd}{4R} = \frac{p(ab + cd)}{4R},$$

$$K = K_3 + K_4 = \frac{qad}{4R} + \frac{qbc}{4R} = \frac{q(ad + bc)}{4R}$$

und somit $p(ab + cd) = q(ad + bc)$, womit Teil (a) bewiesen ist. Für (b) und (c) folgt:

$$p^2 = pq \cdot \frac{p}{q} = \frac{(ac + bd)(ad + bc)}{ab + cd},$$

$$q^2 = pq \cdot \frac{q}{p} = \frac{(ac + bd)(ab + cd)}{ad + bc},$$

$$K^2 = \frac{pq(ab + cd)(ad + bc)}{(4R)^2} = \frac{(ac + bd)(ab + cd)(ad + bc)}{(4R)^2}.$$

∎

Für die Beziehung zwischen der Fläche K und den Diagonalen p und q gilt in einem konvexen Viereck Q die Ungleichung $K \leq pq/2$, und die Gleichheit gilt genau dann, wenn die Diagonalen von Q senkrecht aufeinanderstehen (Aufgabe 7.5). Der folgende Satz gibt uns ähnliche Ungleichungen für K und die Seiten a, b, c und d. Den Beweis überlassen wir Aufgabe 7.7.

Satz 7.6 *Es sei Q ein konvexes Viereck mit den in Abb. 7.6a angegebenen Seiten, der Fläche K und dem Umfang L. Dann gilt:*

(a) $K \leq (ab + cd)/2$ *und* $K \leq (ad + bc)/2$, *und für eine Beziehung folgt die Gleichheit, wenn zwei gegenüberliegenden Winkel von Q rechte Winkel sind,*
(b) $K \leq (a + c)(b + d)/4$, *und die Gleichheit gilt genau dann, wenn Q ein Rechteck ist,*
(c) $K \leq L^2/16$, *und die Gleichheit gilt genau dann, wenn Q ein Quadrat ist.*

Teil (c) dieses Satzes ist eine Ungleichung für die Fläche bei festem Umfang: Unter allen Vierecken mit festem Umfang hat das Quadrat die größte Fläche.

Der Ausdruck $ac + bd$ in den Sätzen 7.4 und 7.5 (ebenso wie $ab + cd$ und $ad + bc$ in den Sätzen 7.5 und 7.6) deutet auf ein weiteres bekanntes Ergebnis hin, das für Vierecke gilt. Es handelt sich dabei um einen Spezialfall der zweidimensionalen Form der *Cauchy-Schwarz-Ungleichung*: Für positive Zahlen a, b, c und d gilt

$$ac + bd \leq \sqrt{a^2 + b^2}\sqrt{c^2 + d^2}. \tag{7.4}$$

In Abschn. 12.3 zeigen wir, wie man die *n*-dimensionale Version der Cauchy-Schwarz-Ungleichung in einer Zeile beweisen kann. Der folgende geometrische Beweis geht von einem Rechteck aus, das auf zwei verschiedene Weisen unterteilt wird (Kung, 2008):

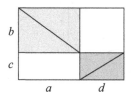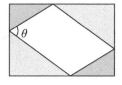

Abb. 7.9

Die Fläche der weißen Gebiete im Rechteck auf der linken Seite ist $ac + bd$ und gleich der Fläche $\sqrt{a^2 + b^2}\sqrt{c^2 + d^2}\sin\theta$ des weißen Parallelogramms auf der rechten Seite, die wiederum kleiner oder gleich $\sqrt{a^2 + b^2}\sqrt{c^2 + d^2}$ ist. Abbildung 7.9 gleicht dem *Zhou bi suan jing*-Beweis für den Satz des Pythagoras in Abb. 5.1.

7.4 Tangentenviereck und bizentrische Vierecke

Ein Viereck ist ein *Tangentenviereck*, wenn es einen Inkreis besitzt, und es ist ein *bizentrisches Viereck*, wenn es sowohl ein Sehnenviereck als auch ein Tangentenviereck ist. Die folgenden Sätze zeigen einige der Eigenschaften von Tangentenvierecken und bizentrischen Vierecken.

Satz 7.7 *Es sei Q ein Tangentenviereck mit den Seiten a, b, c, d (in dieser Reihenfolge), wobei $a = x + y$, $b = y + z$, $c = z + t$ und $d = t + x$, wie in Abb. 7.10 angegeben. Dann gilt*
(a) *$a + c = b + d$ und*
(b) *Q ist genau dann ein Sehnenviereck, wenn $xz = ty$.*

Beweis Wir bezeichnen die Seiten des Vierecks wie in Abb. 7.10, wobei wir ausgenutzt haben, dass zwei Streckenabschnitte, die jeweils von einem Punkt außerhalb des Kreises tangential am Kreis anliegen, dieselbe Länge haben. Für (a) beachte man, dass die Summe von jeweils gegenüberliegenden Seiten $x + y + z + t$ ist. Zum Beweis von (b) (Hajja, 2008b) schreiben wir 2α, 2β, 2γ und 2δ für die Winkel an den Eckpunkten A, B, C und D und zeigen zunächst, dass Q genau dann ein Sehnenviereck

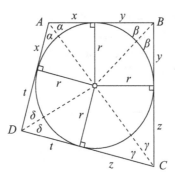

Abb. 7.10

ist, wenn $\tan\alpha\tan\gamma = \tan\beta\tan\delta$. Ist Q ein Sehnenviereck, folgt $\alpha+\gamma = \beta+\delta = \pi/2$, und somit ist $\tan\alpha\tan\gamma = \tan\beta\tan\delta$, denn beide Seiten sind 1. Wenn Q kein Sehnenviereck ist, können wir annehmen, dass $\alpha+\gamma > \pi/2$ ist und $\beta+\delta < \pi/2$. Da $0 > \tan(\alpha+\gamma) = (\tan\alpha + \tan\gamma)/(1 - \tan\alpha\tan\gamma)$ und sowohl α als auch γ spitze Winkel sind, ist $\tan\alpha\tan\gamma > 1$. Entsprechend folgt $\tan\beta\tan\delta < 1$ und somit $\tan\alpha\tan\gamma \neq \tan\beta\tan\delta$. Das gesuchte Ergebnis ergibt sich nun aus $\tan\alpha = r/x$, $\tan\beta = r/y$ usw. ∎

Satz 7.8 *Es sei Q ein bizentrisches Viereck mit den Seiten a, b, c, d (in dieser Reihenfolge) sowie den Diagonalen p und q, der Fläche K, dem Inkreisradius r und dem Umkreisradius R. Dann gilt*

(a) $K = \sqrt{abcd}$,
(b) $2R^2 \geq K \geq 4r^2$,
(c) $8pq \leq (a+b+c+d)^2$.

Beweis Für (a) beachten wir, dass für den halben Umfang s gilt $s = a+c = b+d$, also erhalten wir aus der Formel von Brahmagupta (Korollar 4.1) $K = \sqrt{abcd}$. Die linke der beiden Ungleichungen in (b) folgt aus $K \leq pq/2$ sowie der Tatsache, dass beide Diagonalen kleiner oder gleich $2R$ sind, wenn Q ein Sehnenviereck ist. Für die rechte der beiden Ungleichungen in (b) beachte man, dass für ein Viereck Q, das sowohl ein Tangenten- als auch ein Sehnenviereck ist, $\tan\alpha\tan\gamma = 1$ gilt und somit $r^2 = xz$. Entsprechend ist $r^2 = ty$, und aus der Ungleichung für den arithmetischen und geometrischen Mittelwert folgt

$$K = r(x+y+z+t) = 2r\left(\frac{x+z}{2} + \frac{t+y}{2}\right) \geq 2r(\sqrt{xz} + \sqrt{ty}) = 4r^2,$$

wobei die Gleichheit gerade für den Fall $x = y = z = t$ gilt, also wenn Q ein Quadrat ist. Für (c) verwenden wir den Satz von Ptolemäus und die Ungleichung zwischen dem arithmetischen und geometrischen Mittelwert und erhalten:

$$8pq = 2(4ac + 4bd) \le 2[(a + c)^2 + (b + d)^2] = 4s^2 = (a + b + c + d)^2.$$

∎

7.5 Die Sätze von Anne und Newton

Ein klassisches Ergebnis zu Tangentenvierecken von Isaac Newton (1642–1727) lässt sich unmittelbar als Folgerung aus einem Ergebnis von Pierre-Léon Anne (1806–1850) herleiten. Dieser Satz ist für sich interessant.

Satz 7.9 (**Anne**) *Es sei P ein Punkt innerhalb eines konvexen Vierecks, das kein Parallelogramm sein soll. Man verbinde P mit jedem der vier Eckpunkte. Die Ortslinie der Punkte P, bei denen die Summen der Flächen gegenüberliegender Dreiecke gleich sind, ist die Newton'sche Gerade des Vierecks, also die Verbindungsstrecke der beiden Mittelpunkte E und F der Diagonalen (Abb. 7.11).*

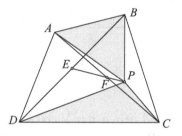

Abb. 7.11

Beweis Zu zeigen ist, dass P auf der Geraden durch E und F liegt, wenn Fläche(APB) + Fläche(CPD) = Fläche(APD) + Fläche(BPC). Wir führen ein Koordinatensystem ein, wobei der Ursprung beliebig liegen kann, allerdings keine der Koordinatenachsen parallel zu einer der Seiten des Vierecks sein soll. Bezüglich dieses Koordinatensystems sei $P = (p, q)$. Dann ist der senkrechte Abstand d von P zu einer festen Geraden $y = mx + b$ (der negativ sein kann, falls P unterhalb der Geraden liegt) gleich $d = (q - mp - b)/\sqrt{m^2 + 1}$, also eine lineare Funktion von p und q. Also ist die Fläche eines Dreiecks mit fester Grundseite (eine der Seiten des Vierecks) und dem dritten Eckpunkt P eine lineare Funktion von p und q. Das Gleiche gilt für die Summe der Flächen zweier solcher Dreiecke. Die Menge der Punkte P, für welche die Flächenbedingung erfüllt ist, muss daher eine Gerade sein. Doch Fläche(AEB) = Fläche(AED) und Fläche(CED) = Fläche(BEC), da E der Mittelpunkt von BD ist, und somit muss E auf dieser Punktmenge von P liegen. Eine ähnliche Aussage gilt für F, und daher ist die Menge der Punkte P gleich der Geraden durch E und F. ■

Eine Folgerung daraus ist der *Satz von Newton*:

Satz 7.10 (**Newton**) *Der Mittelpunkt des Inkreises eines Tangentenvierecks liegt auf der Newton'schen Geraden des Vierecks.*

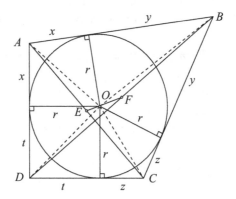

Abb. 7.12

Beweis Für die Winkel und Seiten des Vierecks wählen wir dieselbe Bezeichnung wie in Abb. 7.10. Es sei r der Radius des Inkreises und O sein Mittelpunkt. Dann gilt

$$r(x + y)/2 + r(t + z)/2 = r(x + t)/2 + r(y + z)/2$$

oder

$$\text{Fläche}(AOB) + \text{Fläche}(COD) = \text{Fläche}(AOD) + \text{Fläche}(BOC) \, .$$

Nach dem Satz von Anne liegt O daher auf der Newton'schen Geraden. ■

7.6 Der Satz des Pythagoras mit einem Parallelogramm und gleichseitigen Dreiecken

Gegeben sei ein rechtwinkliges Dreieck mit den Katheten a und b und der Fläche T. Man kann nun leicht ein Parallelogramm konstruieren, dessen Fläche P gleich T ist und dessen Winkel 30° und 150° sind (Abb. 7.13).

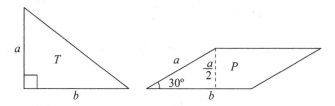

Abb. 7.13

Mit dieser Konstruktion können wir einen eleganten Beweis für die auf gleichseitige Dreiecke bezogene Version des Pythagoras-Satzes geben, die im VI. Buch der *Elemente* von Euklid in Proposition 31 zu finden ist. In gewisser Hinsicht handelt es sich bei diesem Beweis um die Dreiecksversion des *Zhou bi suan jing*-Beweises in Abschnitt 5.1. Wir beginnen, indem wir über den Seiten eines rechtwinkligen Dreiecks gleichseitige Dreiecke errichten, wie in Abb. 6.1a sowie unten in Abb. 7.14a. Es sei T die Fläche des Dreiecks, P die Fläche des Parallelogramms aus Abb. 7.12 (sodass $P = T$), und T_a, T_b und T_c seien jeweils die Flächen der gleichseitigen Dreiecke über den Seiten a, b und c des rechtwinkligen Dreiecks. In den Abb. 7.14b und c haben wir ein beliebiges Fünfeck auf zwei verschiedene Weisen unterteilt, woraus sich ergibt $T_c + 2T = T_a + T_b + P + T$, bzw. $T_c = T_a + T_b$.

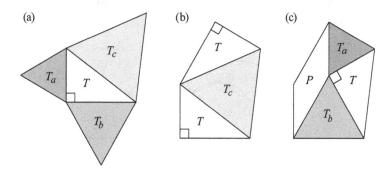

Abb. 7.14

7.7 Aufgaben

7.1 Man beweise, dass die Fläche des Varignon-Parallelogramms zu einem konvexen Viereck genau halb so groß wie die Fläche des Vierecks ist.

7.2 Man beweise die *Formel von Bretschneider*: Sei Q ein einfaches Viereck mit den Seiten a, b, c und d, außerdem seien θ und ϕ gegenüberliegende Winkel, dann ist die Fläche K von Q gleich

$$K = \sqrt{(s-a)(s-b)(s-c)(s-d) - abcd\,\cos^2((\theta + \phi)/2)}\,.$$

7.3 Mithilfe von Korollar 7.1 überlege man sich einen anderen Beweis für die Formel von Heron (Satz 5.7) für die Fläche eines Dreiecks.

7.4 Man zeige, dass die folgenden Sätze aus dem Satz von Ptolemäus folgen: (a) der Satz des Pythagoras, (b) der Satz von van Schooten 6.5, (c) die Aussage, dass die Länge der Diagonale eines regulären Fünfecks mit der Seitenlänge 1 gleich φ ist, und (d) die Summenformel für den Sinus: $\sin(\alpha + \beta) = \sin\alpha\cos\beta + \cos\alpha\sin\beta$.

7.5 Man beweise, dass für die Fläche K eines konvexen Vierecks Q mit den Diagonalen p und q die Ungleichung $K \le pq/2$ gilt, wobei die Gleichheit genau dann erfüllt ist, wenn die Diagonalen von Q senkrecht aufeinanderstehen.

7.6 Man beweise, dass die Schnittpunkte der Winkelhalbierenden in einem konvexen Viereck die Eckpunkte eines Sehnenvierecks bilden (Abb. 7.15).

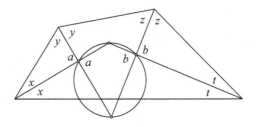

Abb. 7.15

7.7 Man beweise Satz 7.6.

7.8 Vier Kreise mit demselben Radius r sollen sich in einem Punkt treffen, und wie in Abb. 7.16 soll aus vier Tangenten ein umbeschriebenes Viereck $ABCD$ definiert sein. Man beweise, dass $ABCD$ ein Sehnenviereck ist (Honsberger, 1991).

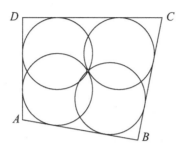

Abb. 7.16

7.9 Wie ändert sich die Punktmenge P, wenn wir bei dem Satz von Anne 7.9 die Annahme, dass es sich bei dem Viereck nicht um ein Parallelogramm handeln soll, fallen lassen?

7.10 Man beweise den *Satz von Miquel*: Es seien Q, R und S drei beliebige Punkte jeweils auf einer Seite eines Dreiecks ABC (Abb. 7.17). Dann treffen sich die Kreise durch ARS, BSQ und CQR in einem Punkt.

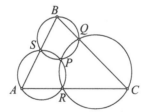

Abb. 7.17

7.11 In Abschnitt 6.2 haben wir den Fermat'schen Punkt eines Dreiecks eingeführt. Der *Fermat'sche Punkt eines konvexen Vierecks* ist entsprechend als der Punkt in oder auf dem Viereck definiert, für den die Summe der Abstände zu den vier Eckpunkten minimal wird. Man beweise, dass der Fermat'sche Punkt eines konvexen Vierecks gleich dem Schnittpunkt der Diagonalen ist.

8

Überall Quadrate

Wir müssen sagen, dass es genauso viele Quadratzahlen gibt wie Zahlen.

Galileo Galilei

In der Welt der Vierecke nehmen Quadrate einen besonderen Platz ein, ebenso wie die gleichseitigen Dreiecke eine besondere Rolle unter allen Dreiecken spielen. Dieses Kapitel ist Sätzen über Quadrate gewidmet, wobei „Quadrat" sowohl im geometrischen als auch im zahlentheoretischen Sinn verstanden wird. Beide Bedeutungen hängen eng zusammen. In Abschn. 3.2 wurde das bereits deutlich hinsichtlich der Darstellung einer ganzen Zahl als Summe von zwei Quadratzahlen, und Ähnliches werden wir in den Abschn. 8.2 und 8.3 sehen.

Wir stellen unsere Sätze über Quadrate in der Reihenfolge der Anzahl der Quadrate vor, die darin auftauchen. Beispielsweise kann man den Satz des Pythagoras als einen Drei-Quadrate-Satz deuten.

8.1 Ein-Quadrat-Sätze

Der Goldene Schnitt φ tritt bei vielen Konstruktionen von regulären Vielecken in Erscheinung. In Abschn. 2.3 sahen wir die enge Beziehung zwischen dem Goldenen Schnitt und dem regulären Fünfeck, und in Abschn. 6.8 entdeckten wir eine Beziehung zwischen dem Goldenen Schnitt und dem gleichseitigen Dreieck. Der folgende Satz bezieht sich auf eine ähnliche Beziehung zwischen dem Goldenen Schnitt und dem Quadrat.

Satz 8.1 *Setzt man ein Quadrat in einen Halbkreis wie in Abb.* 8.1a, *dann gilt* $AB/BC = \varphi$.

Beweis Siehe Abb. 8.1b. Die Einheiten seien so gewählt, dass $BC = 1$; außerdem sei $AB = x$. Die beiden grau unterlegten Dreiecke sind ähnlich, sodass $x/1 = (x+1)/x$ und somit $x^2 = x+1$. Da x positiv ist, handelt es sich um den Goldenen Schnitt φ und $AB/BC = x = \varphi$. Man beachte, dass in Abb. 8.1 die

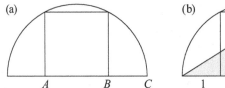
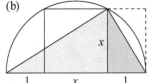

Abb. 8.1

Vereinigung aus dem ursprünglichen Quadrat und dem gestrichelten Rechteck ein Goldenes Rechteck bildet. ■

Das vermutlich bekannteste rechtwinklige Dreieck mit ganzzahligen Seitenverhältnissen ist das $3:4:5$-Dreieck. Es lässt sich auf folgende Weise aus einem Quadrat konstruieren:

Satz 8.2 *Man zeichne in einem Quadrat die Strecken von den Mittelpunkten zweier benachbarter Seiten zu gegenüberliegenden Eckpunkten wie in Abb. 8.2a. Das grau unterlegte Dreieck hat die Seitenverhältnisse $3:4:5$.*

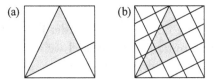

Abb. 8.2

Beweis Siehe Abb. 8.2b (DeTemple und Harold, 1996). ■

In Abschn. 8.3 werden wir nochmals auf rechtwinklige Dreiecke mit ganzzahligen Seitenverhältnissen eingehen.

Wir bezeichnen ein Rechteck, bei dem das Verhältnis der längeren Seite zur kürzeren der Wurzel $\sqrt{n}$ einer ganzen Zahl n entspricht, als *Wurzelrechteck* (Hambidge, 1967). Abb. 8.3 zeigt ein iteratives Verfahren zur Konstruktion von Rechtecken mit den Seitenverhältnissen $\sqrt{n} \times 1$, beginnend mit dem Einheitsquadrat (1×1).

In Abb. 8.3 wird jeweils im Uhrzeigersinn ein Kreis mit dem Mittelpunkt $(0,0)$ und dem Radius $\sqrt{n+1}$ aus einem Rechteck mit den Seiten ($\sqrt{n}, 1$) gezogen. Dieser Kreisbogen schneidet die x-Achse bei ($\sqrt{n+1}, 0$).

Man kann auch leicht im Inneren eines Einheitsquadrats iterativ Rechtecke mit den Seitenverhältnissen $1 \times 1/\sqrt{n}$ konstruieren. Dazu ist nur ein

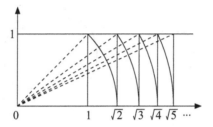

Abb. 8.3

Kreisbogen notwendig, wie man in Abb. 8.4 erkennt. Wir beginnen mit der gestrichelten Geraden $y = x$ und bestimmen den Schnittpunkt mit dem Viertelkreisbogen. Durch diesen Schnittpunkt zeichnen wir eine horizontale Gerade. Iterativ wählen wir nun als neue Strecke die Diagonale des so erhaltenen Rechtecks. In Aufgabe 8.1 soll überprüft werden, dass die so konstruierten Rechtecke tatsächlich die Höhen $1/\sqrt{n}$ haben.

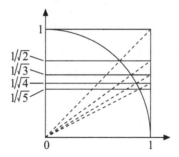

Abb. 8.4

8.2 Zwei-Quadrate-Sätze

Wir legen ein Quadrat in einen Halbkreis (wie bei Satz 8.1) und ein zweites Quadrat in den Vollkreis mit demselben Radius (Abb. 8.5). Wie groß ist das Verhältnis der Flächen der beiden Quadrate?

Satz 8.3 *Die Fläche eines Quadrats, das einem Halbkreis einbeschrieben wurde, beträgt 2/5 der Fläche des Quadrats, das dem Vollkreis mit demselben Radius einbeschrieben wurde.*

Beweis Man zeichne einen Kreis mit Radius $\sqrt{5}$ um einen Gitterpunkt eines quadratischen Gitters mit Gitterabstand 1. In diesen Kreis lege man ein Qua-

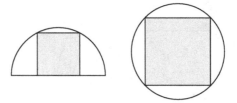

Abb. 8.5

drat wie in Abb. 8.6 sowie ein zweites Quadrat in den oberen Halbkreis. Die Fläche des kleineren Quadrats ist 4, und die Fläche des größeren Quadrats ist 10 (weil seine Seiten die Länge $\sqrt{10}$ haben). Also beträgt das Verhältnis der Flächen 2/5. ■

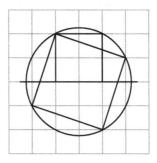

Abb. 8.6

Quadrate und Flächenmessung

Abgesehen davon, dass es sich hinsichtlich seiner Seitenzahl um das zweite der regulären Vielecke handelt, spielt das Quadrat in der Mathematik eine wichtige Rolle für die Ausmessung von Flächen. Vermutlich liegt diese Verwendung des Quadrats auch dem Begriff der *Quadratur* – der Konstruktion (nur mit Zirkel und Lineal) eines Quadrats gleicher Fläche zu einer vorgegebenen Figur – zugrunde. Beispielsweise handelt die Proposition 14 im II. Buch der *Elemente* von Euklid von der Aufgabe, „ein einer gegebenen geradlinigen Figur [Rechteck] gleiches Quadrat zu errichten". Eines der drei großen Probleme der klassischen Geometrie war die Quadratur des Kreises.

Auch im nächsten Satz konstruieren wir, ähnlich wie in Satz 8.2, ein Quadrat innerhalb eines Quadrats und vergleichen die Flächen.

Satz 8.4 *Man konstruiere ein Quadrat innerhalb eines Quadrats, indem man vom Mittelpunkt jeder Seite die Strecken zu einem der gegenüberliegenden Eck-punkte zieht; vgl. Abb. 8.7a. Dann ist die Fläche des kleineren Quadrats 1/5 der Fläche des größeren.*

Beweis Siehe Abb. 8.7b. ∎

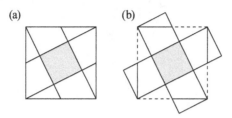

(a)   (b)

Abb. 8.7

Der nächste Satz ist eine überraschende Aussage über zwei Quadrate, die einen gemeinsamen Eckpunkt haben. Manchmal bezeichnet man ihn als den Satz von *Finsler und Hadwiger*. Unser Beweis stammt aus (DeTemple und Harold, 1996).

Satz 8.5 (**Finsler und Hadwiger**) *Die Quadrate ABCD und AB′C′D′ sollen einen gemeinsamen Eckpunkt A haben (Abb. 8.8). Dann bilden die Mittelpunkte Q und S der Strecken BD′ und B′D zusammen mit den Mittelpunkten R und T der ursprünglichen Quadrate wieder ein Quadrat QRST.*

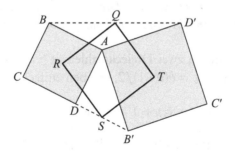

Abb. 8.8

Beweis Man konstruiere, wie in Abb. 8.9, die kongruenten Parallelogramme *ABED′* und *ADFB′*. Offensichtlich bilden die Punkte *Q* und *S* die Mittel-punkte von *ABED′* und *ADFB′*. Durch eine Drehung der gesamten Kon-struktion um 90° im Uhrzeigersinn, wird *ABED′* in *ADFB′* überführt und

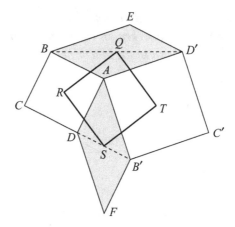

Abb. 8.9

die Strecke RQ in RS. Also haben QR und RS dieselbe Länge und stehen senkrecht aufeinander. Eine ähnliche Drehung um 90° entgegen dem Uhrzeigersinn um den Punkt T zeigt, dass QT und TS ebenfalls gleiche Längen haben und senkrecht aufeinander stehen. Das bedeutet, bei $QRST$ muss es sich um ein Quadrat handeln. ∎

Der Satz 1.2 und das Lemma 1.1 waren Ein-Quadrat-Sätze zu den Dreieckszahlen $t_n = 1 + 2 + \cdots + n$: $t_{n-1} + t_n = n^2$ und $8t_n + 1 = (2n+1)^2$. Der folgende Satz ist ein Zwei-Quadrate-Satz zu den Dreieckszahlen.

Satz 8.6 *Sei N die Summe von zwei Dreieckszahlen, dann sind* $4N + 1$ *und* $2(4N + 1)$ *jeweils die Summen von zwei Quadratzahlen.*

Beweis Es seien t_a und t_b zwei Dreieckszahlen, $a \geq b \geq 0$, und $N = t_a + t_b$. Da $t_a = a(a+1)/2$ und $t_b = b(b+1)/2$, ergeben einfache Umformungen:

$$4N + 1 = 4(t_a + t_b) + 1 = (a + b + 1)^2 + (a - b)^2.$$

Siehe Abb. 8.10 als Beispiel für den Fall $(a, b) = (7,3)$.
Für $2(4N + 1)$ verwenden wir Lemma 1.1 und erhalten

$$2(4N + 1) = (8t_a + 1) + (8t_b + 1) = (2a + 1)^2 + (2b + 1)^2.$$

∎

Das zweite Ergebnis (das Doppelte der Summe von zwei Quadratzahlen ist ebenfalls die Summe von zwei Quadratzahlen) ist ein Spezialfall des Satzes

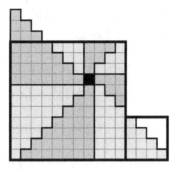

Abb. 8.10

von Diophantos von Alexandrien zur Summe von Quadratzahlen: *Wenn m und n jeweils die Summe von zwei ganzzahligen Quadratzahlen sind, dann gilt dies auch für das Produkt mn:*

$$(a^2 + b^2)(c^2 + d^2) = (ac + bd)^2 + (ad - bc)^2.$$

Das lässt sich leicht zeigen, indem man auf beiden Seiten die Klammern auflöst.

Als Anwendung von Satz 8.6 beweisen wir die folgende Charakterisierung von ganzen Zahlen, die sich als Summe von zwei Quadratzahlen schreiben lassen (Sutcliffe, 1963).

Satz 8.7 *Eine ganze Zahl M ist genau dann eine Summe von zwei Quadratzahlen $A^2 + B^2$, die nicht beide verschwinden sollen, wenn sie von der Form $2^n(4N + 1)$ ist, wobei N gleich der Summe von zwei Dreieckszahlen ist. Ist eine der beiden Zahlen A und B ungerade und die andere gerade, dann gilt $n = 0$; sind A und B beide ungerade, ist $n = 1$, und sind A und B beide gerade, gilt $n > 1$.*

Beweis Es sei $N = t_a + t_b$ und a und b seien nicht beide null. Aus Satz 8.6 folgt dann

$$2^{2k}(4N + 1) = 2^{2k}(a + b + 1)^2 + 2^{2k}(a - b)^2$$

und

$$2^{2k+1}(4N + 1) = 2^{2k}(2a + 1)^2 + 2^{2k}(2a + 1)^2,$$

sodass $2^n(4N + 1)$ gleich der Summe von zwei Quadratzahlen ist und n die angegebenen Bedingungen erfüllt (man beachte, dass $a + b + 1$ und $a - b$ nicht beide gerade oder beide ungerade sein können).

Für die Umkehrung unterscheiden wir verschiedene Fälle.
1. Für $A = 2a + 1$ und $B = 2b + 1$ folgt

$$A^2 + B^2 = (2a + 1)^2 + (2b + 1)^2$$
$$= 2[(a + b + 1)^2 + (a - b)^2].$$

2. Falls $A = 2^p(2a + 1)$ und $B = 2^q(2b + 1)$, wobei $q \geq p \geq 1$, dann gilt für $q > p$

$$A^2 + B^2 = 2^{2p}[(2a + 1)^2 + 2^{2(q-p)}(2b + 1)^2],$$

und für $p = q$ (mit dem Ergebnis aus Fall 1)

$$A^2 + B^2 = 2^{2p+1}[(a + b + 1)^2 + (a - b)^2].$$

Also lässt sich die Summe von zwei Quadratzahlen auf den noch offenen Fall zurückführen: der Summe von einer geraden und einer ungeraden Quadratzahl multipliziert mit 2^n, wobei n die angegebenen Bedingungen erfüllt. Für den Beweis müssen wir also nur noch zeigen, dass aus

$$(2a)^2 + (2b + 1)^2 = 4N + 1$$

folgt, dass N die Summe von zwei Dreieckszahlen ist:

$$N = a^2 + b^2 + b$$
$$= \frac{(a + b)(a + b + 1)}{2} + \frac{(a - b - 1)(a - b)}{2}$$
$$= \frac{(a + b)(a + b + 1)}{2} + \frac{(b - a)(b - a + 1)}{2}.$$

Also ist N gleich der Summe $t_{a+b} + t_{a-b-1}$ (falls $a > b$) bzw. $t_{a+b} + t_{b-a}$ (falls $a \leq b$). ∎

Wann lässt sich eine ganze Zahl M als *Differenz* von zwei Quadratzahlen darstellen? Siehe Aufgabe 8.3.

Als letztes Beispiel für einen Zwei-Quadrate-Satz geben wir einen weiteren Beweis für die Aussage, dass $\sqrt{2}$ eine irrationale Zahl ist. Diesen Beweis präsentierte John H. Conway aus Princeton bei einem Vortrag am Darwin College in Cambridge, und er schrieb ihn Stanley Tennenbaum zu.

Wie in Abschn. 2.1 nehmen wir wieder an, $\sqrt{2}$ sei irrational, und schreiben $\sqrt{2} = m/n$, wobei m und n ganze Zahlen ohne gemeinsamen Teiler sein sollen. Dann gilt $m^2 = 2n^2$. Es gibt also zwei Quadrate mit ganzzahligen

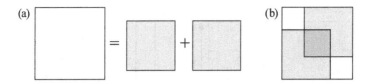

(a)   (b)

Abb. 8.11

Seitenlängen, sodass das eine Quadrat exakt die doppelte Fläche des anderen Quadrats hat (Abb. 8.11a).

Nun legen wir die beiden kleineren grauen Quadrate über das große Quadrat wie in Abb. 8.11b. Die Seitenlänge des dunkelgrauen Quadrats in der Mitte ist ganzzahlig, und seine Fläche muss gleich der Summe der Flächen der beiden kleinen weißen Quadrate sein, deren Seiten ebenfalls ganzzahlig sind. Damit erhalten wir einen Widerspruch zu der Annahme, dass m und n die *kleinsten* ganzen Zahlen sind, für die $m^2 = 2n^2$ gilt.

8.3 Drei-Quadrate-Sätze

Wie schon erwähnt, handelt es sich bei dem Satz des Pythagoras um einen Drei-Quadrate-Satz. Rechtwinklige Dreiecke mit ganzzahligen Seitenlängen, beispielsweise $(a, b, c) = (3, 4, 5)$ oder $(5, 12, 13)$, sind von besonderem Interesse. Ein Tripel (a, b, c) ganzer Zahlen, sodass gilt $a^2 + b^2 = c^2$, bezeichnet man als *pythagoreische Tripel*, und man nennt es *primitiv*, wenn a, b und c keine gemeinsamen Faktoren besitzen (wie in den beiden angegebenen Beispielen). Der folgende Satz charakterisiert pythagoreische Tripel (Teigen und Hadwin, 1971; Gomez, 2005). Bei dem Beweis legen wir Quadrate mit den Flächen a^2 und b^2 über ein Quadrat mit der Fläche c^2.

Satz 8.8 *Es besteht eine eineindeutige Beziehung zwischen pythagoreischen Tripeln und Faktorisierungen von geraden Quadratzahlen in der Form $n^2 = 2km$.*

Beweis Es sei (a, b, c) ein pythagoreisches Tripel. Wir definieren $k = c - b$, $m = c - a$ und $n = a + b - c$. Dann gilt $a = n + k$, $b = n + m$ und $c = n + k + m$; vgl. Abb. 8.12a. Im Fall $a^2 + b^2 = c^2$ ist die Fläche des dunkelgrauen Quadrats in Abb. 8.12b gleich der Summe der Flächen der weißen Rechtecke, also $n^2 = 2km$, und umgekehrt.

Wegen $m - k = b - a$ folgt $a < b$ genau dann, wenn $k < m$, und man kann leicht zeigen (Teigen und Hadwin, 1971), dass (a, b, c) ein primitives Tripel bilden, wenn k und m keinen gemeinsamen Teiler haben. Beispielsweise ge-

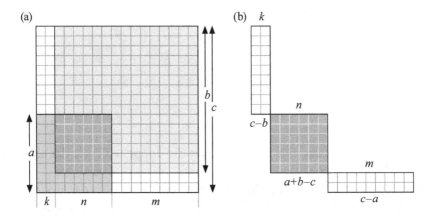

Abb. 8.12

hört $6^2 = 2 \cdot 1 \cdot 18$ zu dem Tripel (7, 24, 25), $6^2 = 2 \cdot 2 \cdot 9$ gehört zu (8, 15, 17) und $6^2 = 2 \cdot 3 \cdot 6$ entspricht (9, 12, 15). ∎

Fibonacci und das *Liber Quadratorum*

Leonardo Pisano (1170–1250) oder auch Leonardo von Pisa ist eher unter seinem Spitznamen Fibonacci bekannt. Er schrieb mehrere wichtige mathematische Abhandlungen, von denen die letzte (1225) das *Liber Quadratorum* (*Das Buch der Quadratzahlen*) ist. Obwohl es sich nicht um sein bekanntestes Werk handelt, wird es doch von vielen als sein beeindruckendstes eingeschätzt. Es behandelt Themen zur Zahlentheorie und umfasst, neben vielen anderen Dingen, auch Verfahren zum Auffinden von pythagoreischen Tripeln. Fibonacci kannte die *Elemente* von Euklid gut, wodurch er algebraische Probleme geometrisch lösen konnte. Die symbolische algebraische Schreibweise war damals noch nicht bekannt.

Es gibt viele schöne Sätze, die mit dem Satz des Pythagoras zusammenhängen und sich auf die Eigenschaften von Quadraten beziehen, die über den Seiten eines allgemeinen Dreiecks konstruiert werden. Es folgt ein Beispiel.

Satz 8.9 *Gegeben ein beliebiges Dreieck. Man konstruiere die Quadrate über den Seiten und verbinde die äußeren Eckpunkte, sodass man drei weitere Dreiecke erhält, wie in Abb. 8.13. Dann hat jedes der drei neuen Dreiecke dieselbe Fläche wie das ursprüngliche Dreieck.*

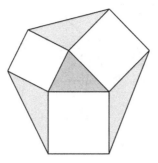

Abb. 8.13

Beweis (Snover, 2000) Nachdem man die Quadrate entfernt hat, drehe man jedes der äußeren Dreiecke um 90° im Uhrzeigersinn; siehe Abb. 8.14. Nun erkennt man, dass jedes der rotierten Dreiecke eine Grundseite und zugehörige Höhe hat, die mit denen des ursprünglichen Dreiecks übereinstimmen. ∎

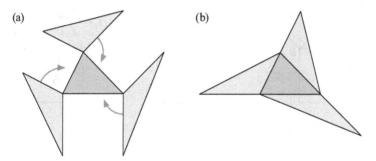

Abb. 8.14

Es folgt ein weiterer Drei-Quadrate-Satz, der auf der Konstruktion von Abb. 8.13 beruht und durch eine Rotation bewiesen wird (Coxeter und Greitzer, 1967).

Satz 8.10 *Wenn drei Quadrate mit den Mittelpunkten O_1, O_2, O_3 außen über den Seiten BC, CA und AB eines Dreiecks ABC errichtet werden, dann sind die Strecken O_1O_2 und CO_3 zueinander orthogonal und haben dieselbe Länge* (Abb. 8.15).

Beweis Man zeichne, wie in Abb. 8.16a, zwei Dreiecke ABK und CBK und verkleinere beide um einen Faktor $\sqrt{2}/2$, wie in Abb. 8.16b. Die Bilder der Strecke BK unter dieser Reskalierung sind parallel und gleich lang. Nun drehe

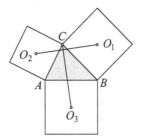

Abb. 8.15

man das hellgraue Dreieck um 45° im Uhrzeigersinn in das Dreieck ACO_3 und das dunkelgraue Dreieck um 45° entgegen dem Uhrzeigersinn in das Dreieck CO_1O_2 wie in Abb. 8.16c. Als Ergebnis erhalten wir, dass O_1O_2 und CO_3 senkrecht aufeinanderstehen und dieselbe Länge haben. ■

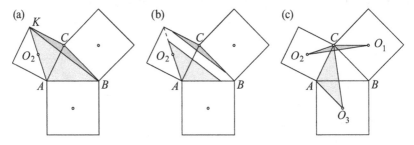

Abb. 8.16

8.4 Vier und mehr Quadrate

Die Erweiterung des vorherigen Satzes zu einem Viereck mit vier Quadraten über seinen Seiten ist ein nettes und unerwartetes Ergebnis, das als *Satz von van Aubel* bekannt ist. Unser Beweis dieses Vier-Quadrate-Satzes verwendet den Zwei-Quadrate Satz von Finsler und Hadwinger 8.5 gleich zweimal.

Satz 8.11 (van Aubel) *Konstruiert man Quadrate außen über den Seiten eines konvexen Vierecks, dann sind die Strecken, welche die Mittelpunkte gegenüberliegender Quadrate verbinden, orthogonal zueinander und haben dieselbe Länge.*

Beweis Zunächst wenden wir Satz 8.5 auf die Quadrate in Abb. 8.17a an. Bezeichnen wir mit M den Mittelpunkt von AB, dann gilt $|PM| = |QM|$ und $PM \perp QM$ und entsprechend $|RM| = |SM|$ und $RM \perp SM$. Also sind die grauen Dreiecke *PMR* und *QMS* gleich, und jeweils entsprechende Seiten stehen senkrecht aufeinander. Damit folgt, wie behauptet, $|PR| = |QS|$ und $PR \perp QS$. ∎

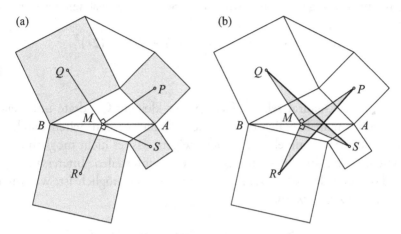

Abb. 8.17

Fallen zwei benachbarte Eckpunkte des Vierecks zusammen, wird aus dem Satz von van Aubel der Satz 8.10.

Satz 8.12 *Schneiden sich zwei Sehnen eines Kreises unter einem rechten Winkel, dann ist die Summe der Flächen der vier Quadrate, deren Seiten jeweils den vier Abschnitten der Sehnen entsprechen, gleich der Fläche des Quadrats, das den Kreis umbeschreibt* (Abb. 8.18).

Beweis Wir wählen ein Koordinatensystem mit den Achsen parallel zu den Sehnen und dem Ursprung im Kreismittelpunkt. Der Kreis sei durch die

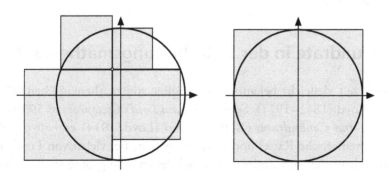

Abb. 8.18

Bedingung $x^2 + y^2 = r^2$ definiert, und der Schnittpunkt der beiden Sehnen sei (a, b) mit $a^2 + b^2 \leq r^2$. Die Längen der vier Sehnenabschnitte sind dann $\sqrt{r^2 - a^2} - b$, $b + \sqrt{r^2 - a^2}$, $\sqrt{r^2 - b^2} - a$ und $a + \sqrt{r^2 - b^2}$, und nach einigen Umformungen erhalten wir für die Summe der Flächen der vier Quadrate

$$2(r^2 - a^2) + 2b^2 + 2(r^2 - b^2) + 2a^2 = (2r)^2.$$

■

Man kann ein Quadrat sehr einfach in vier kleinere Quadrate unterteilen, dazu zeichnet man lediglich die Strecken parallel zu den Seiten durch den Mittelpunkt. Man kann ebenfalls leicht zeigen, dass es nicht möglich ist, ein Quadrat in zwei, drei oder fünf Quadrate zu unterteilen. Interessant ist jedoch, dass für jede andere Zahl eine Unterteilung möglich ist, wie wir im nächsten Satz zeigen werden.

Satz 8.13 *Für jedes $n \geq 6$ lässt sich ein Quadrat in n Quadrate unterteilen.*

Beweis Unser Beweis besteht aus zwei Teilen: (a) Zunächst zeigen wir, dass der Satz für $n = 6,7$ und 8 wahr ist; im zweiten Schritt (b) zeigen wir, dass der Satz für $n = k + 3$ wahr ist, wenn er für $n = k$ gilt (Abb. 8.19). ■

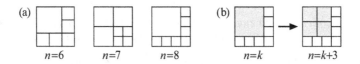

Abb. 8.19

Weitere Sätze zu ein, zwei, drei und vier Quadraten findet man in (DeTemple und Harold, 1996).

8.5   Quadrate in der Unterhaltungsmathematik

Der seinerzeit vielleicht bekannteste Schöpfer von mathematischen Rätseln war Sam Loyd (1841–1911). Sein Buch *Sam Loyd's Cyclopedia of 5000 Puzzles, Tricks, and Conundrums (With Answers)* (Loyd, 1914) enthält ungefähr 2700 mathematische Rätsel und Scherzaufgaben. Bei vielen von Loyds Rätseln handelt es sich um Zerlegungen, bei denen eine geometrische Figur in möglichst wenige Teile zerlegt und diese Teile zu einer neuen Figur zusammengelegt werden sollen. Etliche dieser Rätsel beziehen sich auf das *griechische Kreuz*, das die Form eines Pluszeichens hat. Auf Seite 58 seiner *Cyclopedia* soll ein Quadrat zerlegt und die Teile zu einem griechischen Kreuz zusammenlegt werden (oder umgekehrt). Eine Lösung mit fünf Teilen kann man der Zerlegung in Abb. 8.7 entnehmen, die in Abb. 8.20a wiedergegeben ist. Loyd suchte immer nach Lösungen, die so wenige Teile wie möglich umfassten, und von ihm stammt die Lösung mit vier Teilen aus Abb. 8.20b.

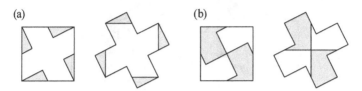

Abb. 8.20

Loyd betrachtete auch die Zerlegung eines Quadrats in zwei gleiche griechische Kreuze und gab selbst die Lösungen mit fünf und vier Teilen aus Abb. 8.21 an.

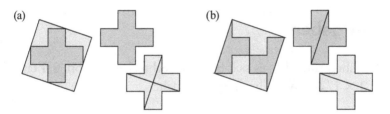

Abb. 8.21

Aufgabe 10.4 vermittelt eine gewisse Einsicht in eines der Verfahren, mit denen man Zerlegungsrätsel wie die zu Loyds griechischem Kreuz selbst entwerfen kann.

Bei den Zerlegungsbeweisen zum Satz des Pythagoras in Abb. 5.2 handelt es sich ebenfalls um Zerlegungsrätsel. Gefragt wird nach einer Zerlegung eines Quadrats in zwei Quadrate. Man kann ein Quadrat auch in drei Quadrate zerlegen, oder zwei Quadrate in fünf Quadrate, und so weiter. Eine ausgezeichnete Quelle solcher mathematischen Unterhaltungsaufgaben ist (Frederickson, 1997).

Sam Loyd formuliert auch Rätsel mit mehreren Quadraten. Ein klassisches Beispiel ist das „See-Rätsel" von Seite 267 der *Cyclopedia*, bei dem es um einen dreieckigen See geht, der von drei quadratischen Landparzellen umgeben ist

(Abb. 8.22). Loyd schreibt mit eigenen[1] Worten: „Die Frage, die ich unseren Rätselfreunden stelle, ist folgende: Wie viel Hektar hat der dreieckige See, der, wie gezeigt, von quadratischen Landparzellen mit je 370, 116 und 74 Hektar umgeben ist."

Wir überlassen die Lösung des See-Rätsels Aufgabe 8.6.

Abb. 8.22   Das See-Rätsel von Sam Loyd (1914)

8.6   Aufgaben

8.1   Man überprüfe, dass es sich bei den Rechtecken in Abb. 8.4 tatsächlich um $1 \times 1/\sqrt{n}$-Wurzelrechtecke handelt.

8.2   Man drittele die Seiten eines Quadrats und konstruiere ein Quadrat innerhalb des Quadrats, indem man eine Gerade von einem der Drittelpunkte auf jeder Seite zu einem der gegenüberliegenden Eckpunkte des Quadrats zieht (vgl. Abb. 8.23). Wie verhält sich in beiden Fällen die Fläche des kleineren grauen Quadrats zur Fläche des ursprünglichen Quadrats?

(a) 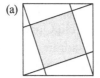   (b)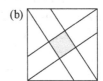

Abb. 8.23

---

[1] Übersetzung aus Sam Loyd/Martin Gardner – Mathematische Rätsel und Spiele, DuMont Buchverlag, 1978

8.3 Man zeige, dass sich eine ganze Zahl M genau dann als Differenz von ganzzahligen Quadratzahlen darstellen lässt, wenn M ungerade oder ein Vielfaches von 4 ist.

8.4 Angenommen, $2M$ lässt sich als Summe von zwei Quadratzahlen darstellen. Man zeige, dass sich dann auch M als eine solche Summe schreiben lässt.

8.5 Man verwende Satz 8.8 für einen weiteren Beweis für die Irrationalität von $\sqrt{2}$.

8.6 Man löse das Rätsel von Sam Loyd.

8.7 Welches ist das Verhältnis der Flächen der beiden Quadrate, die sich einem gegebenen Kreis ein- bzw. umbeschreiben lassen? Siehe Abb. 8.24.

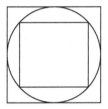

Abb. 8.24

8.8 Es gilt $3(1^2 + 2^2 + 3^2) = 6^2 + 2^2 + 1^2 + 1^2$ und $3(1^2 + 3^2 + 7^2) = 11^2 + 6^2 + 4^2 + 2^2$. Stimmt es, dass sich das Dreifache einer Summe von drei Quadratzahlen immer als Summe von vier Quadratzahlen schreiben lässt? (Carroll, 1958)

8.9 Zwei Quadrate haben einen gemeinsamen Eckpunkt, und zwei der Eckpunkte des kleineren Quadrats liegen innerhalb des größeren, wie in Abb. 8.25. Man beweise: $y = x\sqrt{2}$.

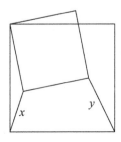

Abb. 8.25

8.10 Ein Punkt P innerhalb eines Quadrats habe von drei aufeinanderfolgenden Eckpunkten Abstände, die sich zueinander wie $1 : 2 : 3$ verhalten (Abb. 8.26). Wie groß ist der Winkel bei P zwischen den beiden Abschnitten mit dem Längenverhältnis $1 : 2$?

Abb. 8.26

9
Aufregende Kurven

Euklid, der greise und weise, malte am Dünenstrand
geometrische Kreise in den schimmernden Sand.
Um ihn versammelt saßen Graubärte so wie er,
nickten, murmelten, maßen und rechneten hin und her.
Ein Kind mit staunendem Munde gab unermüdlich acht,
wie sie so schöne runde Bilder vom Mond gemacht.

Vachel Lindsay, *Euklid*[1]

Viele mathematische Kurven haben erstaunliche Eigenschaften. Bei einem Besuch in der Welt der Kurven können wir drei verschiedene Perspektiven genießen: Manche Kurven ergeben sich als geometrische Formen, die auch in der Natur auftreten, andere entstehen aus der Beobachtung dynamischer Phänomene, und eine große Klasse von Kurven ist das Ergebnis mathematischen Einfallsreichtums (Wells, 1991).

In diesem Kapitel wollen wir eine Auswahl attraktiver Beweise vorstellen, die mit verschiedenen außergewöhnlichen Eigenschaften von Kurven zusammenhängen. Wir beginnen mit einigen Sätzen zu den geometrischen Formen von Mondphasen.

9.1 Quadraturen von Sichelformen

Wie im vorherigen Kapitel erwähnt, beschäftigten sich die alten Griechen unter anderem intensiv mit der *Quadratur*, d. h. mit der Konstruktion eines Quadrats (ausschließlich mit Zirkel und Lineal), dessen Fläche gleich der Fläche einer vorgegebenen Figur ist.

Eine *Mondsichel* ist ein konkaves Gebiet der Ebene, das von zwei Kreisbögen begrenzt wird. Ein konvexes Gebiet, das von zwei Kreisbögen begrenzt wird, ist eine *Linse*. Abbildung 9.1 zeigt zwei Mondsicheln (grau) und eine Linse (weiß).

---

[1] Übersetzung von: http://www.meurers-lyrik.de/kurterich/Lyrik/Nachdichtungen/euklid.htm

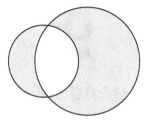

Abb. 9.1

Vermutlich war Hippokrates von Chios (um 470–410 v. Chr.) der Erste, der eine Mondsichel flächenerhaltend in ein Quadrat umgewandelt hat. Dieser Erfolg nährte sicherlich die Hoffnung, dass etwas Entsprechendes auch für den Kreis möglich sei. Dies war eines der drei großen geometrischen Probleme des Altertums.

Obwohl Hippokrates vor Euklid lebte, kannte er bereits viele der Sätze, die später in den *Elementen* von Euklid auftauchten. So auch die Verallgemeinerung des Satzes von Pythagoras aus Proposition 31 in Buch VI: *Im rechtwinkligen Dreieck ist eine Figur über der dem rechten Winkel gegenüberliegenden Seite den ähnlichen, über den den rechten Winkel umfassenden Seiten ähnlich gezeichneten Figuren zusammen gleich.*[2] Wenn es sich bei den Figuren über den drei Seiten um Quadrate handelt, erhalten wir den Satz des Pythagoras; handelt es sich bei den Figuren um Halbkreise, gelangen wir zu der Situation aus Abb. 6.1b. Genau das nutzte Hippokrates aus, um eine sichelförmige Fläche mit einem Quadrat gleichsetzen zu können.

Satz 9.1 *Ein Quadrat sei einem Kreis einbeschrieben und über den Seiten des Quadrats seien vier Halbkreise gezeichnet. Die Fläche der so erhaltenen vier Mondsicheln (vgl. Abb. 9.2) ist gleich der Fläche des Quadrats.*

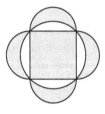

Abb. 9.2

Beweis Siehe Abb. 9.3. ∎

---

[2] Vgl. Fußnote in Abschn. 5.1.

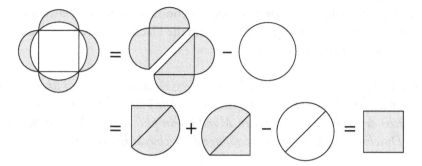

Abb. 9.3

Teilen wir die Figur in Abb. 9.2 entlang einer Diagonalen des Quadrats in zwei kongruente Hälften, so folgt, dass die Fläche der beiden Mondsicheln über den Katheten eines gleichschenkligen rechtwinkligen Dreiecks gleich der Fläche des Dreiecks ist. Hippokrates bewies, dass dies für jedes rechtwinklige Dreieck gilt.

Satz 9.2 *Die Summe der Flächen der beiden Mondsicheln über den Katheten eines rechtwinkligen Dreiecks ist gleich der Fläche des Dreiecks.*

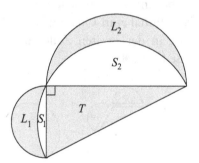

Abb. 9.4

Beweis In Abb. 9.4 (Margerum und McDonnell, 1997) seien L_1 und L_2 die Flächen der beiden Mondsicheln, T die Fläche des Dreiecks und S_1 und S_2 die Flächen der beiden Kreissegmente. Die Verallgemeinerung des Satzes des Pythagoras für Halbkreise besagt $(L_1 + S_1) + (L_2 + S_2) = (T + S_1 + S_2)$, womit sofort $L_1 + L_2 = T$ folgt. ∎

Man bezeichnet diese Sichelformen auch als *Mondsicheln von Alhazen*, da sie auch in den Arbeiten von Abu Ali al-Hasan ibn al-Hasan ibn al-Haytham al-Basri (965–1040) auftauchen.

Hippokrates fand auch das folgende Ergebnis, bei dem die Flächen eines Sechsecks, sechs sichelförmiger Gebiete und die Fläche eines Kreises zueinander in Beziehung gesetzt werden.

Satz 9.3 *Ein reguläres Sechseck sei einem Kreis einbeschrieben und über seinen Kanten seien jeweils sechs Halbkreise gezeichnet. Die Fläche des Sechsecks ist gleich der Fläche der sechs so entstandenen Mondsicheln plus der Fläche eines Kreises, dessen Durchmesser gleich der Kantenlänge des Sechsecks ist* (vgl. Abb. 9.5).

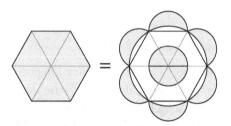

Abb. 9.5

Beweis Siehe Abb. 9.6 (Nelsen, 2002c). Bei diesem Beweis haben wir von der (bereits Hippokrates bekannten) Tatsache Gebrauch gemacht, dass die Fläche eines Kreises proportional zum Quadrat seines Radius ist, sodass die vier kleinen grauen Kreise in der zweiten Zeile zusammen dieselbe Fläche haben wie der große weiße Kreis. ■

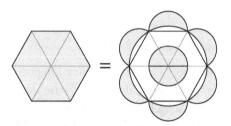

Abb. 9.6

Im Gegensatz zu den Mondsicheln in den Abb. 9.2 und 9.4 können die Mondsicheln in Abb. 9.5 selbst nicht in Quadrate umgewandelt werden. Wäre das der Fall, hätte man auch eine Quadratur für den Kreis im Zentrum des Sechsecks, die es nicht gibt. Das jedoch wusste Hippokrates noch nicht, denn in aller Strenge wurde die Unmöglichkeit einer solchen Konstruktion erst 1882 von Carl Louis Ferdinand von Lindemann (1852–1939) gezeigt, als er bewies, dass π transzendent ist.

Die *Lunulae*, die Leonardo da Vinci faszinierten

Unmittelbar, nachdem am 10. November 1494 Luca Pacioli sein Werk *Summa de Arithmetica, Geometria, Proportioni et Proportionalitá* veröffentlicht hatte, kaufte Leonardo ein Exemplar. Ihn faszinierten die Probleme im Zusammenhang mit der Umwandlung von Kreisen und *lunulae* (das lateinische Wort für Mondsicheln) in Quadrate. Er studierte die Arbeit von Pacioli und stellte eigene Forschungen an, deren Ergebnisse im *Madrid Code* (8936) und dem *Atlantic Code* (folio 455 recto) veröffentlicht sind.

1496 trafen sich Leonardo und Luca in Mailand, wodurch Leonardos Interesse auch für andere geometrische Probleme geweckt wurde. Trotzdem galt der Umwandlung von krummlinigen Figuren in Quadrate sein Hauptinteresse und auf diesem Gebiet hatte er sich auch besondere Fähigkeiten angeeignet (vgl. Aufgabe 9.5).

Welche weiteren sichelförmigen Gebiete, außen denen in Abb. 9.2 und 9.4, lassen sich in Quadrate umwandeln? Genauer gesagt sind wir nur an solchen Konstruktionen interessiert, bei denen Sicheln ausschließlich mit Zirkel und Lineal in ein Quadrat derselben Fläche umgewandelt werden können. Hippokrates fand drei solcher Formen (die nicht ähnlich sind). 1766 fand Martin Johan Wallenius zwei weitere, und in der Zeit zwischen 1934 und 1947 bewiesen Tschebotarow und Dorodnow, dass es keine weiteren Mondsicheln mit dieser Eigenschaft gibt. Einzelheiten dazu findet man in (Postnikov und Shenitzer, 2000).

Die Mondsicheln des Hippokrates in Abb. 9.4 bilden auch den Ausgangspunkt für weitere interessante Ergebnisse im Zusammenhang mit Quadraturproblemen.

Satz 9.4 *Es sei T die Fläche des großen rechtwinkligen Dreiecks in den Abb.* 9.7a *und* b. *Dann gilt* (i) $A - B_1 - B_2 = T$ *in Abb.* 9.7a *und* (ii) $A + B + C + D = T$ *in Abb.* 9.7b *(Gutierrez, 2009).*

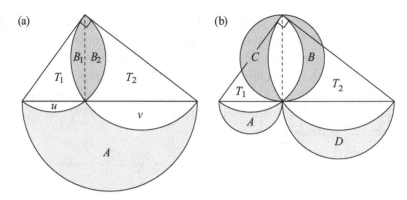

Abb. 9.7

Beweis Es sei T_1 die Fläche des rechtwinkligen Dreiecks links von der gestrichelten Höhe auf die Hypotenuse und T_2 die Fläche des rechtwinkligen Dreiecks rechts davon, sodass $T_1 + T_2 = T$. Zu (i): $B_2 + u + T_1$ und $B_1 + v + T_2$ sind die Flächen von Halbkreisen über den Katheten eines rechtwinkligen Dreiecks, sodass ihre Summe gleich der Fläche $A + u + v$ eines Halbkreises über der Hypotenuse ist. Zu (ii): $(A + B) + (C + D) = T_1 + T_2 = T$. ∎

Abgesehen von mondsichelförmigen Gebieten sind auch andere Figuren, die von Kreisbögen berandet werden, in Quadrate umwandelbar. Als einfaches Beispiel betrachte man die grau unterlegte Fläche in Abb. 9.8a. Sie hat dieselbe Fläche wie das Rechteck in Abb. 9.8b.

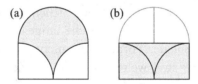

Abb. 9.8

Das gleiche Prinzip gilt auch für weitere Figuren, die sich aus Vielecken und Kreisbögen konstruieren lassen. Abbildung 9.9 zeigt ein Beispiel für ein Dreieck und ein Quadrat.

Auf diesen Figuren beruhen einige der bemerkenswerten Parkettierungen, die man in maurischen und Mudéjar-Palästen in Andalusien sowie in einigen der maurisch inspirierten Arbeiten des Architekten Antoni Gaudí findet. Die Parkettierung auf der linken Seite in Abb. 9.10 stammt von den Pavellons Güell von Gaudí in Barcelona, und die anderen beiden stammen von Wän-

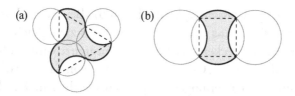

Abb. 9.9

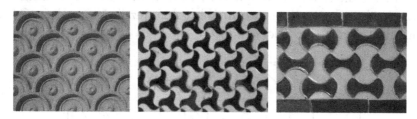

Abb. 9.10

den im Königspalast Alcázar in Sevilla. In allen Fällen handelt es sich bei der Kachel um eine Figur, die eine Quadratur erlaubt.

Ähnliche Sichelformen, wie wir sie bisher betrachtet haben, findet man auch in einigen der mathematischen Rätsel von Sam Loyd (1841–1911) und Henry Ernest Dudeney (1857–1930). Die Aufgabe bei diesen Rätseln lautet, eine Mondsichel in mehrere Teile zu zerlegen, die sich zu einem griechischen

Abb. 9.11 Ein Mondsichel-Rätsel von Sam Loyd (1914)

Kreuz zusammenlegen lassen (vgl. Abschn. 8.5). Bei diesen Rätseln besteht die sichelförmige Fläche aus einem Gebiet, das von zwei gleichen Kreisbögen sowie zwei parallelen Strecken gleicher Länge begrenzt wird. Abbildung 9.11 zeigt das Bild zu dem Rätsel „Cross and Crescent" von Sam Loyd, bei dem der Abstand zwischen den Kreisbogenabschnitten gleich dem Fünffachen ihrer Länge ist.

Wir lösen dieses Rätsel mithilfe einer Parkettierung mit den Sicheln und einem darübergelegten Kreuz, wie in Abb. 9.12. Einzelheiten zu dieser Zerlegung findet man in (Frederickson, 1997).

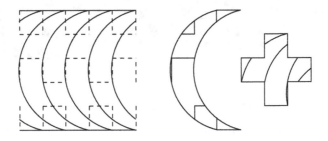

Abb. 9.12

9.2   Die verblüffende archimedische Spirale

Archimedes führte die heute nach ihm benannte Spirale um 225 v. Chr. in der ausdrücklichen Absicht ein, damit eine Quadratur des Kreises und eine Dreiteilung von Winkeln zu ermöglichen. (Im Gegensatz zu einer weit verbreiteten Meinung verwendeten einige griechische Geometer auch andere Hilfsmittel als nur Zirkel und Lineal für Probleme dieser Art.) Dynamisch ausgedrückt, handelt es sich bei der archimedischen Spirale um die Trajektorie eines Punktes, der sich mit gleichförmiger Geschwindigkeit auf einem Strahl nach außen bewegt, wobei sich dieser Strahl selbst mit gleichförmiger Geschwindigkeit dreht. Ausgedrückt in Polarkoordinaten lautet die Gleichung für diese Spirale $r = a\theta$; der Abstand des Punkts vom Ursprung ist also proportional zum Drehwinkel (Abb. 9.13).

Abbildung 9.13 zeigt nur einen Zweig der Spirale, nämlich den Zweig für $\theta \geq 0$. Der andere Zweig ($\theta \leq 0$) besteht aus der Spiegelung des $\theta \geq 0$-Zweiges an der $\pi/2$- (oder y-)Achse. Für das Folgende brauchen wir nur den Zweig zu $\theta \geq 0$. Die r-Koordinaten der Punkte, an denen sich die Spirale mit einem beliebigen Ursprungsstrahl schneidet, bilden eine arithmetische Folge mit gemeinsamer Differenz $2\pi a$.

Abb. 9.13

Wir zeigen nun, wie man mit der archimedischen Spirale einen Kreis in ein Quadrat umwandeln und Winkel beliebig unterteilen kann.

Satz 9.5 *Mit der archimedischen Spirale lässt sich ein Kreis in ein Quadrat gleicher Fläche umwandeln.*

Beweis Gegeben sei der Kreis $r = a$ mit Radius a um den Ursprung. Es genügt, ein Rechteck mit der Fläche πa^2 zu konstruieren. Man zeichne eine archimedische Spirale $r = a\theta$, wie in Abb. 9.14. Die Spirale schneidet die $\pi/2$-Achse an einem Punkt, der $a\pi/2$ Einheiten vom Ursprung entfernt ist, sodass wir das grau unterlegte Rechteck mit der Höhe $a\pi/2$ konstruieren können. Das Rechteck hat die Grundseite $2a$ und somit die geforderte Fläche πa^2. ∎

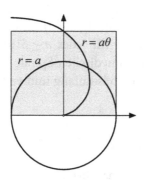

Abb. 9.14

Satz 9.6 *Mit der archimedischen Spirale lässt sich ein Winkel mehrfach unterteilen.*

Beweis (Aczél und Alsina, 1998) Wir werden zeigen, wie man mit der archimedischen Spirale einen Winkel dritteln kann; der Beweis für eine beliebige ganzzahlige Unterteilung erfolgt entsprechend. Durch $\angle AOB$ sei der zu drittelnde Winkel gegeben. Wir legen O in den Ursprung und OA entlang der polaren Achse (Abb. 9.15). Es sei α der Winkel $\angle AOB$. Nun zeichne man die archimedische Spirale $r = \theta$. Die Spirale schneidet den Strahl OB bei $P = (\alpha, \alpha)$. Mit Zirkel und Lineal unterteile man den Abschnitt OP in 3 gleiche Teile; es seien P_i ($i = 1,2$) die beiden Punkte auf OP, sodass $|OP_i| = i\alpha/3$. Nun drehe man jedes Segment OP_i, bis es die Spirale im Punkt $T_i = (i\alpha/3, i\alpha/3)$ schneidet. Die Strecken OT_i ($i = 1,2$) vervollständigen die Winkeldrittelung. ■

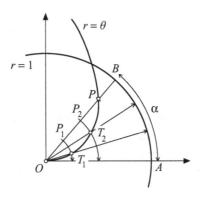

Abb. 9.15

Mit der Möglichkeit, Winkel beliebig mehrfach unterteilen zu können, können wir auch beliebige n-Ecke für jedes $n \geq 3$ in vorgegebene Kreise einbeschreiben. Mithilfe der archimedischen Spirale konstruieren wir einfach n Strahlen vom Ursprung zum Kreisumfang und verbinden die Endpunkte zu einem n-Eck.

Archimedische Spiralen heute

Archimedische Spiralen findet man (näherungsweise) bei vielen Alltagsgegenständen: Papierrollen, Gartenschläuchen, Spiralfedern in Uhren und den Rillen altmodischer Vinylschallplatten. Auch bei mechanischen Geräten treten sie auf, beispielsweise bei Scrollkompressoren zur Verdichtung von Gasen in Klimaanlagen sowie Turboladern in Autos.

9.3   Die Quadratrix des Hippias

Die vielleicht erste Kurve, die in der Mathematik nach der Geraden und dem Kreis beschrieben wurde, war die *Trisectrix* des Hippias von Elis (um 460–400 v. Chr.) zur Dreiteilung (daher Trisectrix) von Winkeln. Später zeigte Pappus von Alexandrien (um 290–350 n. Chr.), dass sich die Tresectrix auch zur Quadratur des Kreises eignet, und so wurde die Trisectrix auch als *Quadratrix* des Hippias bekannt.

Am einfachsten lässt sich die Quadratrix dynamisch beschreiben. Man beginne mit einem Quadrat der Fläche 1 wie in Abb. 9.16a. Nun drehe man OA mit konstanter Geschwindigkeit im Uhrzeigersinn um O (OA' in der Abbildung) und lasse gleichzeitig AB mit konstanter Geschwindigkeit nach unten sinken ($A''B'$ in der Abbildung). Die Geschwindigkeiten seien so gewählt, dass sowohl OA' als auch $A''B'$ gleichzeitig bei OC ankommen. Der Ort der Schnittpunkte von OA' und $A''B'$ definiert die Quadratrix.

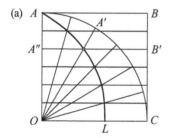 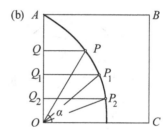

Abb. 9.16

Nun ist die Dreiteilung eines Winkels mithilfe der Quadratrix des Hippias vergleichsweise einfach; das Verfahren für eine n-fache Unterteilung ist ähnlich. Außerdem reicht es, einen Winkel im Bereich $\alpha \in (0, \pi/2)$ zu unterteilen. Es sei $\angle POC = \alpha$ wie in Abb. 9.16b, und man zeichne QP parallel zu OC. Man unterteile OQ in drei gleiche Abschnitte und erhält die Punkte Q_1 und Q_2. Nun ziehe man die Strecken Q_1P_1 und Q_2P_2 parallel zu OC. Aus der dynamischen Definition der Quadratrix folgt, dass $\angle POP_1$, $\angle P_1OP_2$, und $\angle P_2OC$ jeweils den Wert $\alpha/3$ haben.

Man kann leicht zeigen, dass eine kartesische Gleichung für die Quadratrix des Hippias durch $x = y\cot(\pi y/2)$ für $y \in (0,1]$ und $x = 2/\pi$ für $y = 0$ gegeben ist (Aufgabe 9.7). Damit können wir nun eine Quadratur von Kreisen vornehmen! Es genügt eine Quadratur des Einheitskreises, für andere Kreise ist das Verfahren ähnlich. Da $|OL| = 2/\pi$, können wir über den Strahlensatz eine Strecke der Länge $\pi/2$ konstruieren. Damit erhalten wir ein Rechteck (und somit auch ein Quadrat) mit der Fläche π.

9.4   Das Schustermesser und das Salzfässchen

Im Griechischen ist ein Schustermesser ein *arbelos* ($\alpha\rho\beta\epsilon\lambda os$) und ein Salz-fässchen ein *salinon* ($\sigma\alpha\lambda\iota\nu o\nu$). Archimedes verwendete diese beiden Worte für zwei Figuren in der Ebene, die von Halbkreisen berandet werden, und beschrieb auch, wie man ihre Flächen leicht berechnen kann.

Das Arbelos erscheint in Proposition 4 seines *Liber Assumptorum* (*Buch der Lemmata*), wo Archimedes schreibt:

Satz 9.7 *Es seien P, Q und R drei Punkte auf einer Geraden und Q liege zwischen P und R. Man zeichne Halbkreise auf derselben Seite der Geraden mit den Durchmessern PQ, QR und PR. Ein* Arbelos *ist die Figur, die von diesen drei Halbkreisen berandet wird. Man zeichne die Senkrechte zu PR im Punkte Q. Sie schneidet den größten der Halbkreise im Punkt S. Dann ist die Fläche A des Arbelos gleich der Fläche C des Kreises mit Durchmesser QS* (Abb. 9.17).

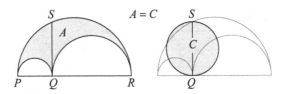

Abb. 9.17

Beweis (Nelsen, 2002b) Mit der Halbkreisversion des Satzes des Pythagoras (siehe Abschn. 6.1 und 9.1) gilt (Abb. 9.18a): $A + A_1 + A_2 = B_1 + B_2$ sowie (Abb. 9.18b) $B_1 = A_1 + C_1$ und (Abb. 9.18c) $B_2 = A_2 + C_2$. Zusammen ergeben diese Gleichungen $A + A_1 + A_2 = A_1 + C_1 + A_2 + C_2$ bzw. $A = C_1 + C_2 = C$. ∎

Das Salinon erscheint in Proposition 14 des *Liber Assumptorum*:

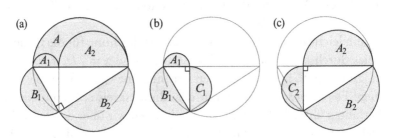

Abb. 9.18

Satz 9.8 *Es seien P, Q, R und S vier Punkte auf einer Geraden (in dieser Reihenfolge), sodass PQ = RS. Man zeichne Halbkreise oberhalb der Geraden mit den Durchmessern PQ, RS und PS sowie einen weiteren Halbkreis mit Durchmesser QR unterhalb der Geraden.* Ein Salinon *ist die Figur, die von diesen vier Halbkreisen berandet wird. Die Symmetrieachse des Salinons schneide seinen Rand in den Punkten M und N. Dann ist die Fläche A des Salinons gleich der Fläche C des Kreises mit dem Durchmesser MN (Abb. 9.19).*

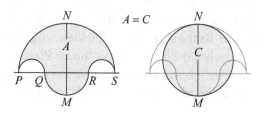

Abb. 9.19

Beweis (Nelsen, 2002a) Bei diesem Beweis nutzen wir aus, dass die Fläche eines Halbkreises gleich $\pi/2$ multipliziert mit der Fläche des einbeschriebenen gleichschenkligen rechtwinkligen Dreiecks ist (Abb. 9.20).

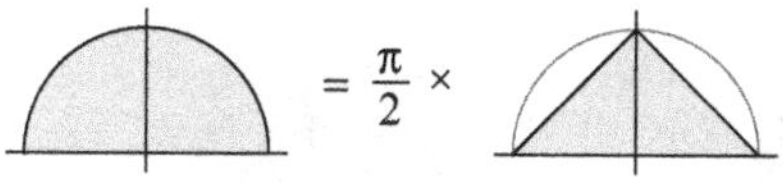

$$\text{⌂} = \frac{\pi}{2} \times \text{△}$$

Abb. 9.20

Demnach ist die Fläche des Salinons gleich $\pi/2$ multipliziert mit der Fläche eines Quadrats (Abb. 9.21), die wiederum gleich der Fläche des angegebenen Kreises ist, womit der Satz bewiesen ist. ∎

Weder für das Arbelos noch das Salinon gibt es eine Quadratur ausschließlich mit Zirkel und Lineal, da beide Flächen äquivalent zu einer Kreisfläche sind.

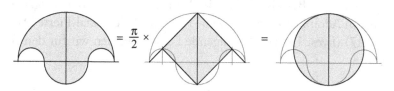

Abb. 9.21

9.5   Kegelschnitte à la Quetelet und Dandelin

Parabeln, Ellipsen und Hyperbeln sind besondere Kurven, die ursprünglich von den Griechen als Schnittmengen von Kegeln mit Ebenen untersucht wurden. In der analytischen Geometrie lernen wir, dass sich der Graph einer Gleichung zweiten Gerades, $ax^2 + bxy + cy^2 + dx + ey + f = 0$, entweder als einer der drei Kegelschnitte darstellen lässt oder als eine Gerade, ein Geradenpaar, ein Punkt, oder imaginär ist. Kegelschnitte spielen eine wichtige Rolle sowohl in der reinen als auch der angewandten Mathematik, beispielsweise zur Beschreibung der Bahnkurven von Objekten, angefangen bei den (als klassische Teilchen gedachten) Elektronen bis hin zu Planeten.

In Abb. 9.22 sind jeweils beide Mantelflächen von drei Doppelkegeln dargestellt, außerdem als Kegelschnitte eine Parabel, eine Ellipse, ein Kreis und eine Hyperbel.

Abb. 9.22

In Vorlesungen zur analytischen Geometrie und zur Differenzialrechnung werden Kegelschnitte meist eher über ihre Eigenschaften in Bezug auf einen Brennpunkt und eine Leitlinie (Direktrix) eingeführt als über die Schnittmengen von Kegeln mit Ebenen, wie bei den Griechen. Der folgende Satz und sein eleganter Beweis zeigen die Äquivalenz der beiden Zugänge. Sie stammen von Adolphe Quetelet (1796–1874) und Germinal-Pierre Dandelin (1794–1847) (Eves, 1983). Das folgende Lemma werden wir für den Beweis benötigen.

Lemma 9.1 *Die Längen von zwei beliebigen Strecken von einem Punkt zu einer Ebene sind umgekehrt proportional zum Sinus der jeweiligen Winkel zwischen den Strecken und der Ebene.*

Beweis Siehe Abb. 9.23. Man beachte, dass $z = x \sin \alpha = y \sin \beta$ und somit $x/y = \sin \beta / \sin \alpha$. ∎

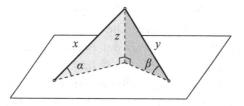

Abb. 9.23

Satz 9.9 *Es sei π eine Ebene, die einen geraden Kreiskegel in einem Kegelschnitt schneidet. Wir betrachten eine Kugeloberfläche, die tangential an dem Kegel anliegt und im Punkt F tangential an π anliegt (Abb. 9.24). Es sei π' die Ebene, die durch den Kreis gegeben ist, bei dem die Kugel den Kegel berührt, und es sei d die Schnittlinie zwischen π und π'. P bezeichne einen beliebigen Punkt auf dem Kegelschnitt, und D sei der Fußpunkt der senkrechten Verbindungsstrecke von P auf die Gerade d. Dann ist das Verhältnis $|PF|/|PD|$ eine Konstante.*

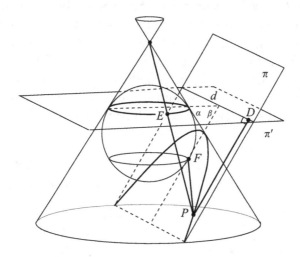

Abb. 9.24

Beweis Es sei E der Schnittpunkt von einer Mantellinie (einer Gerade auf der Kegelmantelfläche durch die Kegelspitze) durch den Punkt P mit dem Tangentialkreis der Kugeloberfläche. Dann gilt $|PF| = |PE|$. Weiterhin sei α der Winkel, den eine beliebige Mantellinie des Kegels mit π' hat, und β sei der

Winkel zwischen π und π'. Dann ist $|PF|/|PD| = |PE|/|PD| = \sin\beta/\sin\alpha$ und $\sin\beta/\sin\alpha$ ist eine Konstante. ∎

Der Punkt F in obigem Beweis ist der *Brennpunkt* des Kegelschnitts und die Gerade d die *Leitlinie* oder Direktrix. Die Konstante $\sin\beta/\sin\alpha$ wird oft mit e bezeichnet und ist die *Exzentrizität* des Kegelschnitts. Wenn π zu genau einer Mantellinie parallel ist, wird $\alpha = \beta$ bzw. $e = 1$ und der Kegelschnitt ist eine Parabel. Wenn π alle Mantellinien einer der beiden Mantelflächen eines Kegels schneidet, ist $\alpha > \beta$, also $e < 1$, und der Kegelschnitt ist eine Ellipse. Schneidet π beide Mantelflächen des Kegels, ist $\alpha < \beta$, $e > 1$ und der Kegelschnitt ist eine Hyperbel.

9.6 Archimedische Dreiecke

Zu den großen Entdeckungen von Archimedes gehört die *Quadratur der Parabel*. Das bedeutet, ein Segment einer Parabel, wie das grau unterlegte Gebiet in Abb. 9.25a, lässt sich in ein flächengleiches Quadrat umwandeln. Sein Hilfsmittel bei dieser Aufgabe war ein besonderes Dreieck, das manchmal als *archimedisches Dreieck* bezeichnet wird. Seine Seiten bestehen aus zwei Tangenten an eine Parabel, die dritte Seite ist die Verbindungssehne zwischen den beiden Punkten, bei denen die Tangenten die Parabel berühren (*SA*, *SB* und *AB* in Abb. 9.25a). Die beiden Tangenten *SA* und *SB* bezeichnen wir als die Seiten und die Sehne *AB* als die Grundseite des archimedischen Dreiecks. Wie wir sehen werden, bewies Archimedes, dass die Fläche des grau unterlegten Parabelsegments in Abb. 9.25a gleich $2/3$ der Fläche des Dreiecks *SAB* ist.

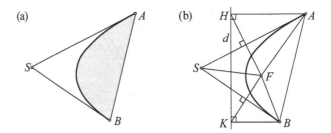

Abb. 9.25

Wie konstruiert man ein archimedisches Dreieck? Abbildung 9.25b zeigt das Verfahren für zwei Punkte A und B auf einer gegebenen Parabel mit Brennpunkt F und Leitlinie d. Man zeichne AH und BK senkrecht zu d und ziehe die Strecken FH und FK. Da $|FA| = |AH|$ und $|FB| = |BK|$, sind die

Dreiecke *FAH* und *FBK* gleichschenklig. Nun zeichne man die Mittelsenkrechten auf *FH* und *FK* und verlängere diese bis zu ihrem Schnittpunkt *S*. *SA* und *SB* halbieren auch die Scheitelwinkel *FAH* und *FBK* der beiden gleichseitigen Dreiecke und liegen somit tangential an der Parabel. Mit der Sehne *AB* ist unsere Konstruktion des archimedischen Dreiecks *SAB* abgeschlossen.

Wir beweisen nun ein Lemma, mit dessen Hilfe wir eine Quadratur parabolischer Segmente durchführen können.

Lemma 9.2 *In einem archimedischen Dreieck gelten folgende zwei Eigenschaften: (i) Die Seitenhalbierende zur Grundseite ist parallel zur Symmetrieachse der Parabel. (ii) Die Tangente an dem Punkt, an dem die Seitenhalbierende die Parabel schneidet, halbiert die beiden anderen Seiten des Dreiecks und liegt parallel zur Grundseite.*

Beweis Mit Bezug auf Abb. 9.25b folgt: Da sich zwei der Mittelsenkrechten zu den Seiten des Dreiecks *FHK* im Punkt *S* treffen, muss das auch für die Mittelsenkrechte der dritten Seite *HK* gelten. Diese Halbierende ist parallel zu *AH* und *BK* und damit auch zur Achse der Parabel. Außerdem halbiert sie *AB*, womit (i) bewiesen ist. Nun betrachten wir Abb. 9.26a. Mit *O* bezeichnen wir den Schnittpunkt der Seitenhalbierenden *SM* zur Grundseite des Dreiecks mit der Parabel, und wir zeichnen die Tangente *A'B'* zur Parabel im Punkt *O*. Damit sind auch *AA'O* und *BB'O* archimedische Dreiecke, und die Seitenhalbierenden zu ihren Grundseiten (gestrichelte Linien in Abb. 9.26a) sind parallel zur Parabelachse und somit auch zu *SM*. In dem Dreieck *SAO* halbiert das gestrichelte Segment die Strecke *AO*, außerdem ist es parallel zu *SO*. Also ist *A'* der Mittelpunkt der Strecke *SA*. Entsprechend ist *B'* der Mittelpunkt der Strecke *SB* und damit *A'B'* parallel zu *AB*, womit auch (ii) bewiesen ist. ∎

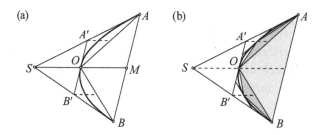

Abb. 9.26

Satz 9.10 *Die Fläche eines Parabelsegments beträgt zwei Drittel der Fläche des zugehörigen archimedischen Dreiecks.*

Beweis Es sei K die Fläche des archimedischen Dreiecks SAB. Dann ist die Fläche des Dreiecks AOB (in Abb. 9.26b hellgrau), das dem Parabelsegment einbeschrieben ist, gleich $K/2$, die Fläche des Dreiecks $SA'B'$ ist $K/4$, und somit haben die Dreiecke $AA'O$ und $BB'O$ jeweils die Fläche $K/8$. Also haben die beiden dunkelgrauen Dreiecke, die dem Parabelsegment einbeschrieben sind, jeweils die Fläche $(1/8)(K/2)$. Die nächste Iteration führt auf vier einbeschriebene Dreiecke, die jeweils die Fläche $(1/8^2)(K/2)$ haben. Auf diese Weise erhalten wir eine unendliche Reihe für die Fläche des Parabelsegments, die wir aufsummieren können:

$$\frac{K}{2} + 2 \cdot \frac{1}{8} \cdot \frac{K}{2} + 4 \cdot \frac{1}{8^2} \cdot \frac{K}{2} + \cdots = \frac{K}{2}\left(1 + \frac{1}{4} + \frac{1}{4^2} + \cdots\right) = \frac{K}{2} \cdot \frac{4}{3} = \frac{2K}{3}.$$

∎

Jedes beliebige Dreieck ist ein archimedisches Dreieck zu drei verschiedenen Parabeln, wie man Abb. 9.27a entnehmen kann. Diese Konfiguration besitzt viele nette Eigenschaften. Der nächste Satz bezieht sich auf zwei davon.

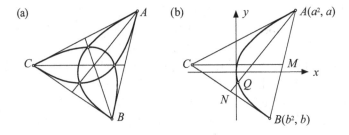

Abb. 9.27

Satz 9.11 *Wir betrachten ein archimedisches Dreieck für drei Parabeln, von denen jede an zwei Eckpunkten tangential an zwei Seiten des Dreiecks anliegt. Dann gilt:* (i) *Die Parabeln schneiden sich immer auf Seitenhalbierenden des Dreiecks.* (ii) *Die Schnittpunkte teilen jede Seitenhalbierende in zwei Abschnitte im Verhältnis* 8 : 1.

Beweis (Bullard, 1935; Honsberger, 1978) Siehe Abb. 9.27b. Wir beweisen beide Teile des Satzes gemeinsam, indem wir zeigen, dass der Punkt Q, der die Seitenhalbierende AN im Verhältnis 8 : 1 in zwei Abschnitte teilt, auf der eingezeichneten Parabel liegt. Zunächst führen wir ein Koordinatensystem ein, dessen Ursprung im Scheitelpunkt der Parabel und dessen x-Achse entlang der Parabelachse liegt. Außerdem wählen wir eine Skala, in der die Parabel-gleichung die Form $x = y^2$ hat. Die Punkte A und B sollen die Koordinaten (a^2, a) bzw. (b^2, b) haben. Damit ist die y-Koordinate von M gleich $(a + b)/2$, und da die Gleichung für AC durch $x - 2ay + a^2 = 0$ gegeben ist, sind die Ko-ordinaten von C $(ab, (a + b)/2)$. Da N der Mittelpunkt der Strecke BC ist, sind seine Koordinaten $(b(a + b)/2, (a + 3b)/4)$. Der Punkt Q soll die Strecke AN im Verhältnis $8 : 1$ teilen, also ist seine x-Koordinate

$$\frac{1}{9}a^2 + \frac{8}{9} \cdot \frac{b(a + b)}{2} = \frac{1}{9}(a^2 + 4ab + 4b^2) = \left(\frac{a + 2b}{3}\right)^2$$

und seine y-Koordinate

$$\frac{1}{9}a + \frac{8}{9} \cdot \frac{a + 3b}{4} = \frac{1}{9}(3a + 6b) = \frac{a + 2b}{3}.$$

Also liegt A auf der Parabel $x = y^2$. ∎

Weitere Eigenschaften von archimedischen Dreiecken für drei Parabeln findet man z. B. in (Bullard, 1935, 1937).

9.7 Helices

Eine *Helix* (oder Schraubenlinie) ist eine Kurve, die auf der Oberfläche ei-nes geraden Kreiszylinders liegt und bei der die Tangenten der Kurve die Mantellinien des Zylinders immer unter demselben Winkel schneiden. Ih-re parametrische Darstellung lautet $x = r\cos\theta$, $y = r\sin\theta$, $z = k\theta$ für θ in $[0, 2T\pi]$, wobei θ der Parameter ist und r, k und T Konstanten sind: r ist der Radius des Zylinders, $2\pi k$ ist der vertikale Abstand zwischen den Schleifen der Helix und T ist die Anzahl der Windungen um den Zylinder. Abbil-dung 9.28 zeigt eine Helix mit den Parametern $r = 1$, $k = 1$ und $T = 2$.

Die Projektion einer Helix auf eine Ebene parallel zu ihrer Achse (die Zy-linderachse) ist eine Sinuskurve.

Satz 9.12 *Die kürzeste Verbindungsstrecke zwischen zwei Punkten auf einem Zylinder ist entweder eine Gerade oder der Abschnitt einer Helix.*

Beweis Wenn die beiden Punkte auf derselben Geraden parallel zur Zylinder-achse liegen, ist der kürzeste Verbindungsweg die Strecke, die sie verbindet. Andernfalls können wir den Zylinder entlang irgendeiner anderen achsenpar-allelen Geraden, die nicht durch einen der Punkte verläuft, aufschneiden und

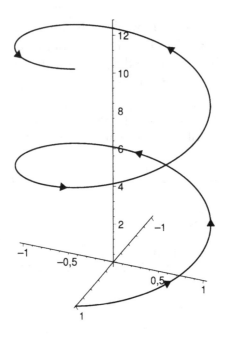

Abb. 9.28

flach ausrollen, wie in Abb. 9.29. Der kürzeste Weg zwischen zwei Punkten in einem Rechteck ist Teil einer Helix auf dem Zylinder. Etwas überraschen mag folgende Tatsache: Schneidet man den Zylinder entlang der Helix auf (und nicht entlang einer achsenparallelen Geraden) und breitet ihn flach aus, dann erhält man als Figur in der Ebene ein Parallelogramm. ∎

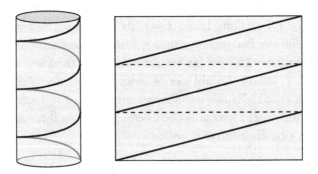

Abb. 9.29

Mithilfe von Abb. 9.29 finden wir auch schnell die Länge einer Helix. Die Länge des Helixabschnitts, der sich einmal um den Zylinder windet, ist gleich der Länge der Hypotenuse eines rechtwinkligen Dreickes mit den Katheten

$2\pi r$ und $2\pi k$, also $2\pi\sqrt{r^2 + k^2}$. Also ist die Gesamtlänge der Helix für gegebene Werte für r, k und T gleich $2\pi T\sqrt{r^2 + k^2}$.

Allgegenwärtige Helices

Helices findet man überall in der Natur – angefangen bei der Struktur der DNA-Moleküle bis hin zur Form einiger Tierhörner oder den Laufwegen von Eichhörnchen, wenn sie sich gegenseitig einen Baumstamm hochjagen. Auch im Alltag findet man Helices, beispielsweise bei Schraubenziehern, Schrauben, Drahtfedern, Treppenaufgängen und manchen Antennen.

9.8 Aufgaben

9.1 In der kartesischen Ebene sei O der Ursprung, C ein Kreis vom Radius a um den Punkt $(0, a)$ und T eine Tangente an C bei $(0, 2a)$. Die *Zissoide des Diokles* besteht aus dem Ort aller Punkte P, für die gilt $|OP| = |AB|$, wobei A und B die Schnittpunkte von OP mit C bzw. T sind (Abb. 9.30). Man finde die Gleichung für die Zissoide und zeige, wie man sie zur Verdopplung des Würfels – also zur Darstellung der dritten Wurzel aus 2 – verwenden kann.

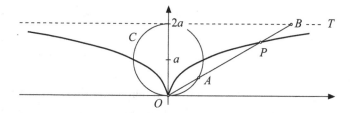

Abb. 9.30

9.2 Auch mithilfe von Kegelschnitten kann man einen Würfel verdoppeln. In Abb. 9.31 erkennen wir zwei Parabeln mit einem gemeinsamen Scheitelpunkt und aufeinander senkrecht stehenden Achsen. Man suche einen Brennpunkt und eine Leitlinie zu jeder Parabel, sodass die x-Koordinate des Schnittpunkts gerade $\sqrt[3]{2}$ ist.

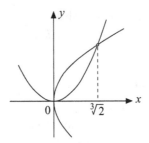

Abb. 9.31

9.3 Man zeige, dass es für eine Mondsichel, die über einer Seite eines gleichseitigen Dreiecks konstruiert wird, keine Quadratur (mit Zirkel und Lineal) gibt.

9.4 Man zeige, dass es für die grau unterlegten Anteile der Objekte in Abb. 9.32 eine Quadratur gibt (bei den Kurven handelt es sich um Kreisbögen).

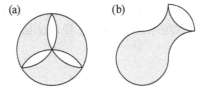

Abb. 9.32

9.5 Unter *Leonardos Kralle* versteht man den grau unterlegten Anteil des Kreises in Abb. 9.33a, der übrigbleibt, wenn man einen kleineren Kreis und eine zugehörige Linse entfernt. Kreis und Linse ergeben sich aus einem rechtwinkligen gleichschenkligen Dreieck, dessen Schenkel Kreisradien sind. Man zeige, dass es für Leonardos Kralle eine Quadratur gibt und dass seine Fläche identisch ist zu der Fläche des Quadrats in dem kleineren Kreis (Abb. 9.33b).

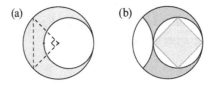

Abb. 9.33

9.6 Man beweise den *Satz von der gebrochenen Sehne von Archimedes*: Es seien *AB* und *BC* zwei Kreissehnen mit *AB* > *BC*, und *M* sei der Mittelpunkt des Kreisbogens *ABC*. Dann ist der Fußpunkt *F* der Senkrechten von *M* auf *AC* der Mittelpunkt der gebrochenen Sehne *ABC*.

9.7 Man zeige, dass sich die Quadratrix des Hippias durch folgende Gleichung in kartesischen Koordinaten beschreiben lässt: $x = y \cot(\pi y/2)$ für $y \in (0,1]$ und $x = 2/\pi$ für $y = 0$.

9.8 Man betrachte eine Kreisscheibe, die durch drei Bögen, bestehend jeweils aus zwei Halbkreisen, in vier Gebiete unterteilt wird (Abb. 9.34). Die Schnittpunkte der Ränder dieser Gebiete mit dem horizontalen Durchmesser unterteilen diesen Durchmesser in vier Intervalle gleicher Größe. Man beweise, dass die Gebiete jeweils dieselbe Fläche haben (Esteban, 2004).

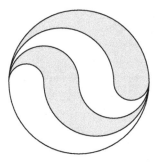

Abb. 9.34

9.9 Es sei Γ der Graph einer über dem Intervall [*a*, *b*] konkaven differenzierbaren Funktion. Man beweise, dass der Punkt, für den die grau unterlegte Fläche zwischen einer Tangente an diesem Punkt und der Kurve Γ minimal wird (Abb. 9.35), der Mittelpunkt von [*a*, *b*] ist. (Hinweis: Differenzial- oder Integralrechnung wird nicht benötigt!)

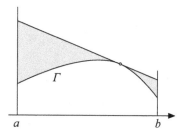

Abb. 9.35

10

Abenteuer mit Parkettierungen und Färbungen

„Was hat die Farbe damit zu tun?"

„Sie hat alles damit zu tun. Illinois ist grün und Indiana ist rosa."

„Indiana ROSA? Das ist gelogen!"

„Keine Lüge; ich hab's auf der Karte gesehen, und es ist rosa."

Mark Twain, Tom Sawyer im Ausland

Es gibt viele nette Beweise, bei denen es um die *Parkettierung* von Gebieten und die *Einfärbung* von Objekten geht. In früheren Kapiteln sind wir bereits Beispielen begegnet, unter anderem der Parkettierung in dem Beweis des Satzes von Napoleon in Abschn. 6.5 und der Einfärbung von Punkten in dem Beweis des Satzes der „Museumswächter" in Abschn. 4.6. Mit Parkettierungen können wir ohne aufwendige Rechnungen Flächen vergleichen, und mit Einfärbungen können wir in Zeichnungen die wichtigen Teile leichter unterscheiden.

In diesem Kapitel setzen wir unsere Erkundungen eleganter Beweise, die von diesen Techniken Gebrauch machen, fort. Wir beginnen mit einer kurzen Übersicht der Grundeigenschaften von Parkettierungen, gefolgt von einigen Ergebnissen, bei denen Parkettierungen mit Dreiecken und Vierecken Verwendung finden, darunter der Satz des Pythagoras. Außerdem gehen wir auf die beeindruckenden Parkettierungen ein, die man in der Alhambra in Granada in Spanien sowie in den Arbeiten von Escher findet. Nachdem wir uns mit den sieben Friesmustern beschäftigt haben, untersuchen wir die Einsatzmöglichkeiten von Farben in Beweisen sowie Beweise zu Einfärbungen. Zu unseren Beispielen zählen die Parkettierung von Schachbrettern mit Polyominos, der Verpackung von Calissons in Schachteln, der Einfärbung von Karten sowie Hamilton'sche Wege auf Dodekaedern.

10.1   Ebene Parkettierungen und Mosaike

Eine *Parkettierung* der Ebene besteht aus einer abzählbaren Familie von abgeschlossenen Mengen (den *Kacheln* oder *Fliesen*), welche die Ebene ohne Lücken oder Überlappungen überdecken (Grünbaum und Shephard, 1987). In diesem und den folgenden Abschnitten wird es sich bei unseren Kacheln nahezu ausschließlich um Vielecke handeln. Bei einer Parkettierung der Ebene mit Vielecken *Kante-an-Kante* fällt jede Kante eines Vielecks mit genau einer Kante eines anderen Vielecks zusammen. Im nächsten Abschnitt werden wir sehen, dass Parkettierungen, die nicht Kante-an-Kante sind, zu einigen überraschenden Beweisen Anlass geben. Ein *Vertex* oder *Eckpunkt* einer Kante-an-Kante-Parkettierung ist ein Eckpunkt von einer der Kacheln. Eine Kante-an-Kante-Parkettierung, bei der alle Kacheln reguläre Vielecke sind, bezeichnet man als *Mosaik* oder auch *Tessellation*. Bei einer *einsteinigen* Parkettierung habe alle Kacheln dieselbe Form und Größe, und bei einer *regulären* Parkettierung sind alle Eckpunkte gleich, d. h. an jedem Eckpunkt sind die Vielecke in derselben Weise angeordnet.

Wir beginnen mit *regulären Parkettierungen*, also den einsteinigen Mosaiken – Kante-an-Kante-Parkettierungen mit identischen Vielecken. Wie man in Abb. 10.1 erkennt, lassen sich aus gleichseitigen Dreiecken, Quadraten und regulären Sechsecken reguläre Parkettierungen bilden.

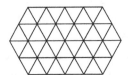 

Abb. 10.1

Gibt es weitere? Die negative Antwort gibt der folgende Satz.

Satz 10.1   *Die einzigen regulären Parkettierungen bestehen aus gleichseitigen Dreiecken, Quadraten und regulären Sechsecken.*

Beweis Angenommen, k reguläre n-Ecke treffen sich an einem Eckpunkt. Da jeder Innenwinkel eines n-Ecks $(1 - 2/n)\,180°$ beträgt, erhalten wir die Bedingung $k(1 - 2/n)\,180° = 360°$ oder $(n-2)(k-2) = 4$. Die einzigen Lösungen dieser Gleichungen im Bereich der positiven ganzen Zahlen sind $(n, k) = (3,6)$, $(4,4)$ und $(6,3)$. ■

Bei regulären Parkettierungen handelt es sich offensichtlich um gleichförmige Mosaike. Wir können die regulären Parkettierungen in verschiedener Weise verallgemeinern. Zwei Möglichkeiten sind: (i) Wir lassen mehr als nur ein reguläres Vieleck zu (mehrsteinige Parkettierungen), oder (ii) wir verwenden identische, aber nicht reguläre Vielecke (einsteinige Parkettierungen, die kein Mosaik darstellen). Eine Klasse von mehrsteinigen Mosaiken ist die Klasse der gleichförmigen mehrsteinigen Parkettierungen, die man auch als *semireguläre* oder *archimedische* Parkettierungen bezeichnet. Zu ihrer Klassifikation benötigen wir zunächst das folgende Lemma.

Lemma 10.1 *Die Anzahl der regulären Vielecke, die sich einen gemeinsamen Eckpunkt bei einer Kante-an-Kante-Parkettierung teilen können, ist 3, 4, 5 oder 6.*

Beweis Angenommen, k Vielecke teilen sich in einer gegebenen Kante-an-Kante-Parkettierung einen gemeinsamen Eckpunkt. Offenbar gilt $k \geq 3$. Es seien $\alpha_1, \alpha_2, \ldots, \alpha_k$ die Winkel der Vielecke an dem Eckpunkt. Dann ist jedes α_i mindestens gleich $60°$, sodass $360° = \alpha_1 + \alpha_2 + \cdots + \alpha_k \geq k \cdot 60°$ oder $k \leq 6$. ∎

Abbildung 10.2 zeigt acht semireguläre Parkettierungen. Mit Satz 10.2 beweisen wir, dass es keine weiteren gibt.

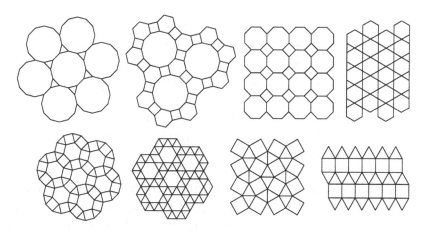

Abb. 10.2

Satz 10.2 *Es gibt acht Klassen semiregulärer Parkettierungen.*

Beweis Da semireguläre Parkettierungen gleichförmig sind, treffen an jedem Eckpunkt k reguläre Vielecke mit $n_1, n_2, \ldots, n_k$ Seiten zusammen

$(3 \leq k \leq 6)$, wobei $n_i \geq 3$. Da der Innenwinkel der Vielecke $(1 - 2/n_i)\, 180°$ beträgt, folgt $\sum_{i=1}^{k} (1 - 2/n_i)\, 180° = 360°$ beziehungsweise

$$\sum_{i=1}^{k} \frac{1}{n_i} = \frac{k-2}{2}.$$

Tabelle 10.1 fasst die Lösungen für die vier erlaubten Werte von k ($k = 3$, 4, 5, 6) zusammen.

Tab. 10.1 Die möglichen Lösungen der Bedingungsgleichung für semireguläre Parkettierungen aus dem Beweis zu Satz 10.2

k	n_1	n_2	n_3	n_4	n_5	n_6	Bemerkung
3	3	7	42				⋆
	3	8	24				⋆
	3	9	18				⋆
	3	10	15				⋆
	3	12	12				semiregulär (1)
	4	5	20				⋆
	4	6	12				semiregulär (2)
	4	8	8				semiregulär (3)
	5	5	10				⋆
	6	6	6				regulär
4	3	3	4	12			nicht gleichförmig
	3	3	6	6			semiregulär (4)
	3	4	4	6			semiregulär (5)
	4	4	4	4			regulär
5	3	3	3	3	6		semiregulär (6)
	3	3	3	4	4		semiregulär (7 & 8)
6	3	3	3	3	3	3	regulär

Die sechs mit einem ⋆ markierten Lösungen entsprechen keiner Parkettierung, denn wenn bei einer Parkettierung drei Vielecke mit $\{n_1, n_2, n_3\}$ Seiten an einem Eckpunkt zusammentreffen und eines der Vielecke eine ungerade Seitenzahl hat, dann müssen die anderen beiden Vielecke gleich sein, da sich diese Fliesen um die Fliesen mit der ungeraden Seitenzahl abwechseln. Außerdem gibt es zu der Lösung $(3,3,3,4,4)$ zwei reguläre Parkettierungen: Einmal sind die beiden Quadrate benachbart und einmal nicht. ∎

Nun wenden wir unsere Aufmerksamkeit den einsteinigen Parkettierungen zu, bei denen es sich nicht um Mosaike handelt. Wir beginnen mit Dreiecken und Vierecken, wobei es einfacher ist, zunächst Vierecke zu betrachten.

Satz 10.3 *Mit jedem (konvexen oder konkaven) Viereck lässt sich die Ebene parkettieren.*

Beweis Siehe Abb. 10.3. ■

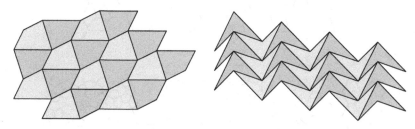

Abb. 10.3

Da sich aus jedem Dreieck durch Verdopplung ein Parallelogramm ergibt (Abb. 10.4) und Parallelogramme spezielle Vierecke sind, ist das folgende Korollar offensichtlich.

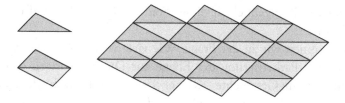

Abb. 10.4

Korollar 10.1 *Mit jedem Dreieck lässt sich die Ebene parkettieren.*

Im nächsten Abschnitt untersuchen wir, wie sich diese Parkettierungen für Beweise in Bezug auf Dreiecke und Vierecke nutzen lassen.

Wie steht es mit Fünfecken? Mit regulären Fünfecken lässt sich die Ebene offensichtlich nicht parkettieren (allerdings setzt sich die Oberfläche eines regulären Dodekaeders in drei Dimensionen aus diesen Fünfecken zusammen). Mit einigen nicht regulären Fünfecken ist es jedoch möglich. Beispielsweise kann man ein reguläres Sechseck in der regulären Parkettierung mit Sechsecken in Abb. 10.1 in zwei oder drei gleichartige Fünfecke unterteilen und erhält so eine einsteinige Parkettierung mit Fünfecken wie in Abb. 10.5.

Eine weitere Parkettierung mit Fünfecken ergibt sich, wenn man zwei nicht reguläre sechseckige Parkettierungen wie in Abb. 10.6 überlagert.

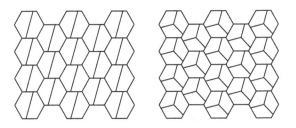

Abb. 10.5

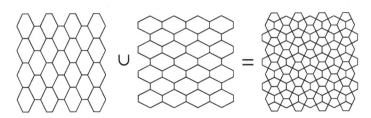

Abb. 10.6

Diese recht ansehliche Parkettierung bezeichnet man manchmal als *Kairo-Parkettierung*, weil angeblich in dieser Stadt einige Straßen auf diese Weise bepflastert sind.

Damit kommen wir zu der Frage: Wie viele verschiedene konvexe Fünfecke lassen eine Parkettierung der Ebene zu? Die Antwort zu dieser Frage hat eine interessante Geschichte (Klarner, 1981). Fünf verschiedene Fünfecke (einschließlich der drei obigen Beispiele), die sich zu einer Parkettierung der Ebene eignen, wurden 1918 von K. Reinhardt angegeben, drei weitere 1968 von R. B. Kerschner. R. James fand 1975 ein neuntes Fünfeck mit dieser Eigenschaft, und Marjorie Rice – Amateurmathematikerin und Hausfrau – fand in den Jahren 1976–77 weitere vier Fünfecke. Schließlich fand R. Stein 1985 ein vierzehntes Fünfeck zur Parkettierung der Ebene.

Und da stehen wir noch heute. Seit 1985 wurden keine neuen Fünfecke gefunden, mit denen sich die Ebene parkettieren lässt. Andererseits existiert auch kein Beweis, dass die Klassifikation bereits vollständig ist. Eine Antwort auf dieses offene Problem würde das Kapitel der einsteinigen Parkettierungen abschließen, denn die Klassifikation ist für n-Ecke mit $n \geq 6$ bekannt, wie wir sofort sehen werden.

Für Sechsecke gilt das Gleiche wie für Fünfecke: Nicht mit jedem konvexen Sechseck lässt sich die Ebene parkettieren. Im Jahre 1918 beschrieb K. Reinhardt die drei Klassen konvexer Sechsecke, mit denen es gelingt (Gardner, 1988). Es seien A, B, C, D, E und F die Winkel an den Eckpunkten und a, b, c, d, e und f die Kanten des Sechsecks, wie in Abb. 10.7. Dann lässt

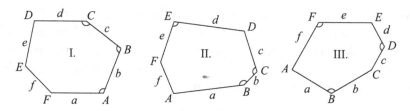

Abb. 10.7

sich mit einem Sechseck die Ebene genau dann parkettieren, wenn es zu einer der folgenden drei Klassen gehört: I. $A + B + C = 360°$; II. $A + B + D = 360°$, $a = d$, $c = e$; III. $A = C = E = 120°$, $a = b$, $c = d$, $e = f$.

Schließlich kann man mit keinem konvexen n-Eck mit $n \geq 7$ die Ebene parkettieren (Kerschner, 1969; Niven, 1978), womit unser kurzer Überblick zu Parkettierungen und Mosaiken abgeschlossen ist.

10.2   Parkettierungen mit Dreiecken und Vierecken

Wie bereits im letzten Abschnitt gezeigt, lässt sich die Ebene mit jedem Dreieck – spitzwinklig, rechtwinklig oder stumpfwinklig – ebenso wie mit jedem Viereck – konvex oder konkav – parkettieren. Aus dieser Tatsache ergeben sich einige einfache, visuelle Beweise von Sätzen über Dreiecke und Vierecke, die von Parkettierungen Gebrauch machen.

Unser erstes Ergebnis bezieht sich auf das *Dreieck der Seitenhalbierenden* zu einem beliebigen Dreieck. Dabei handelt es sich um das Dreieck, das sich aus den drei Seitenhalbierenden eines gegebenen Dreiecks konstruieren lässt (Abb. 10.8). Der folgende Satz (Hungerbühler, 1999) stellt eine Beziehung zwischen der Fläche des Dreiecks der Seitenhalbierenden und dem ursprünglichen Dreieck her.

Satz 10.4 *Die Fläche des Dreiecks der Seitenhalbierenden beträgt 3/4 der Fläche des ursprünglichen Dreiecks.*

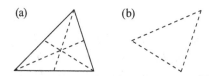

Abb. 10.8

Beweis Abbildung 10.9 zeigt einen kleinen Ausschnitt aus einer Parkettierung der Ebene mit den Dreiecken aus Abb. 10.8a. Gestrichelt gezeichnet ist ein Dreieck, dessen Seiten genau doppelt so lang sind wie die Seitenhalbierenden des gegebenen Dreiecks. Daraus folgt, dass die Seitenhalbierenden eines Dreiecks selbst wieder ein Dreieck bilden.

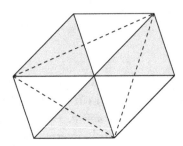

Abb. 10.9

Jede Seitenhalbierende eines Dreiecks unterteilt dieses Dreieck in zwei kleinere Dreiecke, von denen jedes den halben Flächeninhalt des ursprünglichen Dreiecks hat. Also ist die Fläche des gestrichelten Dreiecks das Dreifache der Flächen der ursprünglichen Dreiecke und außerdem gleich dem Vierfachen des Dreiecks der Seitenhalbierenden, womit die Behauptung bewiesen ist. ■

Was geschieht, wenn wir die Seitenhalbierenden des Dreiecks durch Strecken ersetzen, die von den Eckpunkten zu Punkten auf den gegenüberliegenden Seiten verlaufen, die diese Seiten im Verhältnis 2 : 1 unterteilen? Diese Strecken treffen sich nicht mehr in einem Punkt, sondern bilden ein kleines Dreieck innerhalb des ursprünglichen Dreiecks, wie man in Abb. 10.10a erkennt. Wie groß ist die Fläche des kleinen Dreiecks im Vergleich zu der Fläche des ursprünglichen Dreiecks?

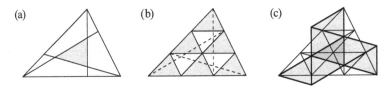

Abb. 10.10

Satz 10.5 *Verbindet man die Eckpunkte eines Dreiecks mit den Punkten der gegenüberliegenden Seiten, welche diese Seite im Verhältnis 2 : 1 teilen, dann ist die Fläche des von diesen Strecken gebildeten inneren Dreiecks gleich einem Siebtel der Fläche des ursprünglichen Dreiecks.*

Beweis (Johnston und Kennedy, 1993) Für diesen Beweis parkettieren wir das Innere des gegebenen Dreiecks mit kleineren Dreiecken, die jeweils durch eine Dreiteilung der Seiten entstehen. Nun legen wir über diese Parkettierung ein Raster, dessen Linien parallel zu den ursprünglichen Strecken von den Eckpunkten zu den Drittelpunkten verlaufen (Abb. 10.10b und c). Die sieben grauen Dreiecke in Abb. 10.10c haben dieselbe Fläche wie das ursprüngliche Dreieck, womit die Behauptung bewiesen ist. ■

Nun betrachten wir Vierecke. Wie berechnet man die Fläche eines allgemeinen Vierecks? Ein mögliches Verfahren zeigt der folgende Satz.

Satz 10.6 *Die Fläche eines konvexen Vierecks Q ist gleich der Hälfte der Fläche eines Parallelogramms P, dessen Seiten parallel zu den Diagonalen von Q verlaufen und auch dieselbe Länge wie diese Diagonalen haben.*

Beweis In Abb. 10.11 haben wir ein Raster aus den Diagonalen von Q über die Parkettierung der Ebene mit Kopien von Q gelegt. Der Satz folgt unmittelbar daraus. ■

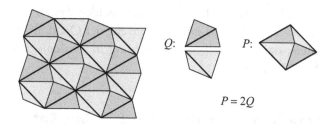

Abb. 10.11

Dieser Satz gilt auch für nicht konvexe Vierecke; siehe Aufgabe 10.5.

In Abschn. 6.5 sind wir Napoleons Dreieck begegnet – dem gleichseitigen Dreieck, dessen Eckpunkte die Mittelpunkte der drei gleichseitigen Dreiecke über den drei Seiten eines beliebigen Dreiecks bildeten. Gibt es ein ähnliches Ergebnis für Vierecke und Quadrate?

Wie der folgende Satz zeigt, lautet die Antwort „ja" für Parallelogramme und Quadrate (Flores, 1997).

Satz 10.7 *Das Viereck, das sich aus den Mittelpunkten der Quadrate ergibt, die außen über den vier Seiten eines beliebigen Parallelogramms errichtet wurden, ist ein Quadrat.*

Beweis Abbildung 10.12 zeigt einen Ausschnitt aus einer ebenen Parkettierung, die von einem Parallelogramm und den Quadraten über ihren Seiten erzeugt wird. Darübergelegt wurde das Raster der Verbindungslinien zwischen benachbarten Quadraten. ■

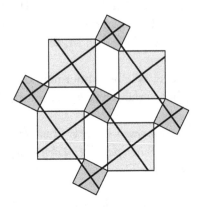

Abb. 10.12

Bezeichnen wir mit a und b die Längen der beiden Seiten des Parallelogramms, mit P seine Fläche und mit S die Fläche der Quadrate des darüberliegenden Rasters, dann gilt folgende Beziehung in Analogie zum Satz von Napoleon: $2S = 2P + a^2 + b^2$.

10.3 Unendlich viele Beweise für den Satz des Pythagoras

In Kap. 5 haben wir zwei Beweise für den Satz des Pythagoras gesehen, die auf einer Zerlegung der Quadrate beruhten. Die dortige Abb. 5.2 ist hier nochmals als Abb. 10.13 wiedergegeben.

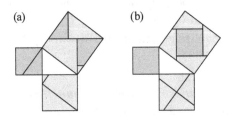

Abb. 10.13

Wie kommt man zu solchen Beweisen durch Zerlegungen? Eine Möglichkeit geht von einer Parkettierung der Ebene durch Quadrate aus. Man kann die Ebene sehr einfach mit quadratischen Fliesen von zwei unterschiedlichen Größen überdecken, wie man es seit Jahrhunderten bei Böden in Gebäuden macht. Abbildung 10.14a zeigt das Gemälde *Street Musicians at the Doorway of a House* von Jacob Ochtervelt (1634–1682). Das Fliesenmuster des Bodens in diesem Haus findet man auch in der Burg Oberkapfenberg in der Steiermark in Österreich (Abb. 10.14b). Manchmal spricht man von einem *Pythagoras-Parkett*; die Gründe werden gleich offensichtlich. Hierbei handelt es sich nicht um eine Kante-an-Kante-Parkettierung.

(a) 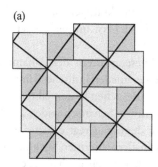 (b)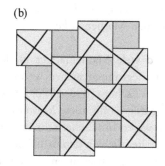

Abb. 10.14 (a) Jacob Ochtervelt – Street Musicians at the door, 1665; © St. Louis Art Museum, Geschenk von Eugene A. Perry in Erinnerung an ihre Mutter, Claude Kilpatrick

Wir verbinden in einem Pythagoras-Parkett die rechten, oberen Eckpunkte der kleineren, dunkelgrau unterlegten Quadrate, wie in Abb. 10.15a. Dadurch wird die Parkettierung von einem Raster kongruenter Quadrate überdeckt, das wir als *Hypotenusenraster* bezeichnen wollen – man beachte dazu das rechtwinklige Dreieck, das in der linken, unteren Ecke der größeren,

(a)  (b)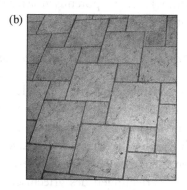

Abb. 10.15

hellgrau unterlegten Quadrate entsteht. Bezeichnen wir mit a und b die Katheten dieses Dreiecks und mit c seine Hypotenuse, dann sind die Flächen der dunkel- und hellgrau unterlegten Quadrate a^2 und b^2, und die Fläche des Quadrats in dem Hypotenusenraster ist c^2. Aus Abb. 10.13a erkennt man, dass aus der Zerlegung $c^2 = a^2 + b^2$ folgt.

Nun verschieben wir das Hypotenusenraster so, dass die Schnittpunkte der Linien auf den Mittelpunkten der größeren, hellgrauen Quadrate zu liegen kommen, wie in Abb. 10.15b. Auf diese Weise gelangen wir zu dem Zerlegungsbeweis für den Satz des Pythagoras aus Abb. 10.13b.

Wir können also ebenso viele Zerlegungsbeweise für den Satz des Pythagoras finden, wie wir Hypotenusenraster über die pythagoreische Parkettierung legen können. Damit folgt

Satz 10.8 *Es gibt unendlich viele Zerlegungsbeweise für den Satz des Pythagoras.*

Es gibt sogar überabzählbar viele solche Zerlegungsbeweise, und in allen Fällen wird das Quadrat über der Hypothenuse in weniger als zehn Teile zerlegt!

Es gibt noch weitere Parkettierungen und Rasterunterteilungen, aus denen sich ebenfalls der Satz des Pythagoras beweisen lässt (Aufgabe 10.1). Auf derselben Idee (eine ebene Parkettierung und ein darübergelegtes Raster) beruhen die Zerlegungen des griechischen Kreuzes aus Abschn. 8.5 (Aufgabe 10.4). In Abschn. 6.4 haben wir eine ebene Parkettierung gesehen, die auf einem beliebigen Dreieck und drei gleichseitigen Dreiecken über den Seiten des ersten Dreiecks beruhte, und in Abschn. 8.2 haben wir mithilfe einer Parkettierung bewiesen, dass die Fläche eines Quadrats, das in einen Halbkreis gelegt wurde, genau 2/5 der Fläche des Quadrats ist, das dem entsprechenden Vollkreis einbeschrieben wurde.

Eschers Tricks

Die Fliesenmuster in der Alhambra in Granada zeigen eine außerordentliche Vielfalt an geometrischen Formen, Strukturen und kräftigen Farben und werden gerade von den Mathematikern unter den Besuchern immer wieder fasziniert bewundert.

Während viele Mathematiker in den Fliesenmustern der Alhambra nach den Symmetriegruppen suchen, verbrachte der niederländische Künstler Maurits Cornelius Escher (1898–1972) bei seinen Besuchen in den Jahren 1922 und 1936 einige Zeit damit, diese Muster zu zeichnen (Schattschneider, 2004). Diese Besuche waren für Escher sehr fruchtbar, denn angeregt durch diese Muster begann er später die von den maurischen Künstlern erlernten Techniken auf anspruchsvollere Parkettierungen auszuweiten, bei denen auch menschliche und tierische Formen auftauchten.

Escher begann seine Muster meist mit einer Parkettierung durch ein oder mehrere Vielecke, bei der er anschließend die Fliesenform durch flächenerhaltende Transformationen, welche die Parkettierungseigenschaft erhalten, veränderte. Zu den Transformationen mit diesen Eigenschaften gehört beispielsweise die Wegnahme eines Fliesenteils von einer Kante, das dann an einer anderen Kante angelegt wird, oder auch die Wegnahme eines Fliesenteils von einer Hälfte einer Kante, die dann der anderen Hälfte zugeteilt wird. Modifikationen dieser Art sind unten für Parkettierungen mit Quadraten und Dreiecken angegeben, und die Parkettierungen ergeben sich dann durch (a) Translation, (b) Spiegelung und (c) Rotation. Diese Parkettierungen beruhen auf Skizzen von Escher.

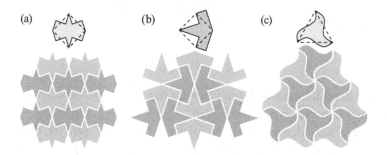

Abb. 10.16

Ähnliche Verfahren verwendete Escher auch ausgehend von anderen polygonalen Parkettierungen, beispielsweise mit Sechsecken oder Parallelogrammen.

10.4 Der springende Frosch

In diesem Abschnitt lösen wir mithilfe einer Parkettierung der Ebene mit *nummerierten* Quadraten ein Problem im Zusammenhang mit einem einfachen Solitärspiel. Das Spiel heißt „Der springende Frosch" („La Rana Saltarina" im Spanischen) und wird bei Miguel de Guzmán beschrieben (de Guzmán, 1997). Das Spielbrett besteht aus der Ebene, die schachbrettartig in quadratische Felder unterteilt ist. In der Mitte befindet sich eine horizontale Linie (Abb. 10.17). Der Spieler darf Münzen in beliebiger Anzahl auf die Felder unterhalb der Linie verteilen. Die Spielregeln sind sehr einfach: Die Münzen werden durch Sprünge nach links, rechts oder oben über eine einzelne benachbarte Münze auf ein leeres Feld bewegt. Die übersprungene Münze wird anschließend vom Spielfeld entfernt. Der Spieler gewinnt das Spiel, wenn er mindestens eine Münze bis zur fünften (grau gezeichneten)

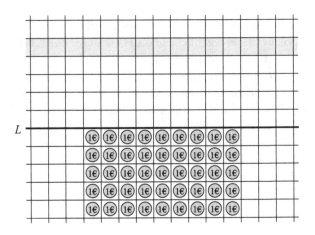

Abb. 10.17

Reihe über der horizontalen Linie L bewegt hat. Bevor Sie weiterlesen, sollten Sie das Spiel selbst einmal ausprobieren.

Wir zeigen nun, dass es für einen Spieler gar nicht möglich ist, dieses Spiel zu gewinnen. Unser Beweis (de Guzmán, 1997) geht auf John Conway zurück und verwendet den Goldenen Schnitt (siehe Abschn. 2.4). Wir nehmen zunächst an, es wäre möglich, eine Münze bis in die fünfte Felderreihe oberhalb von L zu bringen. Nun nummerieren wir jedes Feld in dieser Reihe und den Reihen darunter mit Potenzen von $\omega = \varphi - 1 = (-1 + \sqrt{5})/2$, wie in Abb. 10.18. Man beachte, dass ein Feld in der fünften Reihe den Wert 1 erhält, außerdem gilt $|\omega| < 1$ und $\omega^2 = 1 - \omega$.

...	...	...	ω^4	ω^3	ω^2	ω	1	ω	ω^2	ω^3	ω^4	... ...
...	...	...	ω^5	ω^4	ω^3	ω^2	ω	ω^2	ω^3	ω^4	ω^5	... ...
...	...	...	ω^6	ω^5	ω^4	ω^3	ω^2	ω^3	ω^4	ω^5	ω^6	... ...
...	...	...	ω^7	ω^6	ω^5	ω^4	ω^3	ω^4	ω^5	ω^6	ω^7	... ...
...	...	...	ω^8	ω^7	ω^6	ω^5	ω^4	ω^5	ω^6	ω^7	ω^8	... ...
...	...	...	ω^9	ω^8	ω^7	ω^6	ω^5	ω^6	ω^7	ω^8	ω^9	... ...
...	...	...	ω^{10}	ω^9	ω^8	ω^7	ω^6	ω^7	ω^8	ω^9	ω^{10}	... ...
...	...	...	ω^{11}	ω^{10}	ω^9	ω^8	ω^7	ω^8	ω^9	ω^{10}	ω^{11}	... ...
...	...	...	ω^{12}	ω^{11}	ω^{10}	ω^9	ω^8	ω^9	ω^{10}	ω^{11}	ω^{12}	... ...
...	...	...	ω^{13}	ω^{12}	ω^{11}	ω^{10}	ω^9	ω^{10}	ω^{11}	ω^{12}	ω^{13}	... ...

L (markiert zwischen der fünften und sechsten Zeile)

Abb. 10.18

Nun bilden wir die Summe der (unendlich vielen) Zahlen in den Quadraten unterhalb der Linie L, indem wir jeweils zunächst die Zahlen in einer Spalte summieren, und anschließend die Summen der Spalten addieren. Wir beginnen mit der Spalte in der Mitte:

$$S = (\omega^5 + \omega^6 + \cdots) + 2(\omega^6 + \omega^7 + \cdots) + 2(\omega^7 + \omega^8 + \cdots) + \cdots$$

$$= \frac{\omega^5}{1-\omega} + 2\frac{\omega^6}{1-\omega} + 2\frac{\omega^7}{1-\omega} + \cdots = \omega^3 + 2\omega^4 + 2\omega^5 + \cdots$$

$$= (\omega^3 + \omega^4 + \omega^5 + \cdots) + (\omega^4 + \omega^5 + \cdots) = \frac{\omega^3}{1-\omega} + \frac{\omega^4}{1-\omega}$$

$$= \omega + \omega^2 = 1.$$

Daher ist jede endliche Summe von Zahlen in den Feldern unterhalb von L streng kleiner als 1. Wir haben nun unsere Münzen unterhalb der Linie L verteilt und addieren die Beiträge von den Feldern, auf denen diese Münzen liegen. Diese Summe ist kleiner als 1. Nach einem Sprung einer Münze in Richtung abnehmender Exponenten bleibt diese Summe der belegten Felder unverändert, da z. B. $\omega^7 + \omega^6 = \omega^5$ (Abb. 10.19a). Andererseits bewirkt ein Sprung in Richtung zunehmender Exponenten eine Verringerung der Summe, z. B. $\omega^8 + \omega^7 = \omega^6 > \omega^9$ (Abb. 10.19b).

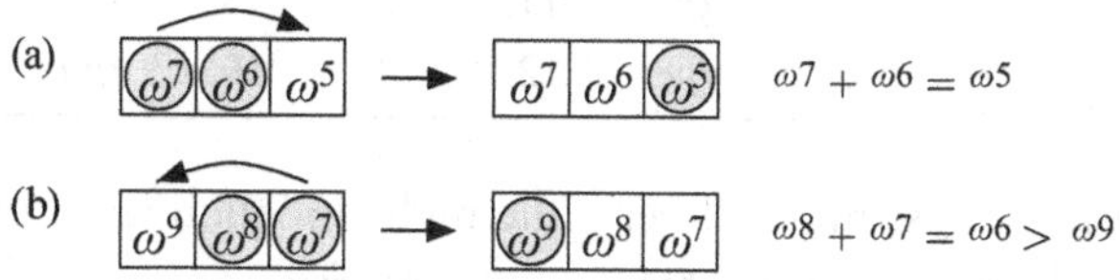

Abb. 10.19

Da die Summe der Zahlen aller zu Beginn des Spiels mit Münzen belegten Feldern kleiner ist als 1 und diese Summe auch nicht zunehmen kann, ist es unmöglich, jemals zu dem Wert 1 in der fünften Reihe oberhalb von L zu gelangen.

10.5   Die sieben Friese

Ein *Fries* ist ein mit Skulpturen oder Zeichnungen verziertes horizontales Band, wie man es beispielsweise oberhalb von Säulen oder Tapetenrändern nahe einer Zimmerdecke oder auch auf Möbelstücken findet. Meist handelt es sich um eine Parkettierung, bei der sich die Formen wiederholen und ein Muster bilden – das *Friesmuster*. Die Mathematiker unterteilen solche Muster nach ihren Symmetrien. Zwei Muster bezeichnet man als äquivalent, wenn sie dieselben *Isometrien* haben, d. h. dieselben abstandserhaltenden Transformationen wie Translationen, Rotationen und Spiegelungen.

Per Definition hat ein Fries immer eine Translationssymmetrie. Spiegelungen können ein Fries nur invariant lassen, wenn die Spiegelachsen vertikal oder horizontal liegen; dementsprechend spricht man von einer vertikalen oder horizontalen Spiegelung. Die horizontale Spiegelachse unterteilt ein solches Fries immer in zwei Hälften. Die einzige nichttriviale Rotation, die ein Fries invariant lassen kann, ist eine Drehung um 180°. Schließlich kann es noch eine Gleitspiegelung geben – eine horizontale Translation gefolgt von einer horizontalen Spiegelung. Insgesamt erhalten wir die folgenden fünf Arten von Symmetrien: *t* – Translation; *v* – vertikale Spiegelung; *h* – horizontale Spiegelung; *r* – Rotation um 180° und *g* – Gleitspiegelung.

Da jeder Fries die Translationssymmetrie hat, müssen wir $2^4 = 16$ Fälle unterscheiden, je nachdem, ob ein Fries ein oder mehrere der vier anderen Symmetrien besitzt. Diese 16 Fälle sind in Tab. 10.2 aufgelistet.

Tab. 10.2   Die vier Symmetrien *g*, *h*, *r* und *v* lassen sich auf 16 mögliche Weisen kombinieren

1.	Ø	5.	*v*	9.	*hr*	13.	*ghv*
2.	*g*	6.	*gh*	10.	*hv*	14.	*grv*
3.	*h*	7.	*gr*	11.	*rv*	15.	*hrv*
4.	*r*	8.	*gv*	12.	*ghr*	16.	*ghrv*

Wir zeigen nun, dass neun dieser Fälle nicht möglich sind, und jeder der verbliebenen sieben Fälle auch tatsächlich als Friesmuster auftreten kann. Meist beruhen die Beweise des folgenden Satzes auf gruppentheoretischen Verfahren, doch der hier wiedergegebene geniale Beweis (belcastro und Hull, 2002) verwendet ausschließlich kombinatorische Argumente.

Satz 10.9   *Es gibt genau sieben Friesmuster.*

Beweis Für unseren Beweis verwenden wir den Buchstaben „p" als „Fliese", mit der wir das Fries über die vier Isometrien erzeugen. Wir wählen das „p", weil es selbst keine der genannten Isometrien besitzt.

In Abb. 10.20 zeigen wir zunächst, dass vier der Fälle (1, 2, 4 und 5) tatsächlich als Fries existieren. In dieser Abbildung (ebenso wie in den weiteren Abbildungen in diesem Beweis) bezeichnet der Pfeil → das Muster, das man schließlich durch Translationen des Grundmusters erhält.

Machen wir jedoch dasselbe mit Fall 3 (einer horizontalen Spiegelung *h*), sehen wir, dass die Translationen ein Fries erzeugen, dass auch eine Gleit-

(a) $\varnothing : \text{p}$ $\rightarrow$ p p p p p p

(b) $r : \text{p}\,{}_\circ{}_\text{d}$ $\rightarrow$ $\begin{matrix} \text{p} & \text{p} & \text{p} \\ \text{d} & \text{d} & \text{d} \end{matrix}$

(c) $v : \text{p}\,|\,\text{q}$ $\rightarrow$ p q p q p q

(d) $g : \text{p}\,{}_\text{b}$ $\rightarrow$ $\begin{matrix} \text{p} & \text{p} & \text{p} \\ \text{b} & \text{b} & \text{b} \end{matrix}$

Abb. 10.20

spiegelungssymmetrie besitzt (wie man in Abb. 10.21 an den fettgedruckten Buchstaben erkennt). Das bedeutet, immer wenn ein Fries eine horizontale Symmetrie besitzt, muss es auch eine Gleitspiegelungssymmetrie haben. Dadurch werden die Fälle 3 (*h*), 9 (*hr*) and 15 (*hrv*) ausgeschlossen, außerdem wird deutlich, dass es Fall 6 (*gh*) tatsächlich als Fries gibt.

$$h : \frac{\text{p}}{\text{b}} \quad \rightarrow \quad \begin{matrix} \text{p} & \text{p} & \textbf{p} & \text{p} & \text{p} & \text{p} \\ \text{b} & \text{b} & \textbf{b} & \text{b} & \textbf{b} & \text{b} \end{matrix}$$

Abb. 10.21

Nun betrachten wir die Symmetrien *h, g, r* und *v* in paarweisen Kombinationen. Zunächst erkennen wir in den Abb. 10.22a und b, dass ein Fries, der sowohl eine *h*- als auch eine *v*-Symmetrie besitzt (gleichgültig in welcher Reihenfolge), immer auch eine *r*- und *g*-Symmetrie hat. Also können wir die Fälle 10 (*hv*) und 13 (*ghv*) streichen und gleichzeitig bestätigen, dass es Fall 16 (*ghrv*) tatsächlich gibt. Entsprechend erkennen wir in den Abb. 10.22c und d, dass ein Fries, der eine *h*- und eine *r*-Symmetrie besitzt, auch eine *v*- und *g*-Symmetrie haben muss. Damit können wir auch den Fall 12 (*ghr*) streichen.

(a) $h : \frac{\text{p}}{\text{b}}$ dann $v : \frac{\text{p} \ \text{q}}{\text{b} \ \text{d}}$ $\rightarrow$ $\begin{matrix} \text{p} & \textbf{q} & \textbf{p} & \text{q} & \text{p} & \text{q} \\ \text{b} & \text{d} & \text{b} & \text{d} & \textbf{b} & \text{d} \end{matrix}{}_\circ$

(b) $v : \text{p}\,|\,\text{q}$ dann $h : \frac{\text{p} \ \text{q}}{\text{b} \ \text{d}}$ $\rightarrow$ $\begin{matrix} \text{p} & \textbf{q} & \textbf{p} & \text{q} & \text{p} & \text{q} \\ \text{b} & \text{d} & \text{b} & \textbf{d} & \textbf{b} & \text{d} \end{matrix}{}_\circ$

(c) $h : \frac{\text{p}}{\text{b}}$ dann $r : \text{p}\,{}_\circ\,\text{q}$ $\rightarrow$ $\begin{matrix} \text{p} & \textbf{q} & \textbf{p} & | & \text{q} & \text{p} & \text{q} \\ \text{b} & \text{d} & \text{b} & | & \textbf{d} & \textbf{b} & \text{d} \end{matrix}$

(d) $r : \text{p}\,{}_\circ\,{}_\text{d}$ dann $h : \frac{\text{p} \ \text{q}}{\text{b} \ \text{d}}$ $\rightarrow$ $\begin{matrix} \text{p} & \textbf{q} & \textbf{p} & | & \text{q} & \text{p} & \text{q} \\ \text{b} & \text{d} & \text{b} & | & \textbf{d} & \textbf{b} & \text{d} \end{matrix}$

Abb. 10.22

Bei der Kombination aus *r*- und *v*-Symmetrien müssen wir vorsichtig sein. Wenn wir erst eine Spiegelung ausführen, haben wir für die Lage des Mittelpunkts der anschließenden Drehung zwei Möglichkeiten – entweder auf der Spiegelachse oder außerhalb von ihr (das Gleiche gilt, wenn wir zuerst eine Drehung ausführen). In den Abb. 10.23a und b sehen wir, dass bei einer Transformation, bei der der Mittelpunkt der Drehung auf der vertikalen Symmetrieachse liegt, das Ergebnis sowohl eine *h*- als auch eine *g*-Symmetrie besitzt. In den Abb. 10.23c und d sehen wir, dass bei einer Transformation, bei der der Mittelpunkt der Drehung nicht auf der vertikalen Symmetrieachse liegt, das Ergebnis zwar eine *g*-Symmetrie hat, aber keine *h*-Symmetrie. Dementsprechend können wir Fall 11 (*rv*) ausschließen und gleichzeitig die Existenz von Fall 14 (*vrg*) bestätigen.

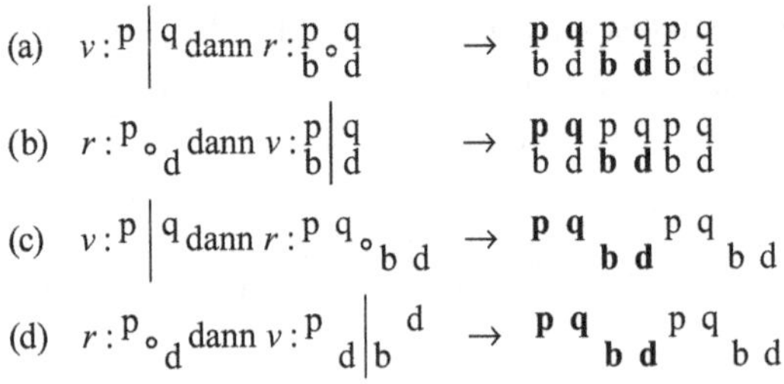

(a) $v : {\stackrel{p}{}}\big|{\stackrel{q}{}}$ dann $r : {}^{p}_{b}\circ{}^{q}_{d}$ $\rightarrow$ ${}^{p}_{b}\,{}^{q}_{d}\,{}^{p}_{b}\,{}^{q}_{d}\,{}^{p}_{b}\,{}^{q}_{d}$

(b) $r : {}^{p}_{d}\circ{}^{}_{}$ dann $v : {}^{p}_{b}\big|{}^{q}_{d}$ $\rightarrow$ ${}^{p}_{b}\,{}^{q}_{d}\,{}^{p}_{b}\,{}^{q}_{d}\,{}^{p}_{b}\,{}^{q}_{d}$

(c) $v : {\stackrel{p}{}}\big|{\stackrel{q}{}}$ dann $r : {}^{p}\,{}^{q}\circ{}_{b}\,{}_{d}$ $\rightarrow$ ${}^{p}\,{}^{q}\,{}_{b}\,{}_{d}\,{}^{p}\,{}^{q}\,{}_{b}\,{}_{d}$

(d) $r : {}^{p}_{d}\circ{}^{}_{}$ dann $v : {}^{p}\,{}_{d}\big|{}^{d}\,{}_{b}$ $\rightarrow$ ${}^{p}\,{}^{q}\,{}_{b}\,{}_{d}\,{}^{p}\,{}^{q}\,{}_{b}\,{}_{d}$

Abb. 10.23

Bisher haben wir damit gezeigt, dass von den Möglichkeiten in Tab. 10.2 sieben Fälle als Friesmuster tatsächlich existieren (1, 2, 4, 5, 6, 14 und 16), während sieben andere Fälle (3, 9, 10, 11, 12, 13 und 15) nicht möglich sind. Wir müssen nur noch die Fälle 7 (*gr*) und 8 (*gv*) untersuchen. Hier ist wichtig, dass Gleitspiegelungen von Natur aus auch eine Translation darstellen und daher erst nach allen anderen Transformationen durchgeführt werden können.

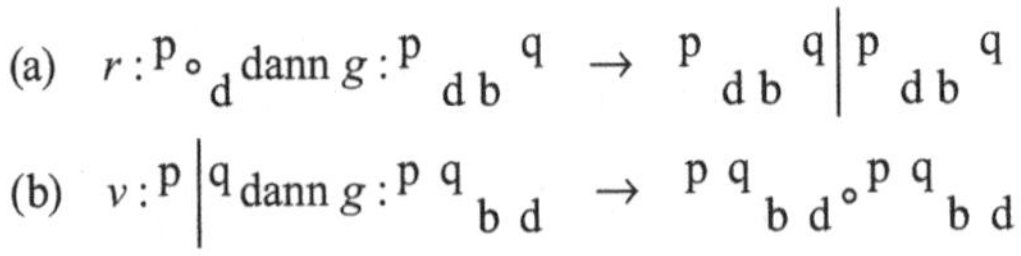

(a) $r : {}^{p}_{d}\circ{}^{}_{}$ dann $g : {}^{p}\,{}_{d\,b}\,{}^{q}$ $\rightarrow$ ${}^{p}\,{}_{d\,b}\,{}^{q}\big|{}^{p}\,{}_{d\,b}\,{}^{q}$

(b) $v : {\stackrel{p}{}}\big|{\stackrel{q}{}}$ dann $g : {}^{p}\,{}^{q}\,{}_{b\,d}$ $\rightarrow$ ${}^{p}\,{}^{q}\,{}_{b\,d}\circ{}^{p}\,{}^{q}\,{}_{b\,d}$

Abb. 10.24

In Abb. 10.24a erkennen wir, dass ein Fries mit einer *r*- und einer *g*-Symmetrie auch eine *v*-Symmetrie haben muss, und aus Abb. 10.24b wird deutlich, dass ein Fries mit einer *v*- und einer *g*-Symmetrie auch eine *r*-Symmetrie haben muss. Also können wir die Fälle 7 (*gr*) und 8 (*gv*) als Friesmuster eliminieren, was unseren Beweis abschließt. ∎

10.6 Farbenfrohe Beweise

Farben dienen in einem Beweis meist der einfachen visuellen Identifikation bestimmter Teilmengen einer gegebenen Menge. So gelangten wir durch die Einfärbung der Eckpunkte von Dreiecken zu einem sehr eleganten und kurzen Beweis hinsichtlich der Anzahl der „Museumswächter" in Abschn. 4.6. Natürlich können wir nicht nur Punkte einfärben, sondern auch Linien oder Gebiete in einer Ebene, z. B. Fliesen. Wir beginnen mit einem Satz, für dessen Beweis wir Linien einfärben. (Wie Ihnen sicherlich aufgefallen ist, enthält dieses Buch keine farbigen Zeichnungen. Daher müssen wir unsere „Farben" leider auf weiß, schwarz und verschiedene Grautöne beschränken.)

Satz 10.10 *Angenommen, in einer Gruppe von sechs Personen sind je zwei Personen entweder miteinander befreundet („Freunde"), oder sie kennen sich nicht („Fremde"). Man zeige, dass es immer eine Menge von drei (oder mehr) Personen geben muss, die entweder untereinander alle befreundet sind oder sich gegenseitig nicht kennen.*

Beweis Wir stellen die sechs Personen durch die Punkte eines regulären Sechsecks dar und verbinden zwei Punkte mit einer grauen Linie (einer Kante oder Diagonale des Sechsecks), wenn es sich um Freunde handelt, und mit einer schwarzen Linie, wenn es Fremde sind. Abbildung 10.25a zeigt ein Beispiel.

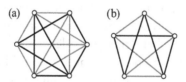

Abb. 10.25

Wir müssen beweisen, dass es immer ein Dreieck gibt, bei dem alle Linien dieselbe Farbe haben (ein *monochromatisches* Dreieck). Wir betrachten einen Eckpunkt (beispielsweise *A*) und die fünf Linien, die ihn mit den anderen fünf Eckpunkten verbinden. Mindestens drei davon müssen dieselbe Farbe haben (nach dem Taubenschlagprinzip), sagen wir „grau". Es seien $\{B, C, D\}$ die anderen Endpunkte dieser drei Linien. Ist eine der Linien, die zwei der Eckpunkte in $\{B, C, D\}$ miteinander verbinden, grau, erhalten wir ein graues Dreieck. Ist das nicht der Fall, sind alle drei Linien zwischen den Punkten $\{B, C, D\}$ schwarz und wir haben ein schwarzes Dreieck. Abbildung 10.25b zeigt, dass wir in Satz 10.10 die „Sechs" nicht durch die „Fünf" ersetzen kön-nen. ▪

Die nächsten Beispiele beziehen sich auf Fliesen, die man *Polyominos* nennt, eine Verallgemeinerung von Dominos. Ein Polyomino besteht aus mehreren zusammenhängenden Einheitsquadraten, wobei jedes Quadrat mindestens ei-ne Kante mit einem anderen Quadrat gemeinsam hat. Abbildung 10.26 zeigt ein Domino, die beiden Arten von *Triominos* (gerade und L-förmig) und die fünf Möglichkeiten für *Tetrominos* (gerade, quadratisch, T-förmig, versetzt und L-förmig). Wie Dominos kann man auch Polyominos rotieren und um-drehen, ohne dass sich ihre Art dabei ändert. Unsere Beispiele beziehen sich auf Parkettierungen rechteckiger Schachbretter mit Feldern aus Einheitsqua-draten.

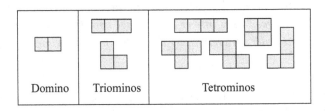

Abb. 10.26

Betrachten wir zunächst eine Parkettierung eines $m \times n$-Schachbretts mit Dominos. Aus der üblichen Färbung der Schachbrettfelder erkennt man so-fort, dass sich ein Schachbrett genau dann mit Dominos parkettieren lässt, wenn mn gerade ist. Deshalb betrachten wir nun *defizitäre* Schachbretter (mit der üblichen Einfärbung), bei denen ein oder mehrere Felder fehlen. Wenn wir bei einem $m \times n$-Schachbrett (mn gerade) zwei Felder derselben Farbe ent-fernen (beispielsweise gegenüberliegende Ecken eines 8×8-Bretts), lässt sich dieses Schachbrett nicht mehr parkettieren, da es zu den beiden Farben nicht mehr gleich viele Felder gibt. Doch was passiert, wenn wir zwei Felder mit unterschiedlichen Farben aus einem $m \times n$-Brett mit mn gerade entfernen? Oder wenn wir von einem $m \times n$-Brett mit mn ungerade ein Feld der Mehr-heitsfarbe (d. h. der Farbe der Eckfelder) entfernen? Können wir dann diese defizitären Schachbretter parkettieren?

Satz 10.11 *Ein $m \times n$-Schachbrett mit der Standardfärbung und m und n min-destens 2 lässt sich mit Dominos parkettieren, falls (i) mn gerade ist und zwei beliebige Felder mit verschiedenen Farben entfernt wurden, oder (ii) mn ungera-de ist und ein beliebiges Feld der Mehrheitsfarbe entfernt wurde.*

Beweis Teil (i) dieses Satzes ist als *Satz von Gomory* bekannt. Sein Beweis erschien zum ersten Mal in (Gardner, 1962). Für den Beweis unterteilen wir das Schachbrett in einen geschlossenen, ein Feld breiten Weg, angedeutet durch die dicken Linien in Abb. 10.27a, wobei die horizontale Seite des Schachbretts eine gerade Anzahl von Feldern haben soll.

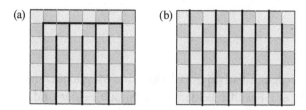

Abb. 10.27

Entfernen wir zwei beliebige Felder unterschiedlicher Farbe, wird der Weg in zwei Abschnitte geteilt (oder er bleibt zusammenhängend, wenn die beiden Felder im Weg benachbart sind), und jeder Abschnitt enthält eine gerade Anzahl von Feldern mit alternierenden Farben, lässt sich also mit Dominos parkettieren.

Ist mn ungerade, erzeugen wir einen Weg mit offenen Enden (Trigg, 1973) wie in Abb. 10.27b. Wird nun ein Feld der Mehrheitsfarbe entfernt (in diesem Fall ein hellgraues Feld), erhalten wir zwei Wegabschnitte, von denen jeder eine gerade Anzahl von Feldern hat (oder einen Wegabschnitt, falls das Feld in der oberen linken oder der unteren rechten Ecke entfernt wird) und der sich mit Dominos parkettieren lässt.

Ist m oder n gleich 1, müssen zusätzliche Bedingungen gelten. Siehe Aufgabe 10.7. ∎

Nun betrachten wir Parkettierungen eines gewöhnlichen, aber defizitären 8×8-Schachbretts mit verschiedenen Arten von Triominos und Tetrominos. Offensichtlich lässt sich das 8×8-Schachbrett nicht mit Triominos parkettieren, da 64 kein Vielfaches von 3 ist. Also entfernen wir ein Feld. Können wir das so entstandene defizitäre Schachbrett mit geraden Triominos oder mit L-Triominos parkettieren?

Satz 10.12 *Ein 8×8-Schachbrett, bei dem ein Feld entfernt wurde, lässt sich genau dann mit geraden Triominos parkettieren, wenn das fehlende Feld eines der vier schwarzen Felder in Abb. 10.28a ist.*

Beweis (Golomb, 1954) Wir färben das Brett mit drei Farben ein, sodass ein gerades, horizontales oder vertikales Triomino auf dem Brett immer Felder

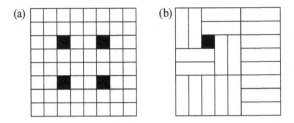

Abb. 10.28

mit drei verschiedenen Farben überdeckt. Eine Möglichkeit ist in Abb. 10.29a dargestellt. Da es 21 weiße Felder, 21 hellgraue Felder und 22 dunkelgraue Felder gibt, muss das Feld, das entfernt werden kann, eines der dunkelgrauen Felder sein. Dasselbe gilt jedoch auch für die Einfärbung in Abb. 10.29b. Also darf man nur ein Feld entfernen, das in beiden Abbildungen dunkelgrau ist, und das sind genau die vier schwarzen Felder aus Abb. 10.28a. Abbildung 10.28b (und entsprechend gedrehte Formen) zeigt, dass diese Bedingung auch hinreichend ist. ■

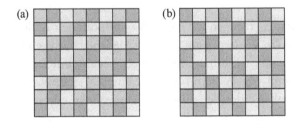

Abb. 10.29

Nun wenden wir uns Parkettierungen eines 8 × 8-Schachbretts mit Tetrominos zu. Abbildung 10.30a (Golomb, 1954) zeigt, dass sich das Brett mit quadratischen, geraden, L-förmigen und T-förmigen Tetrominos parkettieren

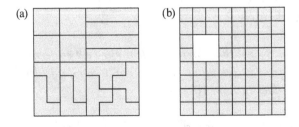

Abb. 10.30

lässt. Mit versetzten Tetrominos gibt es keine Parkettierung (Aufgabe 10.8.) Wie steht es mit defizitären Brettern? Offensichtlich müssen wir mindestens vier Felder entfernen, also betrachten wir ein Standardbrett mit einem 2×2-Loch (ohne Einschränkung an den Ort des Lochs) wie in Abb. 10.30b.

Satz 10.13 *Ein 8×8-Schachbrett mit einem 2×2-Loch lässt sich* (i) *nicht mit T-Tetrominos,* (ii) *nicht mit L-Tetrominos und* (iii) *nicht mit einer beliebigen Kombination aus geraden und versetzten Tetrominos parkettieren.*

Beweis (Golomb, 1954) Für diesen Beweis verwenden wir drei verschiedene Einfärbungen des Schachbretts. Für (i) wählen wir die Standardfärbung (wie in Abb. 10.27). Das quadratische Loch entfernt zwei Felder von jeder Farbe, also verbleiben wir mit 30 hellgrauen und 30 dunkelgrauen Feldern im defizitären Brett. Jedes T-Tetromino überdeckt entweder ein hellgraues und drei dunkelgraue Felder oder umgekehrt ein dunkelgraues und drei hellgraue Felder. Angenommen, x Tetrominos überdecken ein hellgraues und drei dunkelgraue Felder und y Tetrominos überdecken ein dunkelgraues und drei hellgraue Felder. Dann gilt $x + 3y = y + 3x$ (d. h. $x = y$) und $x + y = 15$, also $2x = 15$, was nicht möglich ist.

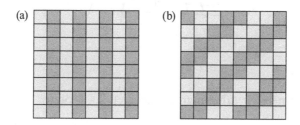

Abb. 10.31

Für (ii) verwenden wir die spaltenweise Färbung in Abb. 10.31a. Jedes L-Tetromino überdeckt entweder ein hellgraues und drei dunkelgraue Felder oder ein dunkelgraues und drei hellgraue Felder, also gilt dasselbe Argument wie zuvor und diese Parkettierung ist ebenfalls nicht möglich.

Für den Fall (iii) betrachten wir die diagonale Einfärbung aus Abb. 10.31b. Es gibt 32 hellgraue und 32 dunkelgraue Felder. In diesem Fall entfernt das 2×2-Loch jedoch entweder ein hellgraues und drei dunkelgraue Felder oder ein dunkelgraues und drei hellgraue Felder. In beiden Fällen hat das defizitäre Brett eine ungerade Anzahl von hellgrauen und entsprechend eine ungerade Anzahl von dunkelgrauen Feldern. Jedes gerade Tetromino überdeckt unabhängig von seiner Orientierung eine gerade Anzahl (2) von hellgrauen und eine gerade Anzahl (2) von dunkelgrauen Feldern; und jedes versetzte Tetromino, ebenfalls unabhängig von seiner Orientierung, überdeckt eine gerade Anzahl (0, 2 oder 4) von hellgrauen und eine gerade Anzahl (4, 2 oder 0) von dunkelgrauen Feldern. Also überdeckt jede Kombination aus geraden und versetzten Tetrominos eine gerade Anzahl von hellgrauen und eine gerade Anzahl von dunkelgrauen Feldern, was eine Parkettierung wiederum unmöglich macht.

Weitere Ergebnisse zu Parkettierungen mit Polyominos sowie einigen farbigen Beweisen findet man in (Golomb, 1965).

Bisher handelte es sich bei unseren Schachbrettern entweder um Quadrate oder um Rechtecke. Angenommen, wir konstruieren ein 8 × 8-Schachbrett mit der üblichen Färbung aus einem beliebigen konvexen Viereck, wie in Abb. 10.32. Diesmal stellen wir nicht die Frage nach einer Parkettierung, sondern wir fragen uns, ob die Summe der Flächen der 32 hellgrauen Felder und die Summe der Flächen der 32 dunkelgrauen Felder gleich sind. ∎

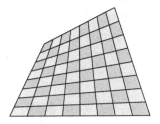

Abb. 10.32

Zunächst beginnen wir mit einem einfacheren 2 × 2-Brett.

Satz 10.14 *Man zeichne ein 2 × 2-Schachbrett aus einem konvexen Viereck, indem man die Mittelpunkte gegenüberliegender Seiten verbindet und die so entstandenen Zellen wie in Abb. 10.33a einfärbt. Dann sind die Gesamtflächen der hellgrauen Felder einerseits und der dunkelgrauen Felder andererseits gleich.*

Beweis Man ziehe die Verbindungsstrecken von den Eckpunkten des Vierecks zum Schnittpunkt der beiden Strecken, welche die Mittelpunkte der

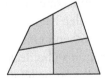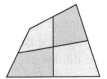

Abb. 10.33

Seiten verbinden, wie in Abb. 10.33b. Dadurch erhält man vier Dreiecke mit ihren Seitenhalbierenden, die jedes Dreieck in zwei Hälften mit jeweils gleichen Flächen unterteilen. Damit ist die Behauptung bewiesen. ■

Das Ergebnis aus Satz 10.14 lässt sich leicht auf ein beliebiges konvexes Viereck verallgemeinern, das durch Verbinden äquidistanter Punkte auf den Seiten zu einem $2n \times 2n$-Schachbrett wird, wie in Abb. 10.34 dargestellt. Wir erhalten somit das folgende Korollar:

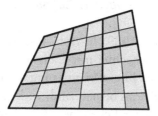

Abb. 10.34

Korollar 10.2 *Man erzeuge aus einem konvexen Viereck ein $2n \times 2n$-Schachbrett, indem man eine ungerade Anzahl von äquidistanten Punkten auf gegenüberliegenden Seiten miteinander verbindet und die dadurch entstandenen Felder wie in Abb. 10.34 einfärbt. Dann sind die Gesamtflächen der hellgrauen Felder einerseits und der dunkelgrauen Felder andererseits gleich.*

Ein weiteres Parkettierungsproblem mit einer farbigen Lösung betrifft *Calissons* – französisches Konfekt in Form von zwei gleichseitigen Dreiecken, die an einer Kante miteinander verbunden sind (Abb. 10.35a). Calissons könnten in einer sechseckigen Schachtel verkauft werden (was jedoch offensichtlich nicht der Fall ist). Abbildung 10.35b zeigt eine Möglichkeit, sie zu verpacken, wobei die kurze Diagonale von jedem Calisson parallel zu einer der drei Seiten der Schachel liegt, sodass es für jedes Calisson drei mögliche Orientierungen gibt.

(a)

(b)

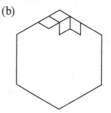

Abb. 10.35 (a) © Mathsci, GNU Free Documentation License

Wenn wir über die sechseckige Schachtel ein Raster aus gleichseitigen Dreiecken legen, überdeckt jedes Calisson zwei der Dreiecke und wirkt wie ein Domino für dieses Raster. Der folgende Satz sagt uns, wie viele Calissons in der Schachtel jede der drei Orientierungen einnehmen, wenn die Schachtel voll (also mit Calissons parkettiert) ist.

Satz 10.15 *Bei jeder Verpackung von Calissons in eine reguläre Sechseckschachtel ist die Anzahl der Calissons in jeder der drei möglichen Orientierungen dieselbe und gleich einem Drittel der Anzahl aller Calissons in der Schachtel.*

Beweis (David und Tomei, 1989) In Abb. 10.36a sehen wir eine beliebige Füllung der sechseckigen Schachtel mit Calissons, und in Abb. 10.36b haben wir die Calissons je nach ihrer Orientierung in drei verschiedenen Farben dargestellt. Sobald die Calissons bemalt sind, wirken sie optisch wie eine Ansammlung von Würfeln in der Ecke eines Raums mit einem quadratischen Boden und quadratischen Wänden. Schaut man auf diese Anordnung von oben, sieht man nur die Oberseiten der Würfel und diese überdecken natürlich den gesamten Boden. Dasselbe gilt, wenn man die Anordnung von einer der beiden Seiten aus betrachtet. Also ist die Anzahl der Würfelflächen und damit der Calissons für jede der Orientierungen dieselbe, was unsere Behauptung beweist. ■

(a)   (b)

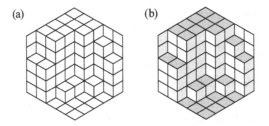

Abb. 10.36

Wir beenden diesen Abschnitt mit einem Thema, das einen Großteil der mathematischen Forschung über Einfärbungen beeinflusst haben dürfte – Landkarten. Eine mathematische *Landkarte* ist eine Unterteilung der Ebene in eine endliche Anzahl von Gebieten (Staaten oder Länder), deren Grenzen aus einer endlichen Anzahl von Linienabschnitten oder einfachen Kurven bestehen (d. h. es gibt keine Selbstüberschneidungen von Linien). Das Problem besteht darin, die Länder auf der Karte mit Farben zu unterlegen, sodass benachbarte Länder verschiedene Farben erhalten und so wenig Farben wie möglich verwendet werden. Länder zählen als benachbart, wenn sie eine gemeinsame Grenze haben, die nicht nur aus einem Punkt besteht.

Der *Vierfarbensatz* besagt, dass für jede Landkarte vier Farben ausreichen. Der Vierfarbensatz gehört zwar zu den eleganten mathematischen Sätzen, doch sein Beweis zählt nicht dazu. Daher betrachten wir hier nur drei einfachere Sätze.

Der Vierfarbensatz

Im Jahr 1852 fällt dem in Edinburgh studierenden Francis Guthrie auf, dass man anscheinend jede Karte mit vier Farben ausmalen kann, sodass niemals zwei benachbarte Länder dieselbe Farbe haben. Francis fragt seinen Bruder Frederick: „Reichen vier Farben immer aus?", und Frederick fragt seinen Mathematiklehrer in London, August de Morgan, und das Interesse an diesem Problem verbreitet sich in Europa. Die Vierfarbenvermutung wurde nach 1878 weit bekannt, als Arthur Cayley zugeben musste, dass er keinen Beweis finden konnte.

1879 veröffentlichte Sir Alfred Bray Kempe einen Beweis, doch elf Jahre später fand Percy John Heawood einen fatalen Fehler in Kempes Beweis. Die weitere Suche nach einem Beweis führte zu vielen Entwicklungen auf dem Gebiet der Graphentheorie, allerdings keinem Beweis der Vermutung. Schließlich bewiesen 1976 Wolfgang Haken und Kenneth Appel von der University of Illinois die Vermutung, allerdings erforderte der Beweis zur Überprüfung der Vielzahl der Fälle viele Stunden Computerzeit. Als Anerkennung dieser Leistung erweiterte man den Poststempel des Department of Mathematics in Illinois um die Aufschrift „Four colors suffice" (Vier Farben reichen) (Abb. 10.37).

Abb. 10.37 Poststempel des Department of Mathematics, University of Illinois

Trotz der Faszination, die dieses Problem auf die Mathematiker für über ein Jahrhundert ausübte, scheint es für Kartographen nur von geringem Interesse gewesen zu sein.

Satz 10.16 (Dreifarbensatz) *Einige Karten erfordern mehr als drei Farben.*

Beweis Siehe Abb. 10.38 für einen Beweis mit einer mathematischen Karte und Aufgabe 10.13 für Beweise mit wirklichen Landkarten. ∎

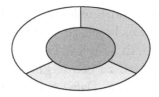

Abb. 10.38

Satz 10.17 (**Zweifarbensatz**) *Jede aus endlich vielen Geraden und Kreisen gezeichnete Karte lässt sich mit zwei Farben einfärben.*

Beweis Auch wenn sich dieser Satz mithilfe einer Induktion leicht beweisen lässt, geben wir hier einen direkten Beweis in Anlehnung an (Gardner, 1971). Wir ordnen jeder Geraden und jedem Kreis eine Richtung bzw. Orientierung zu, angedeutet durch die Pfeile in Abb. 10.39a. Für jedes Gebiet R in der Karte sei $f(R)$ die Anzahl der Linien und Kreise, für die R auf der rechten Seite der Geraden bzw. des Kreises liegt (Abb. 10.39b). Ist $f(R)$ gerade, erhält R die Farbe Weiß; ist $f(R)$ ungerade, wird R Schwarz (Abb. 10.39c). Hierbei handelt es sich um eine Färbung mit zwei Farben, sodass Gebiete mit einer gemeinsamen Grenze verschiedene Farben haben. ■

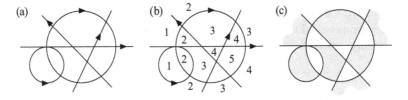

Abb. 10.39

Satz 10.18 (**Dreidimensionaler Vierfarbensatz**) *In drei Dimensionen reichen vier Farben nicht aus.*

Beweis Aus Abb. 10.40 wird deutlich, dass keine endliche Anzahl von Farben für die Einfärbung einer dreidimensionalen Karte ausreicht (Alsina und Nelsen, 2006). ■

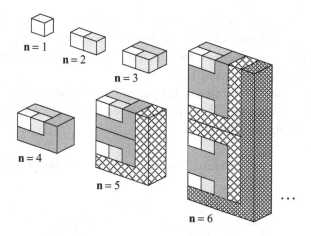

Abb. 10.40

10.7   Dodekaeder und Hamilton-Kreise

Das Dodekaeder gehört zu den Platonischen Körpern. Es besteht aus zwölf kongruenten regulären Fünfecken (Abb. 10.41a) und besitzt 20 Vertices und 30 Kanten. Im Jahr 1857 fragte sich Sir William Rowan Hamilton (1805–1865), ob es möglich ist, einen Weg entlang der Kanten eines Dodekaeders zu finden, der genau einmal durch jeden Vertex verläuft und zu seinem Ausgangspunkt zurückkehrt. Einen solchen Weg (sofern es ihn gibt) bezeichnet man als *Hamilton-Kreis*.

Abbildung 10.41b zeigt einen solchen Kreis auf dem Graphen eines Dodekaeders, wobei wir die Flächen, Kanten und Vertices auf eine Ebene projiziert haben. Tatsächlich kann man zeigen, dass jeder der fünf Platonischen Körper (Tetraeder, Würfel, Oktaeder, Dodekaeder und Ikosaeder) einen Hamilton-Kreis besitzt.

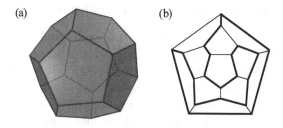

(a)   (b)

Abb. 10.41

Während sich dieses Problem einfach lösen ließ, kann sich die Aufgabe für ein gegebenes Polyeder oder einen Graphen als deutlich schwieriger erweisen. Gelegentlich gibt es zu solchen Problemen jedoch auch eine elegante Lösung, wie beispielsweise in folgendem Fall.

Das *Rhombendodekaeder* ist ein Körper mit zwölf kongruenten Rhomben als Seitenflächen (Abb. 10.42). Es besitzt 14 Vertices und 24 Kanten. Besitzt es auch einen Hamilton-Kreis?

Satz 10.19   *Es gibt keinen Hamilton-Kreis auf dem Rhombendodekaeder.*

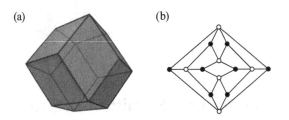

(a)   (b)

Abb. 10.42

Beweis (wird in [Gardner, 1971] H. S. M. Coxeter zugeschrieben) Einige der Vertices des Rhombendodekaeders haben den Grad drei (sie sind die Endpunkte von drei Kanten), während andere den Grad vier haben. Wir färben die Vertices vom Grad drei schwarz und die Vertices vom Grad vier weiß, wie in der ebenen Projektion des Rhombendodekaeders in Abb. 10.41b. Jede Kante verbindet einen schwarzen mit einem weißen Vertex. Falls also ein Hamilton-Kreis existierte, müssten die Farben der Vertices entlang dieses Weges abwechseln. Es gibt jedoch acht schwarze und sechs weiße Vertices, also kann es keinen Hamilton-Kreis geben. ∎

Eine farbige Lösung zu einem Problem von Lewis Carroll

Charles Lutwidge Dodson, besser bekannt als Lewis Carroll und Autor der *Alice*-Bücher (siehe Abschn. 5.11), liebte es, Kindern mathematische Rätsel zu stellen, unter anderem das folgende (Gardner, 1971): Ist es möglich, die Figur in Abb. 10.43a auf einem Blatt Papier zu zeichnen, ohne den Stift vom Papier zu heben? Sind Überschneidungen erlaubt, ist das vergleichsweise leicht, allerdings wird das Problem wesentlich schwieriger, wenn man keine Überschneidungen zulässt.

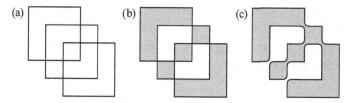

Abb. 10.43

T. H. O'Beirne aus Glasgow konnte dieses Problem durch eine Einfärbung lösen, die in den Abb. 10.43b und c dargestellt ist: Man färbe die Gebiete mit zwei Farben ein und trenne sie an bestimmten Vertices derart, dass ein einfach zusammenhängendes Gebiet in einer der Farben übrigbleibt. Der gesuchte Weg ist dann der Rand dieses Gebiets.

10.8   Aufgaben

10.1   Die Fußbodenfliesen im Salon Karl V. im Real Alcázar von Sevilla (Abb. 10.44a) deuten einen weiteren Beweis für den Satz des Pythagoras mithilfe einer Parkettierung an. Verwenden Sie die Parkettierung mit Rechtecken und Quadraten und dem darübergelegten Raster aus Quadraten (Abb. 10.44b) für einen Beweis des Satzes.

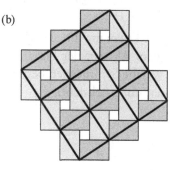

Abb. 10.44

10.2   Wählen Sie in der Parkettierung mit regulären Sechsecken eine sechseckige Fliese als h und betrachten Sie das Sechseck H, das durch die Mittelpunkte der sechs an h angrenzenden Sechsecke entsteht.
(a) Zeigen Sie, dass die Fläche von H das Dreifache der Fläche von h ist.

(b) Zeigen Sie, dass sich h zusammen mit seinen sechs angrenzenden Sechsecken in sechs Fünfecke unterteilen lässt, wodurch eine pentagonale Parkettierung entsteht, deren sechs Fünfecke an die Blätter einer Blüte erinnern.

10.3 Zeigen Sie, dass man mit einem konvexen Fünfeck mit zwei parallelen Kanten die Ebene parkettieren kann.

10.4 (a) Zeigen Sie, dass man mit dem griechischen Kreuz aus fünf kongruenten Einheitsquadraten (siehe Abschn. 8.5) die Ebene parkettieren kann.

(b) Legen Sie über die Parkettierung aus (a) quadratische Raster, die auf die beiden Zerlegungen aus Abb. 8.20 führen. (Hinweis: Die Seitenlänge der Quadrate in den Rastern sollte $\sqrt{5}$ sein.)

(c) Legen Sie über die Parkettierung aus (a) quadratische Raster, die auf die beiden Zerlegungen aus Abb. 8.21 führen. (Hinweis: Die Seitenlänge der Quadrate der Raster sollte $\sqrt{10}$ sein.)

(d) Zeigen Sie, dass sich die Kreuze der Parkettierung mit griechischen Kreuzen zu einer monoedrischen pentagonalen Parkettierung unterteilen lassen.

10.5 Beweisen Sie Satz 10.6 für Vierecke, die nicht konvex sind.

10.6 Die Friese in Abb. 10.45 stammen von verschiedenen Orten in Sevilla (dem Alcázar, der Plaza de España und dem Parque de María Luisa). Welche Symmetrien besitzen die Friese? Lassen Sie die Farben der Fliesen unberücksichtigt.

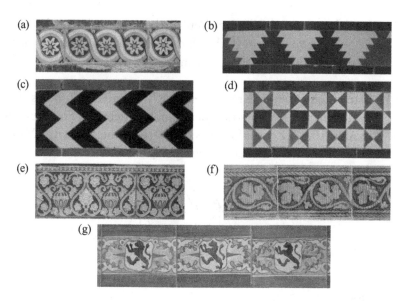

Abb. 10.45

10.7 Formulieren und beweisen Sie einen Satz über die Parkettierung eines defizitären $1 \times 2k$-Schachbretts mit Dominos.

10.8 Beweisen Sie, dass ein rechteckiges Schachbrett niemals mit versetzten Tetrominos parkettiert werden kann.

10.9 Beweisen Sie: Falls sich ein $m \times n$-Rechteck mit L-Tetrominos parkettieren lässt, muss 8 ein Teiler von mn sein.

10.10 Lösen Sie Aufgabe 1 der Mathematikolympiade der USA 1976:
   (a) Angenommen, jedes Feld auf einem 4×7-Schachbrett (Abb. 10.46) wird schwarz oder weiß bemalt. Beweisen Sie, dass das Brett für jede Färbung dieser Art ein Rechteck wie das in der Abbildung enthalten muss (das aus den horizontalen und vertikalen Linien des Schachbretts besteht), dessen vier Eckfelder alle dieselbe Farbe haben.

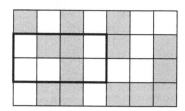

Abb. 10.46

(b) Geben Sie eine Schwarz-Weiß-Färbung eines 4 × 6-Schachbretts an, bei dem von jedem Rechteck der beschriebenen Art die vier Eckfelder nicht dieselbe Farbe haben.

10.11 Betrachten Sie einen Kreis mit einbeschriebenen und umbeschriebenen regulären Sechsecken sowie dem einbeschriebenen Sternhexagon, wie in Abb. 10.47. Zeigen Sie, dass die Flächeninhalte der drei Vielecke im Verhältnis 4 : 3 : 2 stehen (Trigg, 1962).

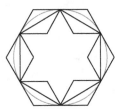

Abb. 10.47

10.12 Mit wie vielen Farben kann man das Faltenmuster eines flachen Origami färben?

10.13 Zeigen Sie, dass (a) eine Karte der 48 aneinanderliegenden Staaten der USA vier Farben benötigt und dass (b) dies auch für eine Karte der Europäischen Union gilt.

10.14 Ist es möglich, die Figur in Abb. 10.48 mit einem einzigen, sich nicht schneidenden Weg nachzuzeichnen?

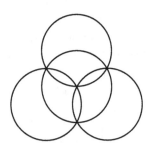

Abb. 10.48

11

Geometrie in drei Dimensionen

Der Anfänger sieht sich beim Studium der Elemente der
Geometrie der festen Körper im Allgemeinen erheblichen
Schwierigkeiten gegenüber, weil ihm die Gegenstände,
über deren Eigenschaften er argumentiert, oft nicht vor
Augen geführt werden.

Augustus De Morgan

Der lächerliche Zustand der Geometrie fester Körper ließ
mich diesen Zweig überspringen.

Plato, *The Republic* (VII, 528)

Der Raum ist nahezu unendlich. Tatsächlich denken wir
uns den Raum unendlich.

Dan Quayle, *44. Vizepräsident der*
Vereinigten Staaten von Amerika

Im Englischen bezeichnet man die Raumgeometrie, also die Geometrie im dreidimensionalen euklidischen Raum, als „solid geometry", da sie traditionell von Körpern wie Kugeln, Zylindern, Kegeln und Polyedern sowie von Linien und Ebenen in diesem Raum handelte. Der dreidimensionale Raum ist der Raum, in dem wir leben, und er ist gleichzeitig der Schauplatz für einige nette mathematische Sätze und elegante Beweise.

In diesem Kapitel geht es um drei verschiedene Arten von Sätzen und ihren Beweisen. Zunächst betrachten wir dreidimensionale Varianten von einigen zweidimensionalen Sätzen (beispielsweise dem Satz des Pythagoras). Anschließend schauen wir uns einige zweidimensionale Sätze an, deren Beweise überraschend einfach werden, wenn wir sie aus dreidimensionaler Perspektive betrachten. Schließlich behandeln wir noch einige klassische Sätze zu Polyedern, den Edelsteinen des dreidimensionalen Raumes.

Von Flächenland zum Himmelsbereich

Als Edwin Abbott (1838–1926) sein berühmtes *Flatland: A Romance of Many Dimensions* (Abbott, 1884) (dt. *Flächenland*) veröffentlichte, fügte er die folgende Widmung an, die auch heute noch eine vielsagende Einladung zur drei-(und höher-)dimensionalen Geometrie ist:[1]

Den Bewohnern des ALLGEMEINEN RAUMS
und H. C. IM BESONDEREN
Ist dieses Werk gewidmet
Von einem demütigen Eingeborenen Flächenlands
In der Hoffnung,
Da er selbst eingeweiht in die Mysterien
DREIER Dimensionen,
Zuvor vertraut
mit ZWEIEN NUR,
Dass die Bürger dieser Himmelsregion nun
Noch höher und höher emporstreben mögen
Zu den Geheimnissen VIERER, FÜNFER ODER GAR SECHSER
Dimensionen,
Hiermit beizusteuern
Zur Erweiterung ihres VORSTELLUNGSVERMÖGENS
Und der möglichen Entwicklung
Jener höchst seltenen und besonderen Gabe BESCHEIDENHEIT
Unter den überlegenen Völkern
ECHTER MENSCHLICHKEIT

11.1   Der Satz des Pythagoras in drei Dimensionen

Manche sehen die dreidimensionale Verallgemeinerung des Satzes des Pythagoras in einem Ausdruck für die Länge einer Diagonalen in einem Quader als Funktion der Längen seiner Kanten. Andere bestehen darauf, dass die eigentliche Erweiterung in einer Beziehung zwischen den Flächen eines *rechtwinkligen Tetraeders* (das ist ein Tetraeder, bei dem drei Flächen an einem Eckpunkt senkrecht aufeinanderstehen) – einem dreidimensionalen Analogon zum rechtwinkligen Dreieck – besteht.

Eines dieser Ergebnisse soll nun, zusammen mit einem Beweis, angegeben werden. Sieht man die drei jeweils senkrecht aufeinanderstehenden Seitenflä-

---

[1] Übersetzung aus *Flächenland*, RaBaKa Publishing, Neuenkirchen; Gitta Peyn (Hrsg.)

chen eines rechtwinkligen Tetraeders als seine Katheten und die vierte Seite als seine Hypotenuse an, dann behauptet dieser Satz, dass das Quadrat der Hypotenuse eines rechtwinkligen Tetraeders gleich der Summe der Quadrate der Katheten ist. Dieser Satz wird manchmal *Satz von de Gua* genannt, nach dem französischen Mathematiker Jean Paul de Gua de Malves (1713–1785).

Satz 11.1 (**de Gua**) *In einem rechtwinkligen Tetraeder ist das Quadrat der Fläche gegenüber dem Eckpunkt, an dem die drei jeweils senkrecht aufeinander- stehenden Seitenflächen zusammenkommen, gleich der Summe der Quadrate der Flächen der anderen drei Seiten.*

Beweis Es seien $O = (0,0,0)$, $A = (a,0,0)$, $B = (0,b,0)$ und $C = (0,0,c)$ (a, b und c positiv) die Eckpunkte des rechtwinkligen Tetraeders (Abb. 11.1). h bezeichne die Höhe über der Seite AB in dem Dreieck ABC und g sei die orthogonale Projektion von h auf die x-y-Ebene. Somit ist g die Höhe über der Seite AB in dem Dreieck AOB. Dann ist $g = ab/\sqrt{a^2 + b^2}$ (da die Flä- che des Dreiecks AOB sowohl $ab/2$ als auch $g\sqrt{a^2 + b^2}/2$ ist) und somit gilt $h^2 = g^2 + c^2 = a^2b^2/(a^2 + b^2) + c^2$. Bezeichnen wir mit K die Fläche des Dreiecks ABC, gilt

$$K^2 = \left(\frac{|AB|\,h}{2}\right)^2 = \frac{1}{4}(a^2 + b^2)\left(\frac{a^2b^2}{a^2 + b^2} + c^2\right)$$

$$= \frac{1}{4}(a^2b^2 + a^2c^2 + b^2c^2) = \left(\frac{1}{2}ab\right)^2 + \left(\frac{1}{2}ac\right)^2 + \left(\frac{1}{2}bc\right)^2.$$

∎

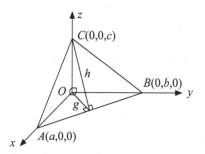

Abb. 11.1

11.2   Die Unterteilung des Raums mit Ebenen

In dem Klassiker *100 Great Problems of Elementary Mathematics* (Dörrie, 1965) ist eines der insgesamt acht Probleme, die Jakob Steiner zugeschrieben werden, das Problem 67:

> In wie viele Bereiche kann man einen Raum durch n Ebenen höchstens unterteilen?

Unsere Lösung dieses Problems folgt der Argumentation von George Pólya vor über vierzig Jahren. George Pólya (1887–1985) war nicht nur für seine Mathematik bekannt, sondern auch für seine Beiträge zur Heuristik mathematischer Problemlösung. 1966 filmte er eine Sitzung mit angehenden Mathematiklehrern unter dem Titel *Let Us Teach Guessing*, in der er sie die Antwort zu der Steiner'schen Frage selbst entdecken ließ. Der Film ist auf DVD erhältlich (Pólya, 1966) und wird von der Mathematical Association of America vertrieben. In Anlehnung an Pólyas Idee beginnen wir mit n Punkten auf einer Geraden, anschließend betrachten wir n Geraden in einer Ebene und schließlich geht es um n Ebenen im Raum.

Ganz offensichtlich unterteilen n verschiedene Punkte die reelle Zahlengerade in $n + 1$ Intervalle, und mit dieser einfachen Feststellung können wir unseren ersten Satz formulieren.

Satz 11.2 *Die maximale Anzahl $P(n)$ von Gebieten, die durch n Geraden in der Ebene definiert werden, ist gleich $P(n) = 1 + n(n + 1)/2$.*

Beweis Zunächst stellen wir fest, dass die höchste Anzahl solcher Gebiete dann erreicht wird, wenn keine zwei Geraden parallel sind und es keinen Punkt gibt, der zu drei oder mehr Geraden gehört. Offensichtlich ist $P(0) = 1, P(1) = 2$ und $P(2) = 4$. Angenommen, $k - 1$ Geraden unterteilen die Ebene in $P(k - 1)$ Bereiche, und nun ziehen wir eine weitere Gerade, sodass dadurch möglichst viele neue Gebiete erzeugt werden. Eine solche Gerade schneidet alle $k - 1$ bereits vorhandenen Geraden in $k - 1$ verschiedenen Punkten. Auf diese Weise wird die Gerade in k Intervalle unterteilt, und jedes Intervall gehört zu einem neuen Gebiet in der Ebene; siehe Abb. 11.2, wo der Fall für $k = 4$ dargestellt ist: Eine Gerade schneidet drei bereits vorhandene Geraden und erzeugt in der Ebene vier neue Gebiete.

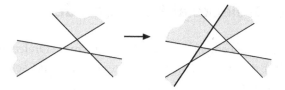

Abb. 11.2

Also ist $P(k) = P(k-1) + k$. Wir bringen den Term $P(k-1)$ auf die linke Seite und bilden die Summe:

$$P(n) - P(0) = \sum_{k=1}^{n} [P(k) - P(k-1)] = \sum_{k=1}^{n} k = \frac{n(n+1)}{2}.$$

Damit folgt, wie behauptet, $P(n) = 1 + n(n+1)/2$. ∎

Für den nächsten Beweis erinnern wir uns an die Dreieckszahlen $t_n = n(n+1)/2$ (Abschn. 1.1) und schreiben $P(n)$ als $1 + t_n$.

Satz 11.3 *Die maximale Anzahl $S(n)$ von Bereichen im Raum, die durch n Ebenen erzeugt werden können, ist $S(n) = (n^3 + 5n + 6)/6$.*

Beweis Die höchste Anzahl von Gebieten erreicht man dann, wenn keine zwei Ebenen parallel sind, es keine zwei parallelen Schnittgeraden gibt und es auch keinen Punkt gibt, der vier oder mehr Ebenen angehört. Offensichtlich sind $S(0) = 1$, $S(1) = 2$, $S(2) = 4$ und $S(3) = 8$. Angenommen, $k-1$ Ebenen unterteilen den Raum in $S(k-1)$ Bereiche, und nun addieren wir noch eine weitere Ebene, sodass möglichst viele zusätzliche Gebiete entstehen. Eine solche Ebene schneidet alle $k-1$ bereits vorhandenen Ebenen, und die Schnittgeraden unterteilen die neue Ebene in $P(k-1)$ ebene Bereiche, und jeder dieser neuen Bereiche entspricht einem neuen Gebiet im Raum. Also ist $S(k) = S(k-1) + P(k-1)$. Wir bringen den Term $S(k-1)$ wieder auf die andere Seite und bilden die Summe:

$$S(n) - S(0) = \sum_{k=1}^{n} [S(k) - S(k-1)] = \sum_{k=1}^{n} P(k-1)$$
$$= \sum_{k=1}^{n} (1 + t_{k-1}) = n + \frac{(n-1)n(n+1)}{6} = \frac{n^3 + 5n}{6}.$$

Zur Berechnung der letzten Summe haben wir das Ergebnis aus Satz 1.8 verwendet. Also ist $S(n) = (n^3 + 5n + 6)/6$. ∎

11.3   Zwei Dreiecke auf drei Geraden

Angenommen, die jeweiligen Eckpunkte von zwei Dreiecken ABC und $A'B'C'$ liegen auf drei Geraden, die sich in einem Punkt schneiden, wie in Abb. 11.3. Dann gilt:

Satz 11.4 *Die drei Schnittpunkte (sofern es sie gibt) von jeweils zwei Geraden, die durch Verlängerung von jeweils zwei einander entsprechenden Seitenpaaren der Dreiecke ABC und $A'B'C'$ entstehen, liegen auf einer Geraden (Abb. 11.3).*

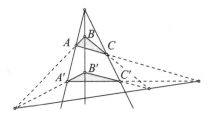

Abb. 11.3

Beweis Die drei Geraden lassen sich als die Kanten einer Dreieckspyramide oder die Beine eines Dreibeins auffassen. Jedes der beiden Dreiecke ist dann die Schnittmenge dieser Pyramide bzw. des Dreibeins mit einer Ebene. Die Geraden, die durch die jeweiligen Paare von Seiten dieser Dreiecke verlaufen, liegen in diesen beiden Ebenen, und sofern diese beiden Ebenen nicht parallel sind, schneiden sie sich entlang einer Geraden. ■

11.4   Ein Kegel zur Winkeldreiteilung

Im Jahr 1896 fand Aubry die folgende dreidimensionale Lösung zum Problem der Dreiteilung von Winkeln (Eves, 1983). Man zeichne auf einem Blatt Papier einen Kreis C mit Radius r und dem zu drittelnden Winkel θ um den Mittelpunkt wie in Abb. 11.4a. Aus einem zweiten (etwas dickeren) Blatt Papier schneide man einen Kreissektor von 120° aus, wobei der Kreis den Radius $3r$ haben soll, wie in Abb. 11.4b.

Nun falte man aus dem Kreissektor einen Kegel und setze ihn auf das erste Blatt Papier, sodass der Kreis C zur Grundseite des Kegels wird (Abb. 11.4c). Auf der Seitenfläche des Kegels markiere man die Punkte a und b, die durch den Winkel θ bestimmt sind. Nun öffne man den Kegel und breite ihn flach aus, verbinde die Punkte a und b mit dem Scheitelpunkt des Kreissektors und erhält dort den Winkel $\theta/3$ (Abb. 11.4d).

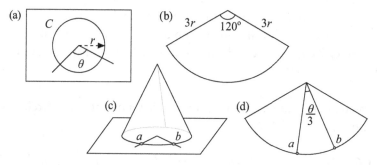

Abb. 11.4

Mit solchen Kegeln können wir auch ein weiteres klassisches Problem lösen, das nur mit Zirkel und Lineal nicht lösbar ist, nämlich ein gleichseitiges Siebeneck in einen Kreis zu legen. Gegeben sei ein Kreis vom Radius r. Nun zeichne man auf dickerem Papier einen Kreis vom Radius $8r/7$ und teile diesen Kreis in acht gleiche Teile (Abb. 11.5). Mit einer Schere schneide man den Kreis aus, schneide aus dem Kreis eine der acht Kreissektoren aus und bilde aus dem verbliebenen Teil einen Kegel. Da der Umfang des Kegels derselbe ist wie der Umfang des Kreises, passt der Kegel genau auf diesen Kreis und teilt ihn in sieben gleiche Teile. Dadurch haben wir dem Kreis ein gleichseitiges Siebeneck einbeschrieben.

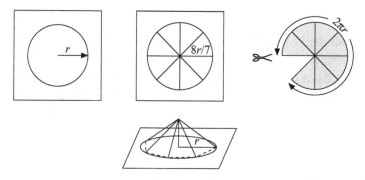

Abb. 11.5

11.5 Die Schnittpunkte von drei Kugeln

In welchen Punktmengen schneiden sich drei Kugelflächen im Raum?

Satz 11.5 *Drei sich paarweise schneidende Kugeln (deren Mittelpunkte nicht auf einer Geraden liegen sollen) haben höchstens zwei Punkte gemeinsam.*

Beweis Zunächst betrachte man nur zwei Kugelflächen. Diese schneiden sich in einem Kreis (oder aber in einem Punkt, wenn sie tangential aneinander liegen). Dieser Kreis schneidet die dritte Kugelfläche höchstens in zwei Punkten. ■

Eine hübsche Folgerung daraus ist der anschließende Satz über Kreise in einer Ebene (Bogomolny, 2009).

Satz 11.6 *Die drei Kreissehnen, die durch die Schnittpunkte von drei Kreisen (deren Mittelpunkte nicht auf einer Geraden liegen) bestimmt sind, treffen sich in einem Punkt* (Abb. 11.6).

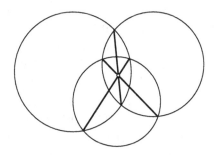

Abb. 11.6

Beweis Man denke sich Abb. 11.6 räumlich als die Schnittebene durch drei Kugeln, wobei die Kreise die Äquatorialkreise der Kugeln darstellen. Die drei Sehnen sind dann die Projektionen der paarweisen Schnittkreise der Kugeln auf die Blattebene. Nach Satz 11.5 treffen sich die drei Kugeloberflächen in zwei Punkten, die beide auf denselben Schnittpunkt der drei Sehnen projiziert werden. ■

Das Global Positioning System (GPS)

Das dem GPS zugrunde liegende geometrische Prinzip ist genau der Inhalt von Satz 11.5 zu den drei Kugelflächen. Zur Lokalisation eines Gegenstands, der eine GPS-Einheit trägt, sind genau drei Satelliten nötig. Die GPS-Einheit empfängt die Signale von jedem der Satelliten und kennt damit sowohl den Ort von als auch den Abstand zu jedem Satelliten. Sie befindet sich also auf drei Kugelflächen, deren Mittelpunkte durch jeweils einen der Satelliten definiert sind, und somit bei einem der beiden Schnittpunkte dieser drei Kugelflächen. Wenn wir den ungefähren Ort der GPS-Einheit kennen (beispielsweise, dass er sich auf der

Erdoberfläche befindet), können wir einen Punkt ausschließen. Die entsprechende Software zur Bestimmung des Orts der GPS-Einheit auf der Erdoberfläche beruht auf elementarer linearer Algebra.

Der beste Blickwinkel

An welchen Punkt sollte man sich vor ein Bild stellen, das in einer „3-Punkt-Perspektive" (drei Fluchtpunkte) gemalt wurde, um den besten Blickwinkel auf das Bild zu haben? Wenn wir einen gut gezeichneten Würfel wirklich als Würfel wahrnehmen möchten, dann sollten die Winkel der Seitenflächen als rechte Winkel erscheinen. Also sollte sich unser Auge auf jeder der drei Kugelflächen befinden, deren Durchmesser die Streckenabschnitte zwischen jeweils zwei Fluchtpunkten bilden. Diese drei Kugelflächen schneiden sich in zwei Punkten, von denen allerdings nur einer vor dem Bild ist (Abb. 11.7).

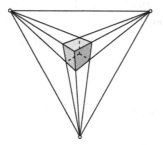

Abb. 11.7

11.6 Der vierte Kreis

R. A. Johnson entdeckte 1916 das folgende Ergebnis (Johnson, 1916), das als eines der wenigen neueren „wirklich hübschen Sätze auf elementarem geometrischen Niveau" beschrieben wurde (Honsberger, 1976). Für den eleganten Beweis müssen wir die Anordnung lediglich aus einem dreidimensionalen Blickwinkel betrachten.

Satz 11.7 *Wenn sich drei Kreise mit demselben Radius r in einem Punkt P treffen, dann liegen die anderen drei Schnittpunkte A, B und C auf einem vierten Kreis mit demselben Radius* (Abb. 11.8a).

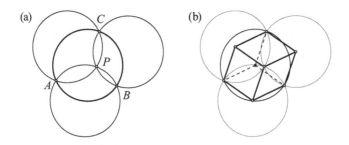

Abb. 11.8

Beweis Die drei Schnittpunkte A, B, C bilden zusammen mit den Mittelpunkten der Kreise ein Sechseck, das entsprechend der Abb. 11.8b in drei Rhomben unterteilt werden kann. Die neun dunkel gezeichneten Strecken haben jeweils die Länge r, und wenn wir noch die drei gestrichelt gezeichneten Strecken der Länge r hinzufügen, erhalten wir eine ebene Projektion eines Würfels. Also gibt es einen Punkt, von dem aus die Schnittpunkte A, B und C jeweils den Abstand r haben, und damit hat der vierte Kreis ebenfalls den Radius r. ∎

11.7 Die Fläche eines sphärischen Dreiecks

In der Geometrie der Ebene sagt uns die Größe der Winkel nichts über die Fläche des Dreiecks, doch in der sphärischen Geometrie können wir den Winkeln (wenn der Kugelradius bekannt ist) alles entnehmen.

„Geraden" sind in der sphärischen Geometrie *Großkreise*, also die Schnittmengen der Kugeloberfläche mit Ebenen durch den Kugelmittelpunkt. In Abb. 11.9a sehen wir zwei Großkreise, die sich bei antipodischen (gegenüberliegenden) Punkten schneiden und die Kugeloberfläche in vier *sphärische Sichelflächen* unterteilen, von denen eine grau unterlegt ist. Die Winkel in den Sicheln sind *Diederwinkel*, die Winkel zwischen den beiden Ebenen der Großkreise. Sei der Diederwinkel einer Sichel θ (in diesem Abschnitt geben wir Winkel in Radianten an) und der Kugelradius r, dann ist die Fläche der Sichel gleich dem Anteil $\theta/2\pi$ der gesamten Kugeloberfläche $4\pi r^2$, also $L(\theta) = 2r^2\theta$. Je zwei Großkreise definieren zwei Paare kongruenter Sichelflächen.

Drei Großkreise unterteilen die Kugeloberfläche in acht sphärische Dreiecke, jeweils paarweise kongruent. In Abb. 11.9b ist ein solches Paar hell-bzw. dunkelgrau unterlegt. Wir bezeichnen die (diedrischen) Winkel des Dreiecks mit α, β und γ. Dann ist die Fläche T des Dreiecks gegeben durch

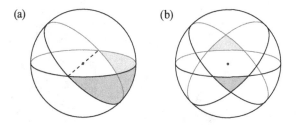

(a)   (b)

Abb. 11.9

Satz 11.8 $T = r^2(\alpha + \beta + \gamma - \pi)$.

Beweis Da die Gesamtfläche der sechs Sichelflächen, die durch die drei Großkreise definiert werden, gleich der Kugeloberfläche plus viermal die Fläche des sphärischen Dreiecks ist, gilt $4\pi r^2 + 4T = 2[L(\alpha) + L(\beta) + L(\gamma)] = 4r^2(\alpha + \beta + \gamma)$ und daraus folgt das Ergebnis. ∎

Das Ergebnis dieses Satzes lässt sich leicht auf sphärische Vielecke verallgemeinern. Wir unterteilen das sphärische n-Eck in $n - 2$ sphärische Dreiecke ähnlich wie bei einer Triangulation eines flachen n-Ecks. Wenn wir nun den obigen Satz auf die entsprechenden sphärischen Dreiecke anwenden, erhalten wir für die Fläche A_n eines sphärischen Vielecks die Formel $A_n = r^2[S_n - (n - 2)\pi]$, wobei S_n die Summe der Diederwinkel (ausgedrückt in Radianten) des sphärischen n-Ecks bezeichnet. Dieses Ergebnis werden wir im nächsten Abschnitt verwenden.

11.8   Die Euler'sche Polyederformel

Die ersten wichtigen Begriffe der Topologie entstanden aus den Untersuchungen von Vielecken.

Henri Lebesgue

1752 veröffentlichte Leonhard Euler (1707–1783) seine bemerkenswerte Beziehung $V - E + F = 2$, wobei V, E und F jeweils die Anzahl der Vertices (Knotenpunkte), Kanten und Flächen eines konvexen Polyeders bezeichnen. Im Jahr 2007 gedachte die Schweiz des 300. Geburtstags von Euler und ehrte ihn und seine Formel mit einer Briefmarke (Abb. 11.10a). Den geometrischen Körper auf dieser Briefmarke bezeichnet man manchmal als *Dürer-Polyeder*, da er in dem Stich *Melancholia I* (Abb. 11.10b) von Albrecht Dürer aus dem

(a)    (b)

Abb. 11.10 (a) Schweizer Briefmarke, 2007, mit einem Portrait von Leonhard Euler aus einem Pastell von Emanuel Handmann, 1753; (b) Albrecht Dürer, Melancholia I, Kupferstich 1514

Jahr 1514 erscheint. Für den Dürer-Polyeder gilt $V = 12$, $E = 18$, $F = 8$ und $12 - 18 + 8 = 2$.

Die Euler'sche Formel ist bemerkenswert, da sie auf jedes konvexe Polyeder zutrifft, unabhängig von seiner Form oder Größe. Der erste strenge mathematische Beweis dieser Gleichung scheint 1784 von Adrien-Marie Legendre (1752–1833) veröffentlicht worden zu sein, und diesen Beweis werden wir im folgenden Abschnitt angeben. Mittlerweile sind viele andere Beweise bekannt. Eine Sammlung von 19 verschiedenen Beweisen findet man in (Eppstein, 2005).

Satz 11.9 (**Euler'sche Polyederformel**) *Es seien V, E und F die Anzahl der Vertices, Kanten bzw. Flächen eines konvexen Polyeders, dann gilt $V - E + F = 2$.*

Beweis Zunächst reskalieren wir das *Gerüst* des Polyeders (den Graphen aus Vertices und Kanten ohne die Flächen, wie auf der Briefmarke) ins Innere einer Kugel vom Radius 1 und projizieren das Gerüst mit einer Lichtquelle im Mittelpunkt auf die Kugeloberfläche. Durch diese radiale Projektion erhalten wir ein sphärisches Vieleck mit denselben Werten für V, E und F wie für das ursprüngliche Polyeder. Da die Kugel den Radius 1 haben soll, ist ihre Oberfläche gleich 4π, und das ist gleichzeitig die Summe der Flächen der F sphärischen Vielecke. Somit folgt

$$4\pi = \sum_{\text{Flächen}} \left[(\text{Winkelsumme}) - (\text{Anzahl der Kanten})\pi + 2\pi \right].$$

Die Summe über die Winkel aller Flächen ist $2\pi V$, da sich die Winkel um jeden Vertex zu 2π addieren. Die Summe über die Anzahl aller Flächenränder ist $2E$, da jede Kante zu zwei Vielecken gehört. Somit folgt

$$4\pi = 2\pi V - 2\pi E + 2\pi F = 2\pi(V - E + F),$$

also $V - E + F = 2$. ∎

Man kann die obige sphärische Anordnung auch leicht auf eine Ebene projizieren und erhält einen planaren Graphen. Die Euler'sche Formel lässt sich dann durch eine vollständige Induktion über die Anzahl der Flächen beweisen. Man kann die Linien des Graphen auch durch Strecken wiedergeben und die Formel über eine Berechnung der Winkel in dem Graphen beweisen.

11.9 Flächen und Vertices in Eulers Formel

Für welche Werte von V, E und F ist die Euler'sche Gleichung $V - E + F = 2$ sinnvoll? Offensichtlich muss $V \geq 4$ sein, ebenso $F \geq 4$, also $E \geq 6$. Es gilt aber noch mehr: Die mittlere Anzahl der Kanten pro Fläche ist $2E/F$ (jede Kante gehört zum Rand von zwei Flächen) und dieser Mittelwert muss mindestens 3 sein. Also folgt $2E \geq 3F$. Ähnlich können wir auch die mittlere Anzahl von Kanten pro Vertex berechnen und erhalten $2E \geq 3V$. Diese Ungleichungen können bestimmte Wertekombinationen für V, E und F ausschließen, die die Euler'sche Gleichung ebenso wie die Einschränkungen für konvexe Polyeder erfüllen würden. Gibt es beispielsweise ein konvexes Polyeder mit sieben Seitenflächen und elf Vertices? Falls es das gäbe, müsste es 16 Kanten haben, doch dann wäre $2E = 32 < 33 = 3V$, also lautet die Antwort „nein". Weitere Ungleichungen für V, E und F findet man in Aufgabe 11.3.

Noch mehr Information über die Art der Flächen und Vertices erhält man, wenn man die Zahlen F_n für die Anzahl der Flächen, die n-Ecke sind, und die Zahlen V_n für die Anzahl der Vertices vom Grad n einführt (der *Grad* eines Vertex ist gleich der Anzahl der Kanten, die an diesem Vertex zusammenkommen). In diesem Fall sind F und V durch die endlichen Summen $\sum_{n\geq 3} F_n$ bzw. $\sum_{n\geq 3} V_n$ gegeben. Da jede Kante gleichzeitig zum Rand von zwei Flächen gehört und andererseits immer zwei Vertices verbindet, erhalten wir

$$2E = \sum_{n\geq 3} nF_n = \sum_{n\geq 3} nV_n.$$

In Aufgabe 11.3b wird gezeigt, dass $3F - E \geq 6$ bzw. $6F - 2E \geq 12$, und damit folgt:

$$6\sum_{n\geq 3} F_n - \sum_{n\geq 3} nF_n \geq 12,$$

was sich zu

$$3F_3 + 2F_4 + F_5 \geq 12 + \sum_{n \geq 7} (n - 6)F_n$$

vereinfacht.

Eine analoge Rechnung ergibt $3V_3 + 2V_4 + V_5 \geq 12 + \sum_{n \geq 7} (n - 6)V_n$. Damit haben wir Folgendes bewiesen:

Satz 11.10 *Für jedes konvexe Polyeder gilt $3F_3 + 2F_4 + F_5 \geq 12$ und $3V_3 + 2V_4 + V_5 \geq 12$, sodass es immer mindestens ein Dreieck, Viereck oder Fünfeck unter den Flächen geben muss sowie mindestens einen Vertex vom Grad 3, 4 oder 5.*

Ein Polyeder heißt *regulär*, wenn alle Seitenflächen kongruente reguläre Vielecke sind und jeder Vertex denselben Grad hat. Reguläre konvexe Polyeder bezeichnet man auch als *Platonische Körper*. Eine Folgerung aus Satz 11.10 ist

Satz 11.11 *Es gibt genau fünf Arten von konvexen regulären Polyedern.*

Beweis Wir führen das Symbol $\{n, k\}$ zur Bezeichnung eines konvexen Polyeders ein (sofern es existiert), dessen Flächen n-Ecke sind und dessen Vertices alle den Grad k haben. Nach Satz 11.10 muss sowohl n als auch k entweder 3, 4 oder 5 sein. Da jede Kante zu zwei Flächen gehört und zwei Vertices verbindet, folgt $2E = nF$ und $2E = kV$, also $F = 2E/n$ und $V = 2E/k$. Wir setzen diese Beziehungen in die Euler'sche Formel ein, lösen diese nach E auf und erhalten: $E = 2nk/(2n + 2k - nk)$ und damit $F = 4k/(2n + 2k - nk)$ sowie $V = 4n/(2n + 2k - nk)$. Also muss gelten: $2n + 2k - nk > 0$ bzw. $(n-2)(k-2) < 4$. Die einzig möglichen konvexen Polyeder $\{n, k\}$ sind somit von der Form $\{3,3\}$, $\{4,3\}$, $\{3,4\}$, $\{5,3\}$ oder $\{3,5\}$. ∎

Im Augenblick wissen wir nur, dass es sich hier um fünf potenzielle konvexe Polyeder der Form $\{n, k\}$ handelt. Wir haben noch nicht ausgenutzt, dass die Flächen regulär sein sollen – noch nicht einmal, dass sie gleichseitig, gleichwinklig oder kongruent sind. Daher ist es schon überraschend, dass sich alle fünf Arten mit regulären Vielecken konstruieren lassen. Tabelle 11.1 fasst die wichtigen Eigenschaften der fünf regulären Polyeder zusammen und Abb. 11.11 zeigt ihre Formen.

Tab. 11.1 Die fünf Platonischen Körper

$\{n, k\}$	E	V	F	Bezeichnung
$\{3,3\}$	6	4	4	Tetraeder
$\{4,3\}$	12	8	6	Würfel
$\{3,4\}$	12	6	8	Oktaeder
$\{5,3\}$	30	20	12	Dodekaeder
$\{3,5\}$	30	12	20	Ikosaeder

Abb. 11.11

Faltvorlagen für Polyeder

Eine verbreitete Methode zur Konstruktion eines Polyedermodells besteht darin, ein geeignetes Vieleck in der Ebene aus einem Blatt Papier auszuschneiden, es zu falten und schließlich an den Kanten zum Polyeder zusammenzukleben. Beispielsweise lässt sich das Lateinische Kreuz aus Abb. 11.12a zu einem Würfel zusammensetzen, weil sich ein Würfel zu einem Lateinischen Kreuz auseinanderfalten lässt (außerdem noch zu einigen anderen Vielecken, die aus sechs Quadraten bestehen). Ein aktuelles Forschungsgebiet untersucht, wie sich Polyeder zu flachen Vielecken auseinanderfalten lassen sowie umgekehrt die Bedingungen, unter denen sich ein gegebenes Vieleck zu einem konvexen Polyeder zusammenfalten lässt (O'Rourke, 2009).

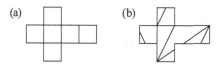

Abb. 11.12

Beispielsweise lässt sich das Lateinische Kreuz auf mindestens 23 verschiedene Weisen zu einem konvexen Polyeder falten (Demaine und O'Rourke, 2007). Abbildung 11.12b zeigt die Faltung für ein irreguläres Tetraeder.

11.10   Weshalb sich manche Arten von Flächen in Polyedern wiederholen

Jedes Polyeder muss mindestens zwei Seitenflächen mit derselben Anzahl von Kanten haben (Aufgabe 11.2). Viele Polyeder haben jedoch drei oder mehr Flächen mit derselben Anzahl von Kanten. Alle bisher behandelten Polyeder haben diese Eigenschaft, aber das gilt nicht für alle. Abbildung 11.13 zeigt drei Polyeder (von oben betrachtet) mit jeweils nicht mehr als zwei Flächen mit derselben Anzahl von Kanten.

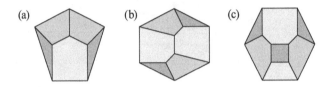

(a)   (b)   (c)

Abb. 11.13

Wieder sei F_n die Anzahl der Flächen, bei denen es sich um n-Ecke handelt. Für die abgebildeten Polyeder gilt: (a) $F_3 = F_4 = F_5 = 2$; (b) $F_3 = F_4 = F_5 = 2$ und $F_6 = 1$, und (c) $F_3 = F_4 = F_5 = F_6 = 2$. Wir beweisen nun die erstaunliche Tatsache, dass es sich hierbei um die einzigen Fälle handelt, bei denen sich ein Flächentyp nicht mindestens dreimal wiederholt.

Es sei $F = F_3 + F_4 + \cdots + F_k$, und für alle i soll gelten $F_i \leq 2$. Mit der Ungleichung $6 \leq 3F - E$ aus Aufgabe 11.3b folgt

$$12 \leq 6F - 2E$$
$$= 6 \sum_{i=3}^{k} F_i - \sum_{i=3}^{k} iF_i$$
$$= 3F_3 + 2F_4 + F_5 + \sum_{i=7}^{k} (6-i)F_i \leq 3 \cdot 2 + 2 \cdot 2 + 2 + 0 = 12.$$

Also handelt es sich bei den Ungleichungen um Gleichungen, d. h. $F_3 = F_4 = F_5 = 2$, F_6 ist 0, 1 oder 2 und $F_i = 0$ für $i \geq 7$.

11.11 Euler und Descartes à la Pólya

Gegeben sei ein konvexes Polyeder mit V Vertices $v_1, v_2, \ldots, v_V$. Unter dem *Defektwinkel* Δ_i von Vertex v_i verstehen wir die Differenz zwischen 2π und der Summe der Flächenwinkel um v_i. Δ sei der Gesamtdefektwinkel des Polyeders: $\Delta = \Delta_1 + \Delta_2 + \cdots + \Delta_V$. Beispielsweise gilt für den Würfel an jedem der acht Vertices $\Delta_i = \pi/2$ (Abb. 11.14a) und somit $\Delta = 4\pi$. Für den Ikosaeder gilt an jedem der zwölf Vertices $\Delta_i = \pi/3$ (Abb. 11.14b), also ebenfalls $\Delta = 4\pi$.

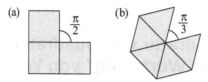

Abb. 11.14

René Descartes (1596–1650) fand heraus, dass für jedes konvexe Polyeder $\Delta = 4\pi$ gilt, weshalb man dieses Ergebnis auch als *Descartes'schen Defektwinkelsatz* bezeichnet. Der folgende Satz klärt die Beziehung zwischen dem Satz von Descartes und der Polyederformel von Euler. Unser Beweis stammt aus (Pólya, 1965).

Satz 11.12 (Descartes'scher Defektwinkel) $\Delta = 2\pi(V - E + F)$.

Beweis Es sei S die Summe aller Winkel von allen Seitenflächen des Polyeders. Wir berechnen S auf zwei Arten. An jedem Vertex v_i ist die Winkelsumme gleich $2\pi - \Delta_i$, sodass wir als Summe über alle Vertices für S erhalten

$$S = (2\pi - \Delta_1) + (2\pi - \Delta_2) + \cdots + (2\pi - \Delta_V) = 2\pi V - \Delta.$$

Es sei F_n die Anzahl der Seitenflächen, bei denen es sich um n-Ecke handelt, sodass $F = \sum_{n \geq 3} F_n$. Da die Winkelsumme in jedem n-Eck gleich $(n-2)\pi$ ist, erhalten wir aus einer Summe über alle Flächen für S

$$S = \sum_{n \geq 3} (n-2)\pi F_n = \pi \sum_{n \geq 3} nF_n - 2\pi \sum_{n \geq 3} F_n = (2E - 2F)\pi.$$

Also ist $2\pi V - \Delta = (2E - 2F)\pi$ oder, wie behauptet, $\Delta = 2\pi \cdot (V - E + F)$. ∎

Daraus folgt, dass die Aussagen $\Delta = 4\pi$ und $V - E + F = 2$ – und damit die Sätze von Descartes und Euler – logisch äquivalent sind.

Kannte Euler den Satz von Descartes?

Der Satz von Descartes findet sich in seinem Werk *Progymnasmata de Solidorum Elementis* (*Übungsaufgaben zu den Elementen dreidimensionaler Körper*), das zu seinen Lebzeiten nicht veröffentlich wurde und sogar verschollen war, bis man 1860 ein Exemplar im Nachlass von Gottfried Wilhelm Leibniz entdeckte (Cromwell, 1997). Da Euler 57 Jahre nach Descartes' Tod geboren wurde und 77 Jahre vor der Wiederentdeckung des *Progymnasmata* starb, hat er das Ergebnis von Descartes mit großer Wahrscheinlichkeit nicht gekannt.

11.12 Die Quadratur von Quadraten und die „Würfelung" von Würfeln

Wir messen ein Quadrat oder Rechteck aus, indem wir es mit kleineren Quadraten plakatieren, wobei die Seitenlängen dieser kleineren Quadrate ganzzahlige Vielfache einer kleinsten Einheit sind. In diesem Fall sprechen wir auch von einer Quadratur eines Quadrats oder Rechtecks. Eine derartige Quadratur heißt *einfach*, wenn es keine kleineren Quadraturen von Quadraten oder Rechtecken enthält, andernfalls heißt sie *zusammengesetzt*. Die Quadratur eines Quadrats heißt *perfekt*, wenn alle quadratischen Fliesen von unterschiedlicher Größe sind, andernfalls nennen wir sie *nicht perfekt*. Die *Ordnung* einer Quadratur eines Quadrats oder Rechtecks ist gleich der Anzahl der quadratischen Fliesen, die sie enthält. Abbildung 11.15 zeigt eine einfache, perfekte Quadratur eines 32 × 33-Rechtecks der Ordnung 9. Das kleine grau unterlegte Quadrat hat die Seitenlänge 1, die anderen Quadrate haben die angegebenen Seitenlängen.

Quadraturen von Rechtecken lassen sich vergleichsweise einfach finden, für Quadrate ist es schon schwieriger (Gardner, 1961; Honsberger, 1970).

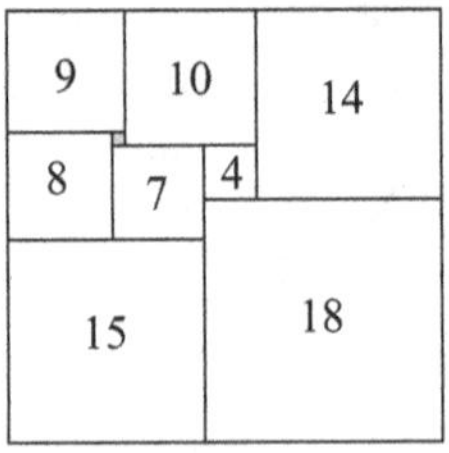

Abb. 11.15

Die kleinste bekannte einfache und perfekte Quadratur eines Quadrats ist von der Ordnung 21 und erfordert ein Quadrat der Seitenlänge 112.

Können wir einen Würfel oder einen Quader in ähnlicher Weise mit Würfeln ausfüllen?

Satz 11.13 *Kein Quader lässt sich in endlicher Ordnung mit Würfeln unterschiedlicher Größe, also perfekt, ausfüllen.*

Beweis (Gardner, 1961) Angenommen, wir hätten eine derartige Ausschachtelung eines Quaders gefunden und dieser läge nun vor uns auf dem Tisch. Die rechteckige Unterseite des Quaders erschiene uns dann als eine Quadratur eines Rechtecks, in der es ein kleinstes Quadrat gibt. Da dieses Quadrat nicht an einer Kante der rechteckigen Basisfläche liegen kann, muss es sich um die Grundseite eines Würfels handeln (den wir als Würfel A bezeichnen), der von größeren Würfeln umgeben ist (Abb. 11.16).

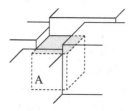

Abb. 11.16

Auf der quadratischen Oberseite des Würfels A müssen kleinere Würfel liegen, und diese bilden eine Quadratur dieses Quadrats. In dieser Quadratur gibt es wieder ein kleinstes Quadrat, das die Grundseite eines Würfels B bildet, der auf der Oberseite von A liegt. Entsprechend muss es einen kleinsten Würfel C auf der Oberseite von B geben. Dies führt zu einer Argumentationskette, die eine unendliche Folge immer kleinerer Würfel innerhalb des Quaders fordert. Also lässt sich unter den geforderten Bedingungen kein Quader durch eine endliche Anzahl von Würfeln unterschiedlicher Größe ausschachteln. ■

11.13 Aufgaben

11.1 Der reziproke Satz des Pythagoras (Satz 5.1) lässt sich auf rechtwinklige Tetraeder erweitern. In Abb. 11.1 sei p die Höhe über der Grundseite ΔABC. Man zeige, dass $(1/p)^2 = (1/a)^2 + (1/b)^2 + (1/c)^2$.

11.2 Man beweise, dass jedes Polyeder mindestens zwei Seitenflächen mit derselben Anzahl von Kanten haben muss.

11.3 Es seien V, E und F die Anzahl der Vertices, Kanten und Flächen eines konvexen Polyeders. Man beweise, dass (a) $2V - F \geq 4$ und $2F - V \geq 4$ und (b) $3F - E \geq 6$ und $3V - E \geq 6$.

11.4 In einem Brief an Christian Goldbach (1690–1764) schrieb Euler, dass es kein Polyeder mit genau sieben Kanten geben kann. Man beweise, dass Euler (wie gewöhnlich) Recht hatte (Cromwell, 1997).

11.5 Man beweise, dass die Anzahl der verschiedenen Möglichkeiten, einen Platonischen Körper (mit F Flächen und E Kanten) mit F Farben so anzumalen, dass jede Fläche eine andere Farbe hat, gleich $F!/(2E)$ ist. Zwei Einfärbungen des Körpers gelten als gleich, wenn sich eine von ihnen durch eine Drehung im Raum in die andere überführen lässt.

11.6 Es sei P eine quadratische Pyramide (mit vier gleichseitigen Dreiecken über den Seiten einer quadratischen Grundfläche) und T ein reguläres Tetraeder, dessen Seitenflächen kongruent zu den dreieckigen Flächen von P sind. Wir verbinden nun P und T, indem wir eine der Seitenflächen von T mit einer der Flächen von P zusammenkleben. Wie viele Seitenflächen hat das so entstandene Polyeder? (Hinweis: Es sind nicht 7.)

11.7 Bei einem *gleichschenkligen Tetraeder* haben gegenüberliegende Kanten dieselbe Länge (Abb. 11.17). Man beweise, dass das Volumen eines gleichschenkligen Tetraeders mit den Kantenlängen a, b und c durch

$$\sqrt{\frac{(a^2 + b^2 - c^2)(c^2 + a^2 - b^2)(b^2 + c^2 - a^2)}{72}}$$

gegeben und der Durchmesser der umbeschriebenen Kugel gleich $\sqrt{(a^2 + b^2 + c^2)/2}$ ist.

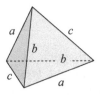

Abb. 11.17

12

Weitere Sätze, Aufgaben und Beweise

Dieses letzte Kapitel besteht aus einer Sammlung von Sätzen und Aufgaben zusammen mit ihren Beweisen und Lösungen aus verschiedenen Zweigen der Mathematik. Wir beginnen mit einigen mengentheoretischen Ergebnissen in Bezug auf unendliche Mengen, darunter der Satz von Cantor, Schröder und Bernstein. Es folgen zwei Abschnitte mit Beweisen der Cauchy-Schwarz-Ungleichung und der AM-GM-Ungleichung für Mengen mit n Elementen. Anschließend lösen wir die klassischen Probleme der Winkeldrittelung und der Würfelverdopplung mithilfe von Origami und beweisen, dass der Inversor von Peaucellier und Lipkin eine Gerade zeichnet. Es folgen einige Leckerbissen aus der Theorie der Funktionalgleichungen und -ungleichungen. In den letzten Abschnitten beenden wir unsere Sammlung mit einer unendlichen Reihe und einem unendlichen Produkt für einfache Ausdrücke, in denen die Zahl π auftritt, und verdeutlichen diese mit einer Anwendung.

12.1 Abzählbare und überabzählbare Mengen

> Das Unendliche hat wie keine andere Frage von jeher so tief das Gemüt des Menschen bewegt; das Unendliche hat wie kaum eine andere Idee auf den Verstand so anregend und fruchtbar gewirkt; das Unendliche ist aber auch wie kein anderer Begriff so der Aufklärung bedürftig.
>
> *David Hilbert*
>
> Zum Unendlichen, und darüber hinaus!
>
> *Buzz Lightyear*, Toy Story (1995)

Zwei Mengen *haben dieselbe Kardinalität*, wenn es eine umkehrbar eindeutige Abbildung von der einen Menge in die andere gibt, d. h. eine eineindeutige Beziehung zwischen den beiden Mengen. Eine unendliche Zahlenmenge heißt *abzählbar* (oder *abzählbar unendlich*), wenn sie dieselbe Kardinalität hat wie die Menge $\mathbb{N} = \{1, 2, 3, \dots\}$ der natürlichen Zahlen. Beispielsweise ist die Menge $\mathbb{Z} = \{\dots, -3, -2, -1, 0, 1, 2, 3, \dots\}$ der ganzen Zahlen abzählbar, da die Funktion $f : \mathbb{N} \rightarrow \mathbb{Z}$, definiert durch

$$f(n) = \begin{cases} n/2, & n \text{ gerade} \\ (1 - n)/2, & n \text{ ungerade}, \end{cases}$$

umkehrbar eindeutig ist. Diese eineindeutige Beziehung lässt sich zeichnerisch wie in Abb. 12.1 mit einer archimedischen Spirale (siehe Abschn. 9.1) verdeutlichen.

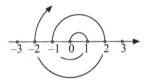

Abb. 12.1

Die Menge $\mathbb{Z} \times \mathbb{Z}$ der geordneten Paare von ganzen Zahlen ist ebenfalls abzählbar, und die eineindeutige Beziehung wird in Abb. 12.2 deutlich (MacHale, 2004).

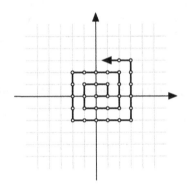

Abb. 12.2

Fast jeder weiß, dass die Menge $\mathbb{Q}$ der rationalen Zahlen abzählbar ist. Es gibt viele Beweise dieser Tatsache, doch die meisten von ihnen haben den Nachteil, dass keine explizite eineindeutige Beziehung zwischen $\mathbb{Q}$ und $\mathbb{N}$ hergestellt wird. Viele der Beweise konstruieren zwei Abbildungen, die zwar eindeutig, aber nicht umkehrbar sind und jeweils die eine in die andere Menge abbilden. Für einen vollständigen Beweis, dass die beiden Mengen dann dieselbe Kardinalität haben, bedarf es noch des Satzes von Cantor, Schröder und Bernstein (siehe den nächsten Abschnitt).

Für einen Beweis, dass $\mathbb{Q}$ abzählbar ist, müssen wir nur zeigen, dass die Menge $\mathbb{Q}_+$ der positiven rationalen Zahlen abzählbar ist (Aufgabe 12.1). Das geschieht mit der folgenden eineindeutigen Beziehung zwischen $\mathbb{Q}_+$ und $\mathbb{N}$ (Sagher, 1989). Es sei a/b eine positive rationale Zahl, wobei a und b keinen gemeinsamen Teiler haben sollen. Außerdem seien $a = p_1^{e_1} p_2^{e_2} \ldots p_m^{e_m}$ und $b = q_1^{f_1} q_2^{f_2} \ldots q_m^{f_m}$ die Primzahlzerlegungen von a und b. Wir definieren die Funktion $g : \mathbb{Q}_+ \to \mathbb{N}$ durch $g(1) = 1$ und

$$g(a/b) = p_1^{2e_1} p_2^{2e_2} \ldots p_m^{2e_m} q_1^{2f_1-1} q_2^{2f_2-1} \ldots q_m^{2f_m-1} .$$

Die Funktion g ist offensichtlich umkehrbar eindeutig, also ist $\mathbb{Q}_+$ (und damit auch $\mathbb{Q}$) abzählbar.

12.2 Der Satz von Cantor, Schröder und Bernstein

Der Satz von Cantor, Schröder und Bernstein gehört zu den Grundaussagen der Mengentheorie. Mit ihm kann man zeigen, dass zwei unendliche Mengen dieselbe Kardinalität haben, ohne dass man explizit eine eineindeutige Beziehungen zwischen diesen Mengen angeben muss. Benannt ist er nach Georg Cantor (1845–1918), der eine entsprechende Vermutung aufgestellt hat, ohne diese jedoch zu beweisen, nach Ernst Schröder (1841–1902), der den ersten Beweis veröffentlicht hat (der sich später als falsch erwies), und nach Felix Bernstein (1878–1956), der den ersten richtigen Beweis angegeben hat.

Satz 12.1   (Cantor, Schröder und Bernstein) *Es seien X und Y nichtleere Mengen, f eine eineindeutige Abbildung von X auf eine Teilmenge von Y und g eine eineindeutige Abbildung von Y auf eine Teilmenge von X, dann gibt es eine eineindeutige Beziehung zwischen X und Y.*

Beweis (Schweizer, 2000) Ohne Einschränkung der Allgemeinheit können wir X und Y als disjunkte Mengen annehmen (andernfalls können wir X und Y durch $X \times \{a\}$ bzw. $Y \times \{b\}$ ersetzen, wobei a und b zwei beliebige verschiedene Objekte sind, die nicht in der Menge $X \cup Y$ liegen). Für jedes x in X definieren wir den *Orbit* von x als die Menge

$$\left\{ \ldots, g^{-1}f^{-1}g^{-1}(x), f^{-1}g^{-1}(x), g^{-1}(x), x, f(x), gf(x), fgf(x), \ldots \right\},$$

wobei f^{-1} und g^{-1} jeweils die Umkehrabbildungen von f und g sind und die Nebeneinanderreihung die Hintereinanderschaltung von Abbildungen ausdrückt. Wir können diese Menge durch einen gerichteten Graphen darstellen, bei dem es für jedes x in X und y in Y eine gerichtete Linie von x nach y gibt (durch $x \to y$ dargestellt), wenn $y = f(x)$, und eine gerichtete Linie von y nach

x ($y \to x$), wenn $x = g(y)$. Da f und g eineindeutige Funktionen sind, sind zwei Orbits entweder vollkommen verschieden oder identisch, d. h. die Menge aller Orbits ist eine Partition von $X \cup Y$. Daraus folgt, dass jeder Orbit zu genau einer von vier verschiedenen Klassen gehört, die in Abb. 12.3 dargestellt sind, wobei sich die Bezeichnungen x und y auf verschiedene Elemente von X und Y beziehen.

$$\text{I.} \quad x \to y \to x \to y \to \cdots$$

$$\text{II.} \quad y \to x \to y \to x \to \cdots$$

$$\text{III.} \quad \cdots \to x \to y \to x \to y \to \cdots$$

$$
\begin{array}{l}
\quad\quad x \to y \to x \to y \to x \to y \\
\quad\quad \uparrow \qquad\qquad\qquad\qquad\quad \downarrow \\
\text{IV.} \quad y \qquad\qquad\qquad\qquad\quad x \\
\quad\quad \uparrow \qquad\qquad\qquad\qquad\quad \downarrow \\
\quad\quad x \leftarrow y \leftarrow \cdots \quad \cdots \leftarrow x \leftarrow y
\end{array}
$$

Abb. 12.3

Da jedes Element von $X \cup Y$ eindeutig zu einem Orbit aus einer der vier Klassen in Abb. 12.3 gehört, können wir die gesuchte eineindeutige Beziehung $\phi : X \to Y$ wie folgt definieren: (a) Wenn x zu einem Orbit vom Typ I, III oder IV gehört, sei $\phi(x) = f(x)$; (b) wenn x zu einem Orbit vom Typ II gehört, sei $\phi(x) = g^{-1}(x)$. Die Abbildung ϕ ist offensichtlich umkehrbar und eineindeutig, womit der Beweis abgeschlossen ist. ■

Als Beispiel geben wir einen weiteren einfachen Beweis für die Abzählbarkeit von $\mathbb{Q}$ an (Campbell, 1986), indem wir den Satz von Cantor, Schröder und Bernstein auf $\mathbb{Q}_+$ und $\mathbb{N}$ anwenden. Ganz offensichtlich gibt es eine eineindeutige Abbildung (die Identität) von $\mathbb{N}$ auf eine Teilmenge von $\mathbb{Q}_+$. Für die Umkehrrichtung nutzen wir aus, dass sich das Symbol a/b für eine positive rationale Zahl eineindeutig durch eine eine positive Zahl in der Basis 11 darstellen lässt, wenn „/" das Symbol für 10 ist. Damit sind wir fertig. Beispielsweise ist

$$22/7 = 2(11^3) + 2(11^2) + 10(11) + 7 = 3021 \,.$$

Da wir a und b nicht als teilerfremd vorausgesetzt haben, zeigt dieser Beweis eigentlich, dass die Menge aller Darstellungen von rationalen Zahlen abzählbar ist.

12.3   Die Cauchy-Schwarz'sche Ungleichung

Im Jahr 1821 veröffentlichte Augustin-Louis Cauchy (1789–1857) die folgende Ungleichung, die heute seinen Namen trägt:

Satz 12.2 *Für je zwei Mengen* $\{a_1, a_2, \ldots, a_n\}$ *und* $\{b_1, b_2, \ldots, b_n\}$ *von reellen Zahlen gilt*

$$\left| \sum_{k=1}^{n} a_k b_k \right| \leq \sqrt{\sum_{k=1}^{n} a_k^2} \sqrt{\sum_{k=1}^{n} b_k^2}, \tag{12.1}$$

und die Gleichheit gilt genau dann, wenn die beiden Mengen proportional zueinander sind, d. h. $a_i b_j = a_j b_i$ *für alle* i *und* j *zwischen 1 und* n.

Beweis Integralformen dieser Ungleichung wurden 1859 von Viktor Jakowlewitsch Bunjakowski (1804–1889) und 1885 von Hermann Amandus Schwarz (1843–1921) veröffentlicht. Heute kennt man diese Ungleichung entweder als Cauchy-Schwarz-Ungleichung oder als Cauchy-Bunyakovski-Schwarz-Ungleichung.

Wie in Abschn. 7.3 versprochen, folgt hier ein eleganter Einzeiler als Beweis, der nur die Dreiecksungleichung und die AM-GM-Ungleichung für zwei Zahlen verwendet. Für nichtnegative Zahlen x und y ist $xy \leq (x^2 + y^2)/2$ und somit folgt (alle Summen erstrecken sich von 1 bis n für k)

$$\frac{|\sum a_k b_k|}{\sqrt{\sum a_k^2} \sqrt{\sum b_k^2}} \leq \sum \frac{|a_k|}{\sqrt{\sum a_k^2}} \cdot \frac{|b_k|}{\sqrt{\sum b_k^2}} \leq \frac{1}{2} \sum \left(\frac{|a_k|^2}{\sum a_k^2} + \frac{|b_k|^2}{\sum b_k^2} \right) = 1.$$

∎

Diese Ungleichung und der Beweis gelten auch für unendliche *quadratsummierbare* Folgen, d. h. Folgen $\{a_k\}_{k=1}^{\infty}$, für die $\sum_{k=1}^{\infty} a_k^2$ endlich ist.

Umgekehrt folgt aus der Cauchy-Schwarz-Ungleichung für n Zahlen auch die AM-GM-Ungleichung für zwei Zahlen; siehe Aufgabe 12.4.

Es gibt viele weitere Beweise der Cauchy-Schwarz-Ungleichung. Eine Sammlung von Beweisen, von denen viele sogar bildlich sind, findet man in (Alsina und Nelsen, 2009).

Amüsanterweise kann man mit der Cauchy-Schwarz-Ungleichung auch eine Ungleichung zwischen dem Goldenen Schnitt φ (siehe Abschn. 1.6) und der Summe $s = \pi^2/6$ der Reihe $1 + 1/4 + 1/9 + \ldots + 1/n^2 + \ldots$ (siehe Abschn. 12.9) ableiten.

Korollar 12.1 $\pi^2/6 > \varphi$.

Beweis Wir betrachten die beiden Folgen $\{a_k\}_{k=1}^\infty$ und $\{b_k\}_{k=1}^\infty$ mit $a_k = 1/k$ and $b_k = 1/(k+1)$. Beide Folgen sind quadratsummierbar mit $\sum_{k=1}^\infty a_k^2 = s$ und $\sum_{k=1}^\infty b_k^2 = s-1$, wobei $s = \pi^2/6$ ist. Die Cauchy-Schwarz-Ungleichung liefert

$$\left(\sum_{k=1}^\infty 1/[k(k+1)]\right)^2 = \left(\sum_{k=1}^\infty a_k b_k\right)^2 < \sum_{k=1}^\infty a_k^2 \sum_{k=1}^\infty b_k^2$$
$$= s(s-1).$$

Eine Partialbruchzerlegung der Terme in der Reihe auf der linken Seite zeigt sofort, dass die Summe gleich 1 ist, und somit folgt $s^2 - s - 1 > 0$. Da φ die positive Lösung von $x^2 - x - 1 = 0$ ist und $s^2 - s - 1 > 0$ (und s positiv) ist, muss s größer sein als φ, d. h. $\pi^2/6 > \varphi$ (Abb. 12.4). ∎

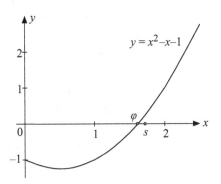

Abb. 12.4

Die beiden Zahlen φ und $\pi^2/6$ liegen tatsächlich ziemlich nahe beieinander: Auf fünf Stellen hinter dem Komma gilt $\varphi \approx 1{,}61803 < 1{,}64493 \approx \pi^2/6$.

12.4 Die Ungleichung zwischen arithmetischem und geometrischem Mittel

Die sogenannte AM-GM-Ungleichung für n positive Zahlen $a_1, a_2, \ldots, a_n$ lautet

$$\frac{a_1 + a_2 + \ldots + a_n}{n} \geq (a_1 a_2 \ldots a_n)^{1/n} \qquad (12.2)$$

und die Gleichheit gilt genau dann, wenn $a_1 = a_2 = \ldots = a_n$. Diese Ungleichung ist „der Fundamentalsatz im Bereich der Theorie der Ungleichungen, der Grundstein, auf dem viele andere wichtige Ergebnisse aufbauen." „Man kann ihn auf viele Weisen beweisen, und es gibt buchstäblich Dutzende von verschiedenen Beweisen, die auf sehr unterschiedlichen Ideen beruhen" (Beckenbach und Bellman, 1961). Tatsächlich findet man in (Bullen et al., 1988) über 50 verschiedene Beweise.

Für $n = 2$ lautet die Ungleichung $(a + b)/2 \geq \sqrt{ab}$ (a und b positive Zahlen), und sie lässt sich leicht unter Ausnutzung der binomischen Formel aus der Bedingung $(\sqrt{a} - \sqrt{b})^2 \geq 0$ beweisen. Es gibt auch eine Vielzahl geometrischer Beweise, von denen eine einfache Version in Abb. 12.5 dargestellt ist. Die Summe der Flächen $a/2$ und $b/2$ der grau unterlegten Dreiecke ist mindestens so groß wie die Fläche $\sqrt{ab}$ des Rechtecks mit der Grundseite $\sqrt{b}$ und der Höhe $\sqrt{a}$.

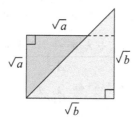

Abb. 12.5

Viele Beweise von (12.2) beruhen auf einer mathematischen Induktion, doch Induktionsbeweise sind selten sehr elegant, sodass hier ein direkter Beweis folgt. Tatsächlich beweisen wir eine allgemeinere Version von (12.2), die manchmal als *verallgemeinerte AM-GM-Ungleichung* für gewichtete arithmetische und geometrische Mittelwerte bezeichnet wird.

Satz 12.3 *Für positive reelle Zahlen $a_1, a_2, \ldots, a_n$ und positive reelle Zahlen $\lambda_1, \lambda_2, \ldots, \lambda_n$, deren Gesamtsumme 1 ist, gilt*

$$\lambda_1 a_1 + \lambda_2 a_2 + \ldots + \lambda_n a_n \geq a_1^{\lambda_1} a_2^{\lambda_2} \ldots a_n^{\lambda_n}, \tag{12.3}$$

und die Gleichheit gilt genau dann, wenn $a_1 = a_2 = \ldots = a_n$.

Unser Beweis stammt aus (Steele, 2004), wo er George Pólya zugeschrieben wird. Der Beweis verwendet die Lösung des Steiner'schen Problems zur Zahl e aus Abschn. 2.10: $e^{1/e} \geq x^{1/x}$ für $x > 0$, und hier gilt die Gleichheit genau dann, wenn $x = e$. Die Ungleichung (12.2) ist ein Spezialfall von (12.3) für $\lambda_1 = \lambda_2 = \ldots = \lambda_n = 1/n$.

Beweis Die Ungleichung des Steiner'schen Problems ist äquivalent zu $e^{x/e} \geq x$. Nun sei $y = x/e$ und somit $e^y \geq ey$ für $y > 0$, wobei die Gleichheit genau dann gilt, wenn $y = 1$. Es sei A gleich dem gewichteten arithmetischen Mittelwert $\lambda_1 a_1 + \lambda_2 a_2 + \ldots + \lambda_n a_n$ und G gleich dem gewichteten geometrischen Mittelwert $a_1^{\lambda_1} a_2^{\lambda_2} \ldots a_n^{\lambda_n}$. Wir setzen $y = a_i/A$:

$$e^{a_i/A} \geq ea_i/A.$$

Nun bilden wir auf beiden Seiten die λ_i-te Potenz:

$$e^{\lambda_i a_i/A} \geq (ea_i/A)^{\lambda_i} = (e/A)^{\lambda_i} a_i^{\lambda_i}.$$

Wir multiplizieren nun die Ungleichungen für alle Indizes $i = 1, 2, \ldots, n$ und nutzen aus, dass $\lambda_1 + \lambda_2 + \ldots + \lambda_n = 1$. Damit erhalten wir

$$e = \exp\left(\frac{\lambda_1 a_1 + \lambda_2 a_2 + \ldots + \lambda_n a_n}{A}\right)$$
$$\geq \left(\frac{e}{A}\right)^{\lambda_1 + \lambda_2 + \ldots + \lambda_n} a_1^{\lambda_1} a_2^{\lambda_2} \ldots a_n^{\lambda_n} = \frac{eG}{A},$$

und somit $A \geq G$. Die Ungleichung gilt streng, außer für $a_1 = a_2 = \ldots = a_n = A$, womit der Satz bewiesen ist. ∎

Da man mit der verallgemeinerten AM-GM-Ungleichung auch beweisen kann, dass $e^{1/e} \geq x^{1/x}$ für $x > 0$, sind die beiden Ungleichungen äquivalent (Aufgabe 12.5).

12.5   Zwei Origamiperlen

Die drei klassischen mathematischen Probleme der Antike waren die *Verdopplung des Würfels* (man konstruiere einen Würfel, dessen Volumen das Doppelte von einem gegebenen Würfel ist), die *Dreiteilung des Winkels* (man unterteile einen beliebigen Winkel in drei gleiche Winkel) und die *Quadratur des Kreises* (man konstruiere ein Quadrat, dessen Fläche gleich der eines vorgegebenen Kreises ist). Auch wenn man diese Aufgaben nicht mit den Mitteln der alten Griechen – Zirkel und Lineal – lösen kann, lassen sie sich doch mit etwas anspruchsvolleren Methoden lösen. In Abschn. 9.2 hatten wir beispielsweise mithilfe der archimedischen Spirale einen Winkel gedrittelt und eine Quadratur eines Kreises gefunden, und in zwei der Aufgaben von Kap. 9 verwendeten wir andere Kurven zur Verdopplung von Würfeln.

In diesem Abschnitt zeigen wir, wie man zwei dieser Probleme mit einem anderen interessanten Hilfsmittel lösen kann, dem wir schon in Abschn. 4.3 begegnet sind – Origami. Doch welche geometrischen Operationen lassen sich mit Origami ausführen? Einige mathematische Grundlagen des Origami werden in den folgenden sieben Axiomen zusammengefasst (die ersten sechs gehen auf Humiaki Huzita zurück [Huzita, 1992], das siebte auf Koshiro Hatori im Jahr 2002 [Hatori, 2009]). Die hier gewählte Darstellung der Axiome stammt aus (Lang, 2003).

Die Origami-Axiome nach Huzita und Hatori

O1 Gegeben zwei Punkte p_1 und p_2, dann gibt es eine Faltung durch beide Punkte.

O2 Gegeben zwei Punkte p_1 und p_2, dann gibt es eine Faltung, die p_1 auf p_2 legt.

O3 Gegeben zwei Geraden ℓ_1 und ℓ_2, dann gibt es eine Faltung, durch die ℓ_1 auf ℓ_2 gelegt wird.

O4 Gegeben ein Punkt p und eine Gerade ℓ, dann gibt es eine Faltung senkrecht zu ℓ, die durch p verläuft.

O5 Gegeben zwei Punkte p_1 und p_2 und eine Gerade ℓ, dann gibt es eine Faltung, die durch p_2 verläuft und den Punkt p_1 auf die Gerade ℓ legt.

O6 Gegeben zwei Punkte p_1 und p_2 und zwei Geraden ℓ_1 und ℓ_2, dann gibt es eine Faltung, die p_1 auf ℓ_1 und p_2 auf ℓ_2 legt.

O7 Gegeben ein Punkt p und zwei Geraden ℓ_1 und ℓ_2, dann gibt es eine Faltung senkrecht zu ℓ_2, die den Punkt p auf ℓ_1 legt.

Abbildung 12.6 verdeutlicht die sieben Axiome. Man sollte betonen, dass sich diese Axiome nur auf die *Existenz* bestimmter Faltungen beziehen und nicht auf die Vorschriften, wie diese Faltungen tatsächlich vorgenommen werden können. Einige dieser Vorschriften sind ziemlich kompliziert.

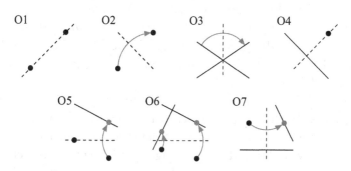

Abb. 12.6

Zur Verdeutlichung der Leistungsstärke dieser Origamifaltungen lösen wir nun zwei der zu Beginn dieses Abschnitts erwähnten klassischen Probleme. Zunächst stellen wir ein Origami-Verfahren zur Drittelung eines Winkels vor, das auf Tsune Abe (Fushimi, 1980) zurückgeht.

Wenn wir spitze Winkel dritteln können, ist die Verallgemeinerung auf beliebige Winkel kein Problem mehr, da man ganzzahlige Vielfache von 90° leicht dritteln kann. Man legt den zu drittelnden Winkel θ in die untere linke Ecke des Papiers, sodass die Grundseite des Papiers einer Winkelseite entspricht. Die andere Seite sei ℓ_2, wie in Abb. 12.7a. Ungefähr bei der Hälfte zwischen der oberen und unteren Papierkante lege man eine horizontale Faltung. Anschließend lege man nach Axiom O3 eine Faltung, durch welche die Unterkante des Papiers genau auf dieser Faltung zu liegen kommt. Dadurch erhält man im gleichen Abstand von der Unterkante und der ersten Faltung die Gerade ℓ_1. Nun verwende man Axiom O6 zu einer Faltung, bei der p_1 auf ℓ_1 und p_2 auf ℓ_2 zu liegen kommt, wie in Abb. 12.7b angedeutet.

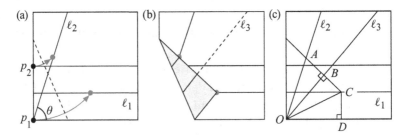

Abb. 12.7

Das Papier sei nun entsprechend Abb. 12.7b gefaltet. Man falte das Papier nochmals entlang der Knicklinie von ℓ_1, wodurch man die Linie ℓ_3 erhält. Nun klappe man das Papier auf und bilde nochmals eine Faltung entlang des Knicks ℓ_3. Diese Faltung verläuft durch die Ecke unten links und der Winkel zwischen ℓ_2 und ℓ_3 ist $\theta/3$.

In Abb. 12.7c erkennt man, weshalb das Verfahren von Abe den Winkel drittelt. Da $|OA| = |OC|$, $|AB| = |BC| = |CD|$ und $OB \perp AC$, verläuft OB durch den Punkt O des gleichschenkligen Dreiecks OAC. Die rechtwinkligen Dreiecke OAB, OBC und OCD sind deckungsgleich und somit ist $\angle OAB = \angle OBC = \angle OCD = \theta/3$.

Das zweite klassische Problem, das wir mit Origami lösen, ist die Verdopplung eines Würfels. Dazu müssen wir eine Strecke konstruieren, deren Länge $a = \sqrt[3]{2}$ ist, denn ein Würfel mit dieser Seitenlänge hat das doppelte Volumen eines Würfels mit der Seitenlänge 1. Wir beginnen mit einem quadratischen Blatt Papier mit der Kantenlänge 1, das in drei gleiche Rechtecke

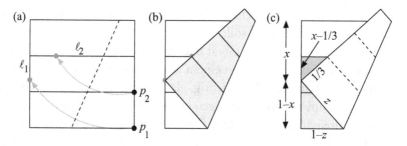

Abb. 12.8

unterteilt wurde (Abb. 12.8a). Nun nutzen wir wiederum Axiom O6 aus und konstruieren eine Faltung, bei der p_1 auf ℓ_1 und p_2 auf ℓ_2 zu liegen kommt (Abb. 12.8b). Wir behaupten, dass das Bild von p_1 die linke Papierkante in zwei Abschnitte unterteilt, deren Längen im Verhältnis $\sqrt[3]{2}$ zueinander stehen.

Zum Beweis müssen wir zeigen, dass in Abb. 12.8c gilt $x/(1-x) = \sqrt[3]{2}$. Die beiden grau unterlegten Dreiecke sind ähnlich, und daraus folgt:

$$3x - 1 = \frac{x - 1/3}{1/3} = \frac{1 - z}{z} = \frac{1}{z} - 1 \,,$$

bzw. $3xz = 1$ oder $3x(2z) = 2$. Für das hellgraue Dreieck gilt jedoch $(1 - x)^2 + (1 - z)^2 = z^2$ oder $2z = (1 - x)^2 + 1$. Also ist $3x[(1 - x)^2 + 1] = 2$ bzw. $x^3 = 2(1 - x)^3$ und somit $x/(1 - x) = \sqrt[3]{2}$, wie behauptet. Also ist $\sqrt[3]{2} = 1/(1 - x) - 1$, und diese Länge lässt sich leicht auf einem Papier abtragen, sobald einmal eine Strecke der Länge $1 - x$ vorhanden ist.

12.6   Wie zeichnet man eine Gerade?

Die Frage in der Überschrift lässt sich leicht beantworten: Man nehme ein Lineal. Doch woher wissen wir, ob das Lineal wirklich gerade ist? Wissen wir überhaupt, was „gerade" eigentlich heißt?

Wenn wir einen Kreis zeichnen, nehmen wir gewöhnlich nicht eine Kreisscheibe und fahren mit dem Bleistift den Umfang entlang, sondern wir verwenden (oder verwendeten, bevor es entsprechende Computerprogramme gab) einen Zirkel. Der Zirkel ist ein mechanisches Gerät, mit dem wir die Definition eines Kreises als dem Ort aller Punkte, die von einem gegebenen Punkt einen festen Abstand haben, umsetzen können. Die Definition Euklids von einer Geraden – „eine [Linie], die zu den Punkten auf ihr gleichmäßig liegt" (Definition 4 in Buch I seiner *Elemente*[1]) – scheint keine wirklich Hilfe, wie man eine Gerade zeichnen soll.

Kann man ein mechanisches Gerät bauen, mit dem sich eine gerade Linie zeichnen lässt, ähnlich wie man mit einem Zirkel Kreise zeichnen kann? Diese Frage wurde im 19. Jahrhundert wichtig, als im Zuge der industriellen Revolution viele mechanische Vorrichtungen erfunden wurden. Durch Nieten an ihren Enden miteinander verbundene Gestänge aus Metall oder Holz dienten zur Umwandlung von Kreisbewegungen in lineare Bewegungen und umgekehrt. Der schottische Ingenieur James Watt (1736–1819) und der russische Mathematiker Pafnuti Lwowitsch Tschebyschew (1821–1894) schufen Gestänge, mit denen sich näherungsweise eine lineare Bewegung erreichen ließ. Doch das erste Gestänge, mit dem man wirklich aus einer Kreisbewegung eine gerade Bewegung erzielen konnte, entwickelte im Jahr 1864 der französischen Ingenieur Charles-Nicolas Peaucellier (1832–1913). Unabhängig von ihm entdeckte die Methode im Jahr 1871 der russische Mathematiker Lippman Lipkin (1851–1875) wieder. Dieses Gestänge ist allgemein als *Inversor von Peaucellier* oder *Peaucellier-Lipkin-Mechanismus* bekannt.

Im Jahr 1876 hielt Alfred Bray Kempe (dem wir im 10. Kapitel als Autor eines falsches Beweises des Vierfarbentheorems begegnet sind) einen Vortrag im South Kensington Museum von London mit dem Titel „How to draw a straight line", der als kleines Büchlein im darauffolgenden Jahr erschien (Kempe, 1877). Abbildung 12.9 zeigt Kempes Zeichnung des Peaucellier-Inversors.

Abb. 12.9 Aus Kempe (1877), Macmillan and Company, London

In seinem Vortrag wie auch in seinem Buch legte Kempe ein kompliziertes Argument vor, mit dem er zeigte, dass dieses Gerät tatsächlich eine gerade Linie zieht. Unser Beweis ist einfacher und beruht lediglich auf dem Kosinussatz. Die Längen der Teile der Vorrichtung in Abb. 12.10 seien $|BC| = |BD| = a$, $|AC| = |CP| = |AD| = |DP| = b$ mit $a > b > 0$ und $|AE| = |BE| = r$. Da die Punkte B und E fest sind, bewegt sich der Punkt A auf einem Kreis vom Radius r um den Punkt E. Es seien $\angle ABE = \alpha$ und

---

[1] Vgl. Fußnote in Abschn. 5.1.

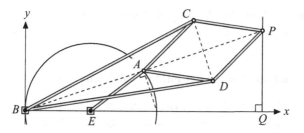

Abb. 12.10

$\angle CAP = \beta$, außerdem sei Q der Fußpunkt der Senkrechten von P auf die x-Achse.

Zum Beweis, dass P sich auf einer Geraden bewegt, zeigen wir, dass die x-Koordinate von P nur von a, b und r abhängt, nicht aber von α oder β. Da $|AB| = 2r\cos\alpha$ und $|AP| = 2b\cos\beta$, ist die x-Koordinate von P gleich $|BQ| = |BP|\cos\alpha = (2r\cos\alpha + 2b\cos\beta)\cos\alpha$. Mit dem Kosinussatz für das Dreieck ABC folgt

$$a^2 = b^2 + (2r\cos\alpha)^2 - 2b(2r\cos\alpha)\cos(\pi - \beta)$$

und damit

$$\frac{a^2 - b^2}{2r} = (2r\cos\alpha + 2b\cos\beta)\cos\alpha = |BQ|\,.$$

Also hängt die x-Koordinate von P nur von a, b und r ab, und somit beschreibt P wie behauptet eine Gerade.

12.7 Einige Schmuckstücke an Funktionalgleichungen

In der Oberstufe lernt man, wie man algebraische Gleichungen löst, bei denen die Unbekannten reelle Zahlen sind. In den ersten Semestern eines Mathematikstudiums lernt man in der Analysis, wie man einfache Differenzial- oder Integralgleichungen löst, deren Unbekannte Funktionen sind. Funktionalgleichungen gleichen Differenzialgleichungen in dem Sinne, dass es sich bei den Unbekannten um Funktionen handelt, allerdings treten in diesen Gleichungen gewöhnlich keine Ableitungen oder Integrale auf. Funktionalgleichungen findet man oft bei mathematischen Wettbewerben, beispielsweise den internationalen Mathematikolympiaden oder den William-Lowell-Putnam-Wettbewerben. Die Aufgaben zu Funktionalgleichungen sind häufig die schwierigsten, denn ihre Lösungen erfordern zwar meist nur einfache Mathematik – aber dafür viel Genialität.

János Aczél und die Theorie der Funktionalgleichungen

Funktionalgleichungen haben eine lange und bewegte Geschichte. Viele Mathematiker haben auf diesem Gebiet Großartiges geleistet: Nicole Oresme (1323–1382), Jean le Rond d'Alembert (1717–1783), Augustin-Louis Cauchy (1789–1857), Leonhard Euler (1707–1783), Neils Henrik Abel (1802–1829), David Hilbert (1862–1943) und viele andere. Meist wurden Funktionalgleichungen mit genialen Verfahren gelöst, die jedoch immer nur für ein bestimmtes Problem anwendbar waren. Die erste systematische Behandlung – die Klassifikation der Gleichungen und ihrer Lösungsverfahren – findet man in dem Buch von János Aczél *Vorlesungen über Funktionalgleichungen und ihre Anwendungen* aus dem Jahr 1961 (Aczél, 1961). Das Buch gilt immer noch als Hauptreferenz auf diesem Gebiet.

Man bezeichnet eine Funktion $f : \mathbb{N} \to \mathbb{Z}$ als *vollständig multiplikativ*, wenn $f(1) = 1$ und f für alle positiven ganzen Zahlen m und n die Funktionalgleichung $f(mn) = f(m)f(n)$ erfüllt. Beispiele vollständig multiplikativer Funktionen sind $g(x) = x^k$ für beliebiges k in $\mathbb{N}$ und $h(x) = 1$ für $x = 1$, $h(x) = 0$ für $x > 1$.

Der nächste Satz zeigt, dass wir durch zusätzliche Forderungen zu eindeutigen Lösungen für Funktionalgleichungen kommen können.

Satz 12.4 *Es sei $f : \mathbb{N} \to \mathbb{Z}$ eine streng zunehmende, vollständig multiplikative Funktion mit $f(2) = 2$. Dann ist $f(n) = n$ für alle n in $\mathbb{N}$.*

Beweis Für beliebige $k \geq 0$ erhalten wir aus einer Induktion $f(2^k) = [f(2)]^k = 2^k$. Da f streng zunehmend sein soll, folgt

$$2^k = f(2^k) < f(2^k + 1) < f(2^k + 2) < \ldots < f(2^{k+1} - 1)$$
$$< f(2^{k+1}) = 2^{k+1}.$$

Zwischen 2^k und 2^{k+1} gibt es aber nur $2^{k+1} - 2^k - 1 = 2^k - 1$ verschiedene ganze Zahlen, also muss für alle j zwischen 1 und einschließlich $2^k - 1$ gelten: $f(2^k + j) = 2^k + j$. Damit folgt $f(n) = n$ für alle n in $\mathbb{N}$. ∎

Beim nächsten Satz und Beweis beschreibt die Lösung zu der Funktionalgleichung eine Eigenschaft, die von der Funktion erfüllt werden muss, und keine explizite Formel.

Satz 12.5 *Es sei c eine feste, von null verschiedene reelle Zahl und es sei* $f : \mathbb{R} \to \mathbb{R}\backslash\{0\}$, *sodass f die Funktionalgleichung* $f(x) = f(x-c)f(x+c)$ *für alle x in* $\mathbb{R}$ *erfüllt. Dann ist f eine periodische Funktion.*

Beweis Da $f(x+c) = f(x)f(x+2c) = f(x)f(x+c)f(x+3c)$ und $f(x+c)$ von null verschieden ist, folgt $1 = f(x)f(x+3c)$ und somit

$$f(x) = \frac{1}{f(x+3c)} = f(x+6c).$$

∎

Für reelle Zahlen x und y bezeichnet man die Funktionalgleichung

$$f(x+y) = f(x) + f(y) \tag{12.4}$$

als *Cauchy'sche Funktionalgleichung*. Sie gilt als Meilenstein in der allgemeinen Theorie der Funktionalgleichungen. Man kann zwar sehr leicht zeigen, dass die Funktionen $f(x) = kx$ für beliebige reelle Zahlen k Lösungen sind, doch handelt es sich dabei um die *einzigen* Lösungen von (12.4)? Die Antwort auf diese simple Frage ist alles andere als leicht. Daher beginnen wir mit einem einfacheren Problem, nämlich den Lösungen der Cauchy'schen Funktionalgleichung für *rationale x und y*.

Satz 12.6 *Es sei* $f : \mathbb{Q} \to \mathbb{R}$ *eine Funktion, welche die Funktionalgleichung* (12.4) *erfüllt. Dann ist* $f(x) = kx$, *wobei k eine beliebige Konstante ist.*

Beweis Für $x = y = 0$ erhalten wir aus (12.4) die Bedingung $f(0) = 0$, und für $y = -x$ folgt $0 = f(0) = f(x-x) = f(x) + f(-x)$ und somit $f(-x) = -f(x)$. Also muss f eine ungerade Funktion sein, und wir können uns auf positive Werte von x und y beschränken. Wenden wir (12.4) mehrfach an, erhalten wir für jede rationale Zahl x und jede positive ganze Zahl n

$$f(nx) = f(x+x+\ldots+x) = nf(x).$$

Nun sei $x = (m/n)y$ für positive ganze Zahlen m und n. Dann ist $nx = my$, d. h. $f(nx) = f(my)$ und daher $nf((m/n)y) = nf(x) = mf(y)$, also $f((m/n)y) = (m/n)f(y)$. Für rationale Werte von q und y erhalten wir somit $f(qy) = qf(y)$, und insbesondere gilt $f(q) = qf(1)$ für jede rationale Zahl q (hier ist $k = f(1)$). ∎

Nun betrachten wir eine Funktion $f : \mathbb{R} \to \mathbb{R}$, welche die Funktionalgleichung (12.4) erfüllen soll. Nach Satz 12.6 liegen alle Werte von $f(x)$ für rationale x auf einer Geraden. Wenn der vollständige Graph keine Gerade ist, folgt das überraschende Ergebnis, dass der Graph *in der Ebene dicht* sein muss. Der Graph G von f ist die Menge $G = \{(x, y) | y = f(x), \ x \in \mathbb{R}\}$, und eine Menge A heißt *dicht* in einer Menge B, wenn wir für jedes Element y aus B immer ein Element x aus A finden können, das beliebig nahe an y liegt. Beispielsweise ist $\mathbb{Q}$ dicht in $\mathbb{R}$, und die Menge der geordneten Paare von rationalen Zahlen liegt dicht in der Ebene.

Korollar 12.2 *Es sei $f : \mathbb{R} \to \mathbb{R}$ eine Funktion, welche die Funktionalgleichung (12.4) erfüllt, außerdem soll der Graph von $y = f(x)$ keine Gerade sein. Dann liegt der Graph von f dicht in der Ebene.*

Beweis (Aczél und Dhombres, 1989) Es sei a eine von null verschiedene rationale Zahl, sodass $f(a) = ka$, und wir wählen eine irrationale Zahl b, sodass $f(b) \neq kb$ bzw. $bf(a) - af(b) \neq 0$. Zu jedem Punkt (x_0, y_0) in der Ebene gibt es daher reelle Zahlen ρ und σ, sodass $\rho(a, f(a)) + \sigma(b, f(b)) = (x_0, y_0)$. Explizit sind $\rho = (y_0 b - x_0 f(b))/(bf(a) - af(b))$ und $\sigma = (x_0 f(a) - y_0 a)/(bf(a) - af(b))$. Also gibt es rationale Zahlen r und s, sodass $r(a, f(a)) + s(b, f(b))$ beliebig nahe bei (x_0, y_0) liegt. Da r und s jedoch rational sind und f (12.4) erfüllt, folgt

$$
\begin{aligned}
r(a, f(a)) + s(b, f(b)) &= \big(ra + sb, \ rf(a) + sf(b)\big) \\
&= \big(ra + sb, \ f(ra) + f(sb)\big) \\
&= \big(ra + sb, \ f(ra + sb)\big) \ .
\end{aligned}
$$

Also ist die Menge $G_0 = \{(x, y) | y = f(x), \ x = ra + sb, \ r, s \in \mathbb{Q}\}$ dicht in der Ebene, und da G_0 eine Teilmenge von G ist, muss auch G dicht in der Ebene liegen. ∎

Wenn $f : \mathbb{R} \to \mathbb{R}$ Gleichung (12.4) erfüllt und außerdem noch eine weitere Eigenschaft hat, die sicherstellt, dass der Graph *nicht* dicht in der Ebene liegt, dann muss für alle reellen Werte x gelten $f(x) = kx$.

Korollar 12.3 *Eine Funktion $f : \mathbb{R} \to \mathbb{R}$ erfülle die Funktionalgleichung (12.4) und habe noch eine der folgenden Eigenschaften:*
(i) f sei bei irgendeiner reellen Zahl stetig;
(ii) f sei in einem Intervall $[a, b]$ mit $a < b$ beschränkt; oder

(iii) *f sei in einem Intervall [a, b] mit a < b monoton.*
Dann gibt es eine reelle Konstante k, sodass f (x) = kx.

Mithilfe der Cauchy'schen Funktionalgleichung (und ihrer Lösungen) lässt sich zeigen, dass bestimmte Eigenschaften der Exponential- und Logarithmusfunktionen nur von diesen Funktionen erfüllt werden. Seien b eine positive reelle Zahl und x und y beliebige reelle Zahlen, dann gilt $b^{x+y} = b^x b^y$, oder anders ausgedrückt: Die Funktionen $f(x) = b^x$ sind Lösungen der Funktionalgleichung

$$f(x + y) = f(x)f(y)\,. \tag{12.5}$$

Gibt es noch weitere Funktionen $f : \mathbb{R} \to \mathbb{R}$, welche (12.5) erfüllen? Offensichtlich gilt die Gleichung für $f(x) \equiv 0$. Wir suchen also nach Lösungen, die nicht identisch null sind.

Wir nehmen an, $f : \mathbb{R} \to \mathbb{R}$ sei eine stetige, nicht identisch verschwindende Lösung von (12.5). Dann ist $f(0) = f(0 + 0) = [f(0)]^2$, also entweder $f(0) = 0$ oder 1. Falls $f(0) = 0$, dann gilt für ein beliebiges x: $f(x) = f(x + 0) = f(x)f(0) = 0$, ein Widerspruch zu unserer Annahme. Also ist $f(0) = 1$. Da $f(x) = [f(x/2)]^2$, muss für alle x gelten $f(x) \geq 0$. Kann f an irgendeinem Punkt 0 werden? Angenommen, für einen Punkt a gelte $f(a) = 0$. Dann folgt für einen beliebigen Wert x, dass $f(x) = f(x - a + a) = f(x - a)f(a) = 0$, und wir erhalten wieder einen Widerspruch zu unserer Annahme. Also muss $f(x) > 0$ für alle x gelten. Damit können wir den natürlichen Logarithmus von (12.5) nehmen und erhalten $\ln f(x + y) = \ln f(x) + \ln f(y)$, also muss $\ln f(x)$ eine stetige Lösung der Cauchy'schen Funktionalgleichung sein und es muss eine Konstante k geben, sodass $\ln f(x) = kx$ und somit $f(x) = e^{kx} = b^x$, wobei $b = e^k > 0$. Die Funktionalgleichung (12.5) legt somit die Exponentialfunktion als ihre einzige (nichttriviale) Lösung fest.

Ganz ähnlich ist der Logarithmus von einem Produkt von zwei positiven Zahlen gleich der Summe der Logarithmen der Zahlen. Wir können uns also die Frage stellen: Welche stetigen Funktionen $f : (0, \infty) \to \mathbb{R}$ (außer $f((x)) \equiv 0$) erfüllen die Funktionalgleichung

$$f(xy) = f(x) + f(y)\,? \tag{12.6}$$

Da x und y positive Zahlen sein sollen, gibt es reelle Zahlen u und v, sodass $\ln x = u$ und $\ln y = v$ und somit $x = e^u$ und $y = e^v$. Damit wird aus (12.6) $f(e^{u+v}) = f(e^u) + f(e^v)$, sodass $f(e^t)$ eine stetige Lösung der Cauchy'schen Funktionalgleichung sein muss. Also gibt es eine Konstante $k > 0$, sodass $f(e^t) = kt$ oder $f(x) = k \ln x$. Wählen wir $k = 1/\ln b$ mit $b > 0$ und $b \neq 1$, ergibt sich $f(x) = \ln x/\ln b = \log_b x$. Die Funktionalgleichung (12.6) legt daher die Logarithmusfunktionen als ihre einzigen (nichttrivialen) Lösungen fest.

Die Geburt der Logarithmen

In einer Biographie über eine Funktion beginnt man gewöhnlich mit der Funktion selbst und beschreibt anschließend ihre Eigenschaften. Die Entstehungsgeschichte des Logarithmus verlief umgekehrt: Ausgangspunkt war die Funktionalgleichung $f(xy) = f(x) + f(y)$, die schließlich zu den Funktionen geführt hat, die wir heute als Logarithmen kennen.

Die Notwendigkeit, trigonometrische Berechnungen einfacher durchführen zu können, veranlasste John Napier (1550–1617), zwei verwandte Zahlenreihen aufzustellen, von denen die eine arithmetisch zu- und die andere geometrisch abnimmt. Die Basis von Napiers Logarithmen war (im Wesentlichen) $1/e$, und der wissenschaftliche Austausch mit Henry Briggs (1561–1630) führte schließlich zu der Logarithmusfunktion zur Basis 10, die Briggs in seinem Buch *Arithmetica Logarithmica* verwendete. Auf diese Weise war die Umkehrfunktion von $y = 10^x$ geboren.

Ersetzen wir die Summe in der Cauchy'schen Funktionalgleichung durch arithmetische Mittelwerte, so erhalten wir die *Funktionalgleichung von Jensen* (Johan Ludwig William Valdemar Jensen, 1859–1925):

$$f\left(\frac{x+y}{2}\right) = \frac{f(x) + f(y)}{2} \qquad (12.7)$$

für eine Funktion $f : \mathbb{R} \to \mathbb{R}$. Die Lösung von (12.7) ist ein Spezialfall des folgenden Satzes, bei dem wir allgemeiner einen gewichteten Mittelwert statt des üblichen arithmetischen Mittelwerts betrachten.

Satz 12.7 *Sei $f : \mathbb{R} \to \mathbb{R}$ eine Funktion, die eine der drei Eigenschaften aus Korollar 12.4 erfüllt und außerdem die folgende Funktionalgleichung*

$$f(\lambda_1 x + \lambda_2 y) = \lambda_1 f(x) + \lambda_2 f(y) \qquad (12.8)$$

für zwei positive Zahlen λ_1 und λ_2 mit $\lambda_1 + \lambda_2 = 1$. Dann gibt es zwei reelle Konstanten m und b, sodass $f(x) = mx + b$.

Beweis Die Funktion $g(x) = f(x) - f(0)$ erfüllt (12.8) mit $g(0) = 0$. Ersetzen wir in (12.8) x und y durch x/λ_1 bzw. 0 und schreiben g statt f, so erhalten wir $g(x) = \lambda_1 g(x/\lambda_1)$. Ganz entsprechend folgt $g(y) = \lambda_2 g(y/\lambda_2)$ und somit

$$g(x + y) = g\left(\lambda_1 \frac{x}{\lambda_1} + \lambda_2 \frac{y}{\lambda_2}\right) = \lambda_1 g\left(\frac{x}{\lambda_1}\right) + \lambda_2 g\left(\frac{y}{\lambda_2}\right) = g(x) + g(y).$$

∎

g genügt also der Funktionalgleichung von Cauchy. Da f eine der Bedingungen aus Korollar 12.4 erfüllen soll, gilt dies auch für g. Also ist $g(x) = mx$ mit einer geeigneten Konstanten m. Mit $f(0) = b$ erhalten wir $f(x) = mx + b$ als die allgemeine Lösung von (12.8).

Bisher haben wir nur Funktionalgleichungen für Funktionen in einer einzelnen Variablen betrachtet. Mit dem Beweis des nächsten Satzes lösen wir eine Funktionalgleichung für eine Funktion von zwei Variablen. Das Problem beruht auf Aufgabe A-1 des 69. William-Lowell-Putnam-Mathematikwettbewerbs im Jahr 2008.

Satz 12.8 *Sei $f : \mathbb{R} \times \mathbb{R} \to \mathbb{R}$ eine Funktion, die für alle reellen Zahlen x, y und z folgende Funktionalgleichung erfüllt*

$$f(x, y) + f(y, z) + f(z, x) = 0. \tag{12.9}$$

Dann gibt es eine Funktion $g : \mathbb{R} \to \mathbb{R}$, sodass $f(x, y) = g(x) - g(y)$ für alle reellen Zahlen x und y.

Beweis Für $x = y = z = 0$ folgt $f(0,0) = 0$, für $y = z = 0$ folgt $f(x,0) + f(0,x) = 0$ und für $z = 0$ folgt $f(x,y) + f(y,0) + f(0,x) = 0$. Also ist $f(x,y) = f(x,0) - f(0,y)$ und wir setzen $g(x) = f(x,0)$ für alle x. Die Lösung ist allgemein und erfordert keinerlei Annahmen über die Funktion f.

Da jede Lösung von (12.9) die Bedingung $f(z,x) = -f(x,z)$ erfüllt, ist (12.9) äquivalent zu $f(x,y) + f(y,z) = f(x,z)$. Diese Gleichung bezeichnet man als *Sinkov'sche Funktionalgleichung* (Dmitri Matwejewitsch Sinkov, 1867–1946), die Sinkov sehr elegant löste (Gronau, 2000): Wir schreiben die Gleichung in der Form $f(x,y) = f(x,z) - f(y,z)$ und stellen fest, dass die linke Seite unabhängig von z ist. Da dies auch für die rechte Seite gelten muss, setzen wir $z = a$ und $g((x)) = f(x,a)$ und erhalten $f(x,y) = g(x) - g(y)$. ∎

Wir stoßen auf eine weitere Funktionalgleichung für Funktionen von zwei Variablen, wenn wir nach homogenen Funktionen suchen: Eine Funktion

$f : \mathbb{R} \times \mathbb{R} \to \mathbb{R}$ heißt *homogen vom Grad k*, wenn f für alle x, y, z ($z \neq 0$) in $\mathbb{R}$ die Gleichung

$$f(xz, yz) = z^k f(x, y) \qquad (12.10)$$

erfüllt, und allgemein bezeichnet man eine Funktion f als *homogen*, wenn sie homogen vom Grad k für irgendeinen Wert k ist. Skaliert man bei homogenen Funktionen die Argumente mit einem gemeinsamen Faktor, dann skalieren die Werte der Funktion mit einer Potenz dieses Faktors. Beispielsweise ist der arithmetische Mittelwert $(x + y)/2$ homogen vom Grad 1, und das Polynom $3x^3 + 5xy^2$ ist homogen vom Grad 3. Gleichung (12.10) bezeichnet man manchmal auch als *Euler'sche Funktionalgleichung für homogene Funktionen*, da Euler als Erster ihre Lösungen gefunden hat.

Für $x \neq 0$ definieren wir $g(u) = f(1, u)$. Dann folgt

$$f(x, y) = f(x \cdot 1, x \cdot (y/x)) = x^k f(1, (y/x)) = x^k g(y/x) \, .$$

Für $x = 0$ und $y \neq 0$ erhalten wir $f(0, y) = f(y \cdot 0, y \cdot 1) = y^k f(0, 1) = y^k c$. Schließlich folgt für $x = y = 0$ die Bedingung $f(0,0) = z^k f(0,0)$ mit $z \neq 0$, also ist $f(0,0) = 0$ für $k \neq 0$ und $f(0,0)$ beliebig für $k = 0$. Man kann leicht überprüfen, dass diese Funktionen (12.10) erfüllen. Damit haben wir folgenden Satz bewiesen:

Satz 12.9 *Die allgemeine Lösung für die Euler'sche Funktionalgleichung* (12.10) *für homogene Funktionen mit x, y, z ($z \neq 0$) in $\mathbb{R}$ ist*

$$f(x, y) = \begin{cases} x^k g(y/x), & x \neq 0, \\ y^k c, & x = 0, \ y \neq 0, \\ 0, & x = y = 0, \end{cases}$$

für $k \neq 0$ und

$$f(x, y) = \begin{cases} g(y/x), & x \neq 0, \\ c, & x = 0, \ y \neq 0, \\ \text{beliebig}, & x = y = 0, \end{cases}$$

für $k = 0$, wobei c eine beliebige Konstante und g eine beliebige Funktion in einer Variablen ist.

12.8 Funktionalungleichungen

Überall in der Mathematik stößt man auf Ungleichungen und in diesem Abschnitt untersuchen wir einige Funktionalungleichungen und ihre Anwendungen, die mit den Funktionalgleichungen des letzten Abschnitts in Beziehung stehen. Allerdings ist der Schwerpunkt gewöhnlich verschoben: Zu Funktionalgleichungen suchen wir Lösungen, doch Funktionalungleichungen verwenden wir zur Beschreibung von Eigenschaften bestimmter Funktionenklassen.

Wir beginnen mit einem einfachen Beispiel. Wenn wir die Gleichheitszeichen in der Funktionalgleichung $f(\lambda_1 x + \lambda_2 y) = \lambda_1 f(x) + \lambda_2 f(y)$ aus Satz 12.7 durch eine Ungleichung ersetzen, gelangen wir zu den konvexen bzw. konkaven Funktionen.

Definition 12.1 Eine Funktion $f : I \to \mathbb{R}$, wobei I ein Intervall der reellen Zahlen ist, heißt *konvex*, wenn sie für alle x in I und alle positiven λ_1 und λ_2 mit $\lambda_1 + \lambda_2 = 1$ die folgende Ungleichung erfüllt:

$$f(\lambda_1 x + \lambda_2 y) \le \lambda_1 f(x) + \lambda_2 f(y) \, .$$

Kehrt man die Ungleichung um, so bezeichnet man die Funktionen mit dieser Eigenschaft als *konkav*.

Geometrisch ist eine Funktion f konvex, wenn jede Sehne, die zwei Punkte auf dem Graphen der Funktion verbindet, oberhalb des Graphen der Funktion liegt (und entsprechend unterhalb bei konkaven Funktionen); siehe Abb. 12.11. Als Folgerung aus Satz 12.7 ergibt sich, dass die linearen Funktionen als Einzige gleichzeitig konvex und konkav sind.

Die Ungleichung aus Definition 12.1 lässt sich leicht auf Argumente der Form $\lambda_1 x_1 + \lambda_2 x_2 + \ldots + \lambda_n x_n$ für positive $\lambda_1, \lambda_2, \ldots, \lambda_n$ mit $\lambda_1 + \lambda_2 + \ldots +$

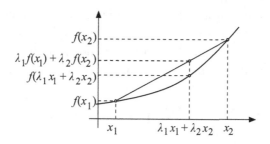

Abb. 12.11

$\lambda_n = 1$ erweitern. Der Beweis erfolgt über eine Induktion, doch aus dem Fall für $n = 3$ wird der allgemeine Beweis schon offensichtlich:

$$f(\lambda_1 x + \lambda_2 y + \lambda_3 z)$$
$$= f\left((\lambda_1 + \lambda_2)\left(\frac{\lambda_1 x + \lambda_2 y}{\lambda_1 + \lambda_2}\right) + \lambda_3 z\right)$$
$$\leq (\lambda_1 + \lambda_2) f\left(\frac{\lambda_1 x + \lambda_2 y}{\lambda_1 + \lambda_2}\right) + \lambda_3 f(z)$$
$$\leq (\lambda_1 + \lambda_2)\left[\frac{\lambda_1}{\lambda_1 + \lambda_2} f(x) + \frac{\lambda_2}{\lambda_1 + \lambda_2} f(y)\right] + \lambda_3 f(z)$$
$$= \lambda_1 f(x) + \lambda_2 f(y) + \lambda_3 f(z).$$

Für eine konvexe Funktion f gilt allgemein $f\left(\sum_{i=1}^n \lambda_i x_i\right) \leq \sum_{i=1}^n \lambda_i f(x_i)$ (und die umgekehrte Ungleichung, falls f konkav ist). Dies bezeichnet man als *Jensen'sche Ungleichung*; sie wird oft für den Spezialfall $\lambda_i = 1/n$ für $i = 1, 2, \ldots, n$ angewandt. Beispielsweise ist der natürliche Logarithmus konkav, und somit gilt für positive Zahlen $x_1, x_2, \ldots, x_n$ und positive Zahlen $\lambda_1, \lambda_2, \ldots, \lambda_n$ mit $\lambda_1 + \lambda_2 + \ldots + \lambda_n = 1$:

$$\ln(\lambda_1 x_1 + \lambda_2 x_2 + \ldots + \lambda_n x_n) \geq \lambda_1 \ln x_1 + \lambda_2 \ln x_2 + \ldots + \lambda_n \ln x_n$$
$$= \ln(x_1^{\lambda_1} x_2^{\lambda_2} \ldots x_n^{\lambda_n}).$$

Daraus folgt auch die allgemeine AM-GM-Ungleichung für n Zahlen.

Ein weiterer Mittelwert, etwas weniger bekannt als der arithmetische und der geometrische Mittelwert, ist die *Wurzel aus der mittleren Quadratsumme*. Dieser Wert ist gleich der Quadratwurzel aus dem arithmetischen Mittelwert der Quadrate, d. h. für (positive oder negative) Zahlen $x_1, x_2, \ldots, x_n$ gleich $[(x_1^2 + x_2^2 + \ldots + x_n^2)/n]^{1/2}$. Er tritt oft bei der Berechnung von Intensitäten in der Physik und der Elektrotechnik auf (wo man ihn auch als Effektivwert bezeichnet), wenn die Größen selbst sowohl positiv als auch negativ sein können, wie beispielsweise bei Wellenformen. Zum Vergleich der Wurzel aus der mittleren Quadratsumme mit dem arithmetischen Mittelwert wenden wir die Jensen'sche Ungleichung auf die Funktion $f(x) = x^2$ an, die auf $\mathbb{R}$ konvex ist:

$$\left(\frac{x_1 + x_2 + \ldots + x_n}{n}\right)^2 \leq \frac{x_1^2 + x_2^2 + \ldots + x_n^2}{n}.$$

Wir ziehen auf beiden Seiten die Quadratwurzel und nutzen aus, dass für jedes a in $\mathbb{R}$ gilt $a \leq |a| = \sqrt{a^2}$:

$$\frac{x_1 + x_2 + \ldots + x_n}{n} \leq \left| \frac{x_1 + x_2 + \ldots + x_n}{n} \right| \leq \left[\frac{x_1^2 + x_2^2 + \ldots + x_n^2}{n} \right]^{1/2}.$$

Die Wurzel aus der mittleren Quadratsumme ist somit mindestens so groß wie der arithmetische Mittelwert.

Die Lösungen der Cauchy'schen Funktionalgleichung (12.4) bezeichnet man oft auch als *additive* Funktionen. Ersetzt man die Gleichung durch eine Ungleichung, erhält man die *subadditiven* und die *superadditiven* Funktionen:

Definition 12.2 Es seien A und B Teilmengen von $\mathbb{R}$, die unter der Addition abgeschlossen sind. Eine Funktion $f : A \to B$ heißt *subadditiv*, wenn für alle x und y in A gilt

$$f(x + y) \leq f(x) + f(y), \tag{12.11}$$

und *superadditiv*, wenn man die Ungleichung umkehrt.

Zum Beispiel sind $|x|$ subadditiv auf $\mathbb{R}$, e^x ist superadditiv auf $[0, \infty]$ und $\sqrt{x}$ ist subadditiv auf $[0, \infty)$. Da f genau dann superadditiv ist, wenn $-f$ subadditiv ist, konzentrieren wir uns auf subadditive Funktionen.

Wir geben zunächst einige Eigenschaften von subadditiven Funktionen an, deren Urbildbereich $\mathbb{R}$ oder $[0, \infty)$ ist.

Satz 12.10 *Es sei $f : \mathbb{R} \to \mathbb{R}$ eine subadditive Funktion und n eine positive ganze Zahl. Dann gilt*
(a) $f(0) \geq 0$,
(b) $f(nx) \leq nf(x)$,
(c) $f(x/n) \geq f(x)/n$,
(d) $f(-x) \geq -f(x)$,
(e) *falls f gerade ist, dann gilt $f(x) \geq 0$, und*
(f) *falls f ungerade ist, dann ist f additiv.*

Beweis Teil (a) folgt aus (12.11) mit $x = y = 0$. Teil (b) gilt für $n = 1$ und durch Induktion auch für $n > 1$, da

$$f((n + 1)x) \leq f(nx) + f(x) \leq nf(x) + f(x) = (n + 1)f(x).$$

Teil (c) folgt aus (b), indem wir x durch x/n ersetzen. Teil (d) folgt aus (a) und Gleichung (12.11):

$$0 \leq f(0) = f(x - x) \leq f(x) + f(-x).$$

Ist f gerade, gilt $f(-x) = f(x)$, also folgt Teil (e) aus (d): $f(x) = f(-x) \geq -f(x)$ und damit $2f(x) \geq 0$. Ist f ungerade, gilt $f(-y) = -f(y)$, also folgt Teil (f) aus (12.11):

$$f(x) = f(x + y - y) \leq f(x + y) + f(-y) = f(x + y) - f(y),$$

was zusammen mit (12.11) die Additivität von f beweist. ∎

Satz 12.11 *Ist $f : [0, \infty) \to [0, \infty)$ eine konkave Funktion, dann ist sie subadditiv. Ist f konvex, ist sie superadditiv.*

Beweis Wir wissen, dass $f(0) \geq 0$. Damit folgt für alle a und b, sodass $a + b \neq 0$,

$$f(a) = f\left(\frac{a}{a + b}(a + b) + \frac{b}{a + b}0\right) \geq \frac{a}{a + b}f(a + b) + \frac{b}{a + b}f(0),$$

$$f(b) = f\left(\frac{a}{a + b}0 + \frac{b}{a + b}(a + b)\right) \geq \frac{a}{a + b}f(0) + \frac{b}{a + b}f(a + b).$$

Wir bilden die Summe dieser beiden Ungleichungen (und berücksichtigen nochmals, dass $f(0) \geq 0$) und erhalten

$$f(a) + f(b) \geq f(a + b) + f(0) \geq f(a + b).$$

Der Fall $a + b = 0$ kann nur auftreten, wenn $a = b = 0$, und daher folgt

$$f(a) + f(b) = 2f(0) \geq f(0) = f(a + b).$$

∎

Analog kann man beweisen, dass aus der Konvexität die Superadditivität folgt.

12.9 Die Euler-Reihe für $\pi^2/6$

Wie das Endliche eine unendliche Reihe umschließt
Und im Grenzenlosen Grenzen erscheinen,
So wohnt die Seele der Unermesslichkeit in den Details
Und in den engsten Grenzen findet man das Grenzenlose.
Welche Freude, das Unscheinbare in der Unendlichkeit zu erkennen!

Jakob Bernoulli, Ars Conjectandi

Eines der bekanntesten Ergebnisse von Leonhard Euler (1707–1783) ist

Satz 12.12 *Die Reihe der inversen Quadratzahlen konvergiert gegen* $\pi^2/6$, *d. h.*

$$1 + \frac{1}{2^2} + \frac{1}{3^2} + \frac{1}{4^2} + \ldots = \frac{\pi^2}{6}. \tag{12.12}$$

Bevor wir einen eleganten Beweis dieses Satzes angeben, der ausschließlich auf der Theorie der Mehrfachintegrale beruht (Harper, 2003), soll angemerkt werden, dass man sehr leicht zeigen kann, dass die Reihe zu einem Wert kleiner als 2 konvergiert. In Abb. 12.12 sehen wir die Quadrate mit den Flächen 1, 1/4, 1/9 und so weiter, die leicht in ein 1×2-Rechteck passen, und daher ist die zunehmene Folge der Partialsummen der Reihe (12.12) von oben beschränkt.

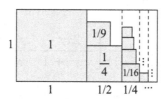

Abb. 12.12

Man könnte versucht sein, die Quadrate mit den Flächen 1, 1/4, 1/9, ... in ein Rechteck mit den Seitenlängen $\pi/2$ und $\pi/3$ (oder so ähnlich) zu packen, beispielsweise indem man einige der Quadrate in kleinere Teile zerlegt, doch bisher ist das noch niemandem gelungen. Daher geben wir hier einen analytischen Beweis.

Beweis Zum Beweis von (12.12) müssen wir nur zeigen, dass

$$\sum_{n=0}^{\infty} \frac{1}{(2n+1)^2} = \frac{\pi^2}{8},$$

(12.13)

da

$$\frac{3}{4}\sum_{n=1}^{\infty} \frac{1}{n^2} = \sum_{n=1}^{\infty} \frac{1}{n^2} - \sum_{n=1}^{\infty} \frac{1}{(2n)^2} = \sum_{n=0}^{\infty} \frac{1}{(2n+1)^2}.$$

Wir betrachten das Doppelintegral

$$\int_0^{\infty}\int_0^1 \frac{x}{(x^2+1)(x^2y^2+1)}\,dy\,dx = \int_0^{\infty}\left[\frac{\arctan xy}{x^2+1}\right]_0^1 dx$$

$$= \int_0^{\infty} \frac{\arctan x}{x^2+1}\,dx = \frac{(\arctan x)^2}{2}\Big|_0^{\infty}$$

$$= \frac{\pi^2}{8}.$$

Wir vertauschen die Reihenfolge der Integrationen:

$$\int_0^1\int_0^{\infty} \frac{x}{(x^2+1)(x^2y^2+1)}\,dx\,dy$$

$$= \int_0^1\int_0^{\infty} \frac{1}{2(y^2-1)}\left[\frac{2xy^2}{x^2y^2+1} - \frac{2x}{x^2+1}\right]dx\,dy,$$

$$= \int_0^1 \frac{1}{2(y^2-1)}\left[\ln\left(\frac{x^2y^2+1}{x^2+1}\right)\right]_0^{\infty} dy,$$

$$= \int_0^1 \frac{\ln y^2}{2(y^2-1)}\,dy = \int_0^1 \frac{\ln y}{y^2-1}\,dy.$$

Nun führen wir eine partielle Integration mit $u = \ln y$ und $\mathrm{d}v = \mathrm{d}y/(y^2 - 1)$ durch:

$$\int_0^1 \frac{\ln y}{y^2 - 1}\,\mathrm{d}y = \frac{1}{2}\ln y \ln \frac{1-y}{1+y}\Big|_0^1 - \frac{1}{2}\int_0^1 \frac{1}{y}\ln\frac{1-y}{1+y}\,\mathrm{d}y$$

$$= \frac{1}{2}\int_0^1 \frac{1}{y}\ln\frac{1+y}{1-y}\,\mathrm{d}y.$$

Schließlich entwickeln wir den Integranden in seine Maclaurin-Reihe und vertauschen die Reihenfolge von Integration und Summation:

$$\frac{1}{2}\int_0^1 \frac{1}{y}\ln\frac{1+y}{1-y}\,\mathrm{d}y = \int_0^1 \frac{1}{y}\sum_{n=0}^\infty \frac{y^{2n+1}}{2n+1}\,\mathrm{d}y$$

$$= \sum_{n=0}^\infty \int_0^1 \frac{y^{2n}}{2n+1}\,\mathrm{d}y = \sum_{n=0}^\infty \frac{1}{(2n+1)^2},$$

womit (12.13) bewiesen ist. ∎

Es gibt viele weitere Beweise von (12.12), einige davon findet man in (Kalman, 1993) und (Chapman, 2003).

Zwei positive ganze Zahlen heißen *teilerfremd*, wenn ihr größter gemeinsamer Teiler 1 ist. Ein überraschendes Ergebnis ist

Korollar 12.4 *Die Wahrscheinlichkeit, dass zwei positive ganze Zahlen teilerfremd sind, ist* $6/\pi^2$.

Es sei (a, b) der größte gemeinsame Teiler von a und b, und p sei die Wahrscheinlichkeit, dass $(a, b) = 1$. Es gibt einige Beweise für die Aussage $p = 6/\pi^2$, von denen die meisten jedoch eine gute Portion Zahlentheorie erfordern. Der folgende einfache Beweis stammt aus (Abrams und Paris, 1992).

Beweis Wir zeigen zunächst, dass die Wahrscheinlichkeit für $(a, b) = k$ für $k = 1, 2, 3, \ldots$ durch p/k^2 gegeben ist. Da die Wahrscheinlichkeit, dass k ein Teiler von a ist, gleich $1/k$ ist, ist die Wahrscheinlichkeit, dass k ein Teiler sowohl von a als auch von b ist, gleich $1/k^2$. Die Wahrscheinlichkeit, dass kein Vielfaches von k ein Teiler von a und b ist, ist gleich der Wahrscheinlichkeit, dass $(a/k, b/k) = 1$ ist, und diese Wahrscheinlichkeit ist p. Also ist die Wahrscheinlichkeit für $(a, b) = k$ gleich p/k^2.

Da jedes Paar positiver ganzer Zahlen einen größten gemeinsamen Teiler haben muss, muss die Summe der Wahrscheinlichkeiten für $(a, b) = k$ für $k = 1, 2, 3, \ldots$ gleich 1 sein. Das bedeutet

$$1 = \sum_{k=1}^{\infty} \frac{p}{k^2} = p \sum_{k=1}^{\infty} \frac{1}{k^2} = p \frac{\pi^2}{6}.$$

Also ist $p = 6/\pi^2 \approx 0{,}608$. ∎

Wir müssen etwas vorsichtig sein, wenn wir davon sprechen, dass wir Zahlen zufällig aus unendlichen Mengen wie $\{1, 2, 3, \ldots\}$ auswählen. Gewöhnlich definiert man die Wahrscheinlichkeit p für $(a, b) = 1$ als den Grenzwert $n \to \infty$ der Wahrscheinlichkeit p_n, dass $(a, b) = 1$, sofern a und b auf den Bereich $1 \le a \le n$ und $1 \le b \le n$ beschränkt sind. Einzelheiten findet man in (Yaglom und Yaglom, 1964).

12.10   Das Wallis-Produkt

Im Jahr 1656 veröffentlichte John Wallis (1616–1703) das folgende ungewöhnliche, aber bemerkenswerte Ergebnis, das $\pi/2$ als ein unendliches Produkt darstellt:

Satz 12.13

$$\frac{\pi}{2} = \frac{2}{1} \cdot \frac{2}{3} \cdot \frac{4}{3} \cdot \frac{4}{5} \cdot \frac{6}{5} \cdot \frac{6}{7} \cdot \frac{8}{7} \cdot \frac{8}{9} \cdots.$$

Beweis Wir beweisen diese Aussage mithilfe der Integralrechnung, die Wallis noch nicht zur Verfügung stand. Wir werden zeigen, dass

$$\lim_{n \to \infty} \left[\frac{2}{1} \cdot \frac{4}{3} \cdot \ldots \cdot \frac{2n}{2n-1} \right]^2 \frac{1}{2n+1} = \frac{\pi}{2}. \tag{12.14}$$

Für eine nichtnegative ganze Zahl n sei $I_n = \int_0^{\pi/2} \sin^n x \, dx$. Partielle Integration liefert $I_n = ((n+1)/n) I_{n-2}$, was mit $I_0 = \pi/2$ und $I_1 = 1$ auf

$$I_{2n} = \frac{2n-1}{2n} \cdot \frac{2n-3}{2n-2} \cdot \ldots \cdot \frac{3}{4} \cdot \frac{1}{2} \cdot \frac{\pi}{2}$$

und

$$I_{2n+1} = \frac{2n}{2n+1} \cdot \frac{2n-2}{2n-1} \cdot \ldots \cdot \frac{2}{3} \cdot 1$$

führt. Doch für Werte von x im Bereich $0 < x < \pi/2$ ist $\sin^{n+1} x < \sin^n x$ und somit $I_{n+1} < I_n$. Also bedeutet $I_{2n+1} < I_{2n}$:

$$\frac{2}{1} \cdot \frac{4}{3} \cdot \ldots \cdot \frac{2n}{2n-1} \cdot \frac{1}{2n+1} < \frac{1}{2} \cdot \frac{3}{4} \cdot \ldots \cdot \frac{2n-1}{2n} \cdot \frac{\pi}{2},$$

oder

$$\left[\frac{2}{1} \cdot \frac{4}{3} \cdot \ldots \cdot \frac{2n}{2n-1} \right]^2 \frac{1}{2n+1} < \frac{\pi}{2}.$$

Entsprechend bedeutet $I_{2n} < I_{2n-1}$:

$$\frac{2n}{2n+1} \cdot \frac{\pi}{2} < \left[\frac{2}{1} \cdot \frac{4}{3} \cdot \ldots \cdot \frac{2n}{2n-1} \right]^2 \frac{1}{2n+1}.$$

Insgesamt erhalten wir somit

$$\frac{2n}{2n+1} \cdot \frac{\pi}{2} < \left[\frac{2}{1} \cdot \frac{4}{3} \cdot \ldots \cdot \frac{2n}{2n-1} \right]^2 \frac{1}{2n+1} < \frac{\pi}{2}.$$

Das gesuchte Ergebnis folgt nun aus dem Einschnürungssatz für Grenzwerte. ∎

Wegen der außerordentlich langsamen Konvergenz des unendlichen Produkts ist die Formel von Wallis kein gutes praktisches Mittel zur Berechnung von π. Selbst für $n = 500$ ergibt das Produkt in (12.14) nur den Wert $\pi \approx 3{,}13989$. Allerdings ist die Formel bei der Herleitung bestimmter Näherungen ganz nützlich. Im nächsten Abschnitt werden wir das Wallis-Produkt zur Herleitung der Stirling'schen Näherung für $n!$ verwenden.

12.11 Die Stirling'sche Näherung für $n!$

Die Stirling'sche Formel (James Stirling, 1692–1779) ist eine Näherung für $n!$ und man schreibt sie gewöhnlich in der Form

Satz 12.14 (Stirling'sche Formel) $n! \sim \sqrt{2\pi n} \cdot n^n e^{-n}$.

Für zwei Folgen $\{a_n\}$ und $\{b_n\}$ bedeutet $a_n \sim b_n$, dass $\lim_{n \to \infty} a_n/b_n = 1$. Mithilfe der Integralrechnung beweisen wir zunächst, dass es eine Konstante C gibt, sodass $n! \sim C\sqrt{n}\; n^n e^{-n}$, anschließend verwenden wir das Wallis-Produkt für den Beweis, dass $C = \sqrt{2\pi}$. Unser Beweis lehnt sich an den Beweis in (Coleman, 1951) an.

Beweis Zunächst verwenden wir die Trapezregel für eine Nährung von $\int_1^n \ln x \; dx$, wobei wir $n - 1$ Trapeze mit jeweils einer Breite der Grundseite von 1 verwenden. Die Näherung des Integrals nach der Trapezregel lautet

$$\frac{1}{2}[\ln 1 + \ln 2] + \frac{1}{2}[\ln 2 + \ln 3] + \ldots + \frac{1}{2}[\ln(n-1) + \ln n] = \ln n! - \frac{1}{2}\ln n,$$

und der exakte Wert des Integrals ist $x \ln x - x\big|_1^n = n \ln n - n + 1$. Also ist

$$s_n = \int\limits_1^n \ln x \, dx - \ln n! + \frac{1}{2}\ln n = \left(n + \frac{1}{2}\right)\ln n - n + 1 - \ln n!$$

gleich der Fläche unter dem Graphen von $y = \ln x$ über dem Intervall $[1, n]$ abzüglich der Näherung dieser Fläche durch die Trapezregel. Da der Graph von $y = \ln x$ konkav ist, liegen die Trapeze unterhalb des Graphen, also ist jedes s_n positiv und die Folge $\{s_n\}$ nimmt offensichtlich mit n zu.

Für den Beweis, dass die zunehmende Folge $\{s_n\}$ einen Grenzwert hat, müssen wir nur zeigen, dass sie von oben beschränkt ist. Dazu verwenden wir eine modifizierte Mittelpunktsregel als Näherung für das Integral:

$$\int\limits_1^n \ln x \, dx = \int\limits_1^{3/2} \ln x \, dx + \int\limits_{3/2}^{n-1/2} \ln x \, dx + \int\limits_{n-1/2}^n \ln x \, dx.$$

In dem Intervall $[1, 3/2]$ gilt $\ln x < x - 1$, für das Intervall $[3/2, n - 1/2]$ verwenden wir die Mittelpunktsregel für einen Näherungswert des Integrals (die Mittelpunktsregel liefert einen zu großen Wert für das Integral, da der Graph von $y = \ln x$ konkav ist), und in dem Intervall $[n - 1/2, n]$ gilt

$\ln x < \ln n$. Damit erhalten wir

$$\int_1^{3/2} \ln x \, dx < \int_1^{3/2} (x-1) \, dx = 1/8,$$

$$\int_{3/2}^{n-1/2} \ln x \, dx < \ln 2 + \ln 3 + \ldots + \ln(n-1) = \ln n! - \ln n,$$

$$\int_{n-1/2}^{n} \ln x \, dx < \int_{n-1/2}^{n} \ln n \, dx = \frac{1}{2} \ln n$$

und somit

$$\int_1^n \ln x \, dx = n \ln n - n + 1 < \frac{1}{8} + \ln n! - \frac{1}{2} \ln n,$$

oder $s_n < 1/8$. Also hat die Folge $\{s_n\}$ einen Grenzwert c, für den gilt $0 < c \leq 1/8$.

Wir definieren

$$S_n = \exp(1 - s_n) = \frac{n!}{\sqrt{n} \, n^n \mathrm{e}^{-n}}.$$

Die Folge $\{S_n\}$ hat den Grenzwert $C = \mathrm{e}^{1-c}$, bzw. $n! \sim C\sqrt{n} \, n^n \mathrm{e}^{-n}$. Man beachte, dass C in dem Intervall $[\mathrm{e}^{7/8}, \mathrm{e}] \approx [2{,}40 \, , \, 2{,}72]$ liegen muss, d. h. der Wert von C liegt nahe bei $2{,}5$.

Für den Beweis von $C = \sqrt{2\pi}$ verwenden wir das folgende elegante Argument (Taylor und Mann, 1972). Wir betrachten das Verhältnis

$$\begin{aligned}
\frac{S_n^2}{S_{2n}} &= \frac{(n!)^2 \mathrm{e}^{2n}}{n^{2n+1}} \cdot \frac{(2n)^{2n+1/2}}{(2n)! \, \mathrm{e}^{2n}} \\
&= \frac{(n!)^2 2^{2n} \sqrt{2}}{(2n)! \sqrt{n}} \\
&= \frac{2 \cdot 4 \cdot 6 \ldots (2n)}{1 \cdot 3 \cdot 5 \ldots (2n-1)} \sqrt{\frac{2}{n}} \\
&= \frac{2 \cdot 4 \cdot 6 \ldots (2n)}{1 \cdot 3 \cdot 5 \ldots (2n-1)} \cdot \frac{1}{\sqrt{2n+1}} \cdot \sqrt{\frac{2(2n+1)}{n}}.
\end{aligned}$$

Wegen (12.14) ist der Grenzwert auf der rechten Seite für $n \to \infty$ gleich $2\sqrt{\pi/2} = \sqrt{2\pi}$. Andererseits ist der Grenzwert von S_n^2/S_{2n} gleich $C^2/C = C$. Also ist $C = \sqrt{2\pi}$, womit unsere Behauptung bewiesen ist. ∎

12.12 Aufgaben

12.1   Ausgehend von der Tatsache, dass $\mathbb{Q}_+$ abzählbar ist, beweisen Sie, dass auch $\mathbb{Q}$ abzählbar ist.

12.2   Beweisen Sie, dass es eine abzählbare Menge S gibt, die überabzählbar viele Teilmengen hat, sodass je zwei dieser Teilmengen eine endliche Schnittmenge haben.

12.3   Verwenden Sie (a) die AM-GM-Ungleichung und (b) die Cauchy-Schwarz-Ungleichung für Einzeilerbeweise der folgenden Ungleichung für beliebige positive Zahlen $a_1, a_2, \ldots, a_n$:

$$(a_1 + a_2 + \ldots + a_n)\left(\frac{1}{a_1} + \frac{1}{a_2} + \ldots + \frac{1}{a_n}\right) \geq n^2 .$$

12.4   Beweisen Sie, dass aus der Cauchy-Schwarz-Ungleichung für n Zahlen die AM-GM-Ungleichung für 2 Zahlen folgt.

12.5   Zeigen Sie, dass aus der AM-GM-Ungleichung für n Zahlen die Ungleichung $e^{1/e} \geq x^{1/x}$ für alle $x > 0$ folgt.

12.6   Zeigen Sie, dass für Funktionen $f : \mathbb{R} \to \mathbb{R}$ mit $f(0) = 0$ die Gleichung

$$f(x+y) + f(x-y) = 2f(x)$$

äquivalent zur Cauchy'schen Funktionalgleichung (12.4) ist.

12.7   Welche stetigen Funktionen $f : (0, \infty) \to \mathbb{R}$ (außer $f(x) \equiv 0$) sind vollständig multiplikativ, erfüllen also die Funktionalgleichung $f(xy) = f(x)f(y)$?

12.8   Es seien a, b, c die Seiten eines Dreiecks ABC und R der Radius des zugehörigen Umkreises. Man beweise, dass $a + b + c \leq 3\sqrt{3}R$. (Hinweis: Die Sinus-Funktion ist konkav im Bereich $[0, \pi]$.)

12.9 Es sei $f : \mathbb{R} \to \mathbb{R}$ eine subadditive Funktion. (a) Zeigen Sie: Falls $f(x) \leq x$ für alle x, dann ist $f(x) = x$. (b) Gilt dieselbe Schlussfolgerung auch, falls $f(x) \geq x$ für alle x?

12.10 Die harmonische Reihe (Lemma 1.2) und die Euler'sche Reihe für $\pi^2/6$ (Satz 12.12) sind Sonderfälle der *Riemann'schen Zeta-Funktion*, $\zeta(s) = \sum_{n=1}^{\infty} n^{-s}$, für $s = 1$ und $s = 2$. Für positive gerade Zahlen s kennt man die Werte von $\zeta(s)$, für die positiven ungeraden Zahlen s größer als 1 sind jedoch keine einfachen Ausdrücke bekannt. Man beweise trotzdem, dass

$$\sum_{k=2}^{\infty} [\zeta(k) - 1] = 1 \,.$$

12.11 Man zeige, dass

$$\binom{2n}{n} \frac{1}{2^{2n}} \sim \frac{1}{\sqrt{\pi n}} \,.$$

Als Folgerung daraus ergibt sich für die Wahrscheinlichkeit, bei $2n$ Münzwürfen genau n-mal Kopf und n-mal Zahl zu erhalten, näherungsweise der Wert $1/\sqrt{\pi n}$.

12.12 Eine weitere Näherungsformel für $n!$ ist die *Formel von Burnside*:

$$n! \sim \sqrt{2\pi}(n + 1/2)^{n+1/2} e^{-(n+1/2)} \,.$$

Die Burnside'sche Formel ist ungefähr doppelt so genau wie die Stirling'sche Formel. Beweisen Sie die Formel.

12.13 Zeigen Sie, dass $1 \cdot 3 \cdot 5 \ldots (2n - 1) \sim \sqrt{2}(2n/e)^n$.

Lösungen zu den Aufgaben

Viele der Aufgaben in diesem Buch haben mehrere Lösungen. Im Folgenden geben wir immer nur eine einfache Lösung zu jeder Aufgabe an und ersuchen den Leser, nach anderen, noch eleganteren Lösungen zu suchen.

Kapitel 1

1.1 (a) Siehe Abb. L.1a; zählen Sie die Objekte auf den ansteigenden (bzw. fallenden) Diagonalen.

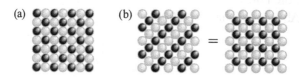

Abb. L.1

(b) Siehe Abb. L.1b.
(c) Siehe Abb. L.2 (Arcavi und Flores, 2000).

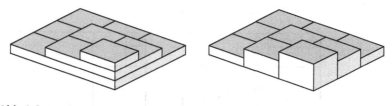

Abb. L.2

1.2 Siehe Abb. L.3.

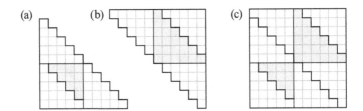

Abb. L.3

1.3 Für den Induktionsanfang gilt $1 + 9 = 10 = t_{1+3}$. Angenommen, $1 + 9 + 9^2 + \ldots + 9^n = t_{1+3+3^2+\ldots+3^n}$. Dann folgt $1 + 9 + 9^2 + \ldots + 9^{n+1} = 9(1 + 9 + 9^2 + \ldots + 9^n) + 1 = 9(t_{1+3+3^2+\ldots+3^n}) + 1 = t_{3(1+3+3^2+\ldots+3^n)+1} = t_{1+3+3^2+\ldots+3^{n+1}}$.

1.4 Ersetzen wir in $t_{n-1} + n = t_n$ das n durch t_n, folgt $t_{t_n-1} + t_n = t_{t_n}$.

1.5 Nein. Da $N_k = p_1 p_2 \ldots p_k$ von der Form $2(2k+1)$ ist, sind die Euklidischen Zahlen von der Form $4k+3$. Ungerade Quadratzahlen haben jedoch die Form $4k+1$.

1.6 Siehe Abb. L.4 (Ollerton, 2008).

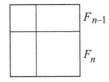

Abb. L.4

1.7 Siehe Abb. L.5.

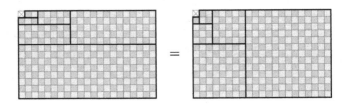

Abb. L.5

1.8 Abbildung L.6 verdeutlicht folgende Beziehung: $F_{n+1}^2 - F_n F_{n+2} = F_{n-1} F_{n+1} - F_n^2$.

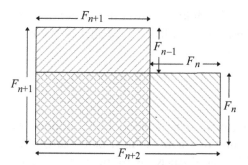

Abb. L.6

Also haben die Ausdrücke der Folge $\{F_{n-1}F_{n+1} - F_n^2\}_{n=2}^{\infty}$ alle denselben Betrag und wechseln lediglich ihr Vorzeichen. Wir müssen also nur den Induktionsanfang $n = 2$ zeigen: $F_1F_3 - F_2^2 = 1$, also ist $F_{n-1}F_{n+1} - F_n^2 = +1$ für n gerade und -1 für n ungerade, d. h. $F_{n-1}F_{n+1} - F_n^2 = (-1)^n$.

1.9 In der Basis 10 erhalten wir $\{a_n\} = \{1, 2, 5, 10, 21, 42, \dots\}$, doch in der Basis 4 folgt $\{a_n\} = \{1, 2, 11, 22, 111, 222, \dots\}$. Also scheint

$$a_{2n-1} = 4^{n-1} + 4^{n-2} + \dots + 4 + 1 = \frac{4^n - 1}{3} \quad \text{und} \quad a_{2n} = 2\frac{4^n - 1}{3}.$$

Zum Beweis setzt man diesen Ausdruck einfach in die gegebene Rekursionsformel.

1.10 Der Satz gilt offensichtlich für $n = 0$. Für $p = 2$ beachte man, dass $n^2 - n = n(n - 1)$ immer gerade ist. Für p ungerade ist $(-n)^p - (-n) = -(n^p - n)$.

1.11 Jede Faktorisierung von n als Produkt ab mit $a \neq b$ liefert zwei verschiedene Faktoren, von denen einer kleiner und einer größer als $\sqrt{n}$ ist. Falls n also keine Quadratzahl ist, muss $\tau(n)$ gerade sein. Ist n eine Quadratzahl, dann gibt es eine Faktorisierung ab mit $a = b$ und wir erhalten einen Faktor mehr.

1.12 Da n eine gerade vollkommene Zahl größer als 6 ist, folgt $n = 2^{p-1}(2^p - 1) = t_{2^p-1}$, wobei p eine ungerade Primzahl ist. Doch $2^p \equiv 2 \pmod{3}$; es gibt also eine ganze Zahl k, sodass $2^p = 3k + 2$ und somit $2^p - 1 = 3k + 1$. Aus Lemma 1.1b folgt damit $n = t_{2^p-1} = t_{3k+1} = 9t_k + 1$, womit (a) bewiesen ist. Für Teil (b) schreibe man $(n - 1)/9 = (k + 1) \cdot (k/2)$. Da $3k = 2^p - 2 = 2(2^{p-1} - 1)$ muss k gerade sein, also $k + 1$ ungerade. Außerdem ist $k/2$ eine ganze Zahl, und da $3 \cdot (k/2) = 2^{p-1} - 1$ muss $k/2$ eine ungerade Zahl sein. Also ist

$(n-1)/9$ das Produkt von zwei ungeraden Zahlen $k+1$ und $k/2$, und für $n > 28$ müssen sowohl $k+1$ als auch $k/2$ größer als 1 sein.

Kapitel 2

2.1 (a) Angenommen, $\sqrt{3} = m/n$. Dann können wir ein rechtwinkliges Dreieck mit den ganzzahligen Seitenlängen n, m und $2n$ konstruieren. Mit derselben Konstruktion wie in Abb. 1.1 hat das kleinere Dreieck die Seitenlängen n, $m/3$ und $2m/3$. Doch $m/3$ ist eine ganze Zahl, da m wegen $m^2 = 3n^2$ durch 3 teilbar sein muss.

(b) Wir setzen $\sqrt{5} = m/n$ und können nun ein rechtwinkliges Dreieck mit den Seitenlängen n, $2n$ und m konstruieren. Mit derselben Konstruktion wie in Abb. 1.1 hat nun das kleinere Dreieck die Seitenlängen $m-n$, $(m-n)/2$ und $2n-(m-n)/2$. Doch $(m-n)/2$ ist eine ganze Zahl, da sowohl m als auch n ungerade sein müssen (m und n können nicht beide gerade sein und da $m^2 = 3n^2$, kann auch nicht nur m oder n gerade und die andere Zahl ungerade sein).

2.2 Man nutze aus, dass Quadratzahlen immer kongruent zu 0 oder zu 1 mod 3 sind.

2.3 Angenommen $\sqrt[n]{2}$ sei rational, dann müsste es positive ganze Zahlen p und q geben, sodass $\sqrt[n]{2} = p/q$. Doch dann wäre $q^n + q^n = p^n$, was Fermats letztem Satz widerspricht (Schultz, 2003).

2.4 Es sei x die Länge der Diagonalen (Abb. L.7a).

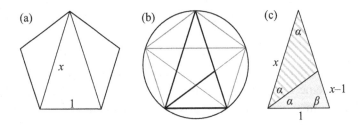

Abb. L.7

Zwei Diagonalen aus einem gemeinsamen Eckpunkt bilden ein gleichschenkliges Dreieck, das sich durch den Abschnitt einer weiteren Diagonale in zwei kleinere Dreiecke unterteilen lässt (Abb. L.7b und L.7c). Die in Abb. L.7c mit α gekennzeichneten Winkel sind gleich, da sie jeweils einem Kreisbogen von $1/5$ der Länge des umbeschriebenen Kreises gegenüberliegen. Damit ist das gestreifte Dreieck ebenfalls gleichschenklig. Aus $\beta = 2\alpha$ folgt $\alpha = 36°$, da die Summe der Winkel in dem gesamten Dreieck $5\alpha = 180°$ sein muss. Der in dem grauen Dreieck nicht gekennzeichnete Winkel muss daher gleich $\beta = 72°$ sein, sodass dieses Dreieck ebenfalls gleichschenklig und damit ähnlich zu dem ursprünglichen Dreieck ist. Damit folgt $x/1 = 1/(x-1)$, und somit ist x die (positive) Wurzel von $x^2 - x - 1 = 0$, also wie behauptet $x = \varphi$.

2.5 Da die Winkel in beiden Trapezen gleich sind (60° und 120°), müssen wir nur den Wert von x finden, für den die Verhältnisse entsprechender Seitenlängen gleich werden. Die Seitenlängen sind in Abb. L.8 angegeben (man beachte, dass die Dreiecke gleichseitig sind).

Abb. L.8

Es muss also gelten $\dfrac{2x-1}{1-x} = \dfrac{1-x}{x}$ und damit $x^2 + x - 1 = 0$, d. h. $x = 1/\varphi$.

2.6 $A = \pi(a^2 - b^2)$ und $E = \pi ab$, also ist $A = E$ genau dann, wenn $a^2 - ab - b^2 = 0$ bzw. $(a/b)^2 - (a/b) - 1 = 0$ gilt. Da $a/b > 0$ muss a/b gleich dem Goldenen Schnitt sein. Eine solche Ellipse bezeichnet man manchmal als *Goldene Ellipse*, da sie in ein Goldenes Rechteck einbeschrieben werden kann.

2.7 Man führe ein *xyz*-Koordinatensystem ein, dessen Ursprung im Mittelpunkt der Rechtecke liegt und bei dem die Rechtecke jeweils in einer der Koordinatenebenen liegen. Die Koordinaten der zwölf Eckpunkte sind dann $(0, \pm a/2, \pm b/2)$, $(\pm b/2, 0, \pm a/2)$ und $(\pm a/2, \pm b/2, 0)$. Die Seitenflächen sind genau dann gleichseitige Dreiecke, wenn

$$\sqrt{\left(\frac{b}{2} - \frac{a}{2}\right)^2 + \left(0 + \frac{b}{2}\right)^2 + \left(\frac{a}{2} - 0\right)^2} = a,$$

d. h. $(b/a)^2 = 1 + (b/a)$ und somit $b/a = \varphi$.

2.8 Aus der Formel von Binet folgt $F_n = (\varphi^n/\sqrt{5}) - (-1)^n(1/\varphi^n\sqrt{5})$. Da $\varphi^n\sqrt{5} \geq \varphi\sqrt{5} > 3$ liegt F_n (eine ganze Zahl) um weniger als $1/3$ von $\varphi^n/\sqrt{5}$ entfernt und ist damit die nächste ganze Zahl.

2.9 Ja. Wenn es sich um eine geometrische Reihe handelt, muss es ein $r \neq 0$ geben, sodass die Terme die Form ar^{n-1} haben und für $n \geq 3$ folgt

$ar^n = ar^{n-1} + ar^{n-2}$. Das bedeutet $r^2 = r + 1$, also ist r gleich φ oder $-1/\varphi$.

2.10 Die Berechnung des Integrals genügt, da der Integrand auf dem Intervall $[0,1]$ positiv ist und daraus $22/7 - \pi > 0$ folgt. Es gilt:

$$\int_0^1 \frac{x^4(1-x)^4}{1+x^2}\,dx = \int_0^1 \left(x^6 - 4x^5 + 5x^4 - 4x^2 + 4 - \frac{4}{1+x^2}\right)dx$$

$$= \frac{x^7}{7} - \frac{2x^6}{3} + x^5 - \frac{4x^3}{3} + 4x - 4\arctan x\Big|_0^1$$

$$= \frac{1}{7} - \frac{2}{3} + 1 - \frac{4}{3} + 4 - \pi = \frac{22}{7} - \pi.$$

2.11 (a) Man vergleiche in Abb. 2.9 die Steigung der Sekante mit der Steigung der Tangente am linken Endpunkt.

(b) Wir multiplizieren die Gleichung aus (a) mit den Nennern:

$$a^n[(n+1)b - na] < b^{n+1}. \tag{L.1}$$

Mit $a = 1 + (1/(n+1))$ und $b = 1 + (1/(n))$ erhalten wir

$$\left(1 + \frac{1}{n+1}\right)^n\left[\left(\frac{n+2}{n+1}\right)^2 \frac{n(n+2)^2 + 1}{n(n+2)^2}\right] < \left(1 + \frac{1}{n}\right)^{n+1}.$$

Doch $(1 + 1/(n+1))^{n+2}$ ist kleiner als die Zahl auf der linken Seite der obigen Ungleichung, also ist $\{(1+1/n)^{n+1}\}$ abnehmend. Mit $a = 1$ und $b = 1 + (1/n)$ in (L.1) folgt

$$2 < \frac{2n+1}{n} < \left(1 + \frac{1}{n}\right)^{n+1},$$

also ist $\{(1+1/n)^{n+1}\}$ von unten beschränkt.

(c) Die Differenz zwischen $(1+1/n)^{n+1}$ und $(1+1/n)^n$ ist $(1+1/n)^n/n$, was für $n \to \infty$ gegen 0 geht.

2.12 Aus Aufgabe 2.9(c) folgt

$$\prod_{k=1}^n \frac{(k+1)^k}{k^k} < e^n < \prod_{k=1}^n \frac{(k+1)^{k+1}}{k^{k+1}},$$

was sich zu

$$\frac{(n+1)^n}{n!} < e^n < \frac{(n+1)^{n+1}}{n!}$$

vereinfacht. Also ist

$$\frac{n+1}{e} < \sqrt[n]{n!} < \frac{(n+1)^{1+1/n}}{e}$$

und damit

$$\left(\frac{n+1}{n}\right) \cdot \frac{1}{e} < \frac{\sqrt[n]{n!}}{n} < \left(\frac{n+1}{n}\right) \cdot \frac{(n+1)^{1/n}}{e}.$$

Doch für $n \to \infty$ gilt $(n+1)^{1/n} \to 1$ und $(n+1)/n \to 1$, also $\lim_{n\to\infty} \sqrt[n]{n!}/n = 1/e$ (Schaumberger, 1984).

2.13 Nach Abschn. 2.10 gilt $e^{1/e} > \pi^{1/\pi}$ und somit $e^{\pi} > \pi^{e}$.

2.14 (a) Wenn $2^{\sqrt{2}}$ bereits irrational ist, haben wir unser Beispiel. Sollte $2^{\sqrt{2}}$ rational sein, dann ist $(2^{\sqrt{2}})^{1/(2\sqrt{2})} = \sqrt{2}$ unser Beispiel.

(b) Ein Beispiel ist $1^{\sqrt{2}} = 1$. Als Folge der Lösung von Hilberts siebtem Problem können wir nicht nach einem Beispiel fragen, für das die irrationale Potenz einer rationalen Zahl ungleich 0 oder 1 eine rationale Zahl ist.

(c) Weil das zu einfach wäre: $\sqrt{2}^1 = \sqrt{2}$ und $\sqrt{2}^2 = 2$.

2.15 Die Werte von $\gamma - a_n$ lassen sich ähnlich wie in Abb. 2.11 darstellen, allerdings über dem Intervall $[n+1, \infty)$. Aus der Konvexität des Graphen von $y = 1/x$ folgt, dass die Summe der grau unterlegten Bereiche mindestens gleich der Hälfte der Fläche des Rechtecks mit der Grundseite 1 und der Höhe $1/(n+1)$ ist und somit $\gamma - a_n > 1/2(n+1)$.

2.16 Mithilfe vollständiger Induktion zeigen wir, dass $\{x_n\}$ konvergiert. Die Folge $\{x_n\}$ ist zunehmend, da $x_2 > x_1$ und aus $x_n > x_{n-1}$ folgt

$$x_{n+1} = \sqrt{k+x_n} > \sqrt{k+x_{n-1}} = x_n,$$

außerdem ist $\{x_n\}$ von oben beschränkt, da $x_1 < \sqrt{k}+1$ und aus $x_n < \sqrt{k}+1$ folgt

$$x_{n+1} = \sqrt{k+x_n} < \sqrt{k+\sqrt{k}+1} < \sqrt{k+2\sqrt{k}+1} = \sqrt{k}+1.$$

Wenn also $\lim_{n\to\infty}\{x_n\} = x$, dann gilt $x^2 = k+x$ und die positive Wurzel dieser Gleichung ist $x = (1 + \sqrt{1+4k})/2$.

Kapitel 3

3.1   Nein. Wenn ein gleichseitiges Gitterdreieck S die Seitenlänge s hat, muss s^2 nach dem Satz des Pythagoras eine ganze Zahl sein. Damit ist die Fläche $A(S) = s^2\sqrt{3}/4$ irrational. Doch nach dem Satz von Pick ist die Fläche von jedem Gitterviereck rational.

3.2   Nein. Das Volumen des im Hinweis angegebenen Tetraeders ist $k/6$, aber es hat nur vier Gitterpunkte (die Eckpunkte) auf seiner Oberfläche oder in seinem Inneren.

3.3   Man betrachte die Punktmenge der kartesischen Ebene mit ganzzahligen Koordinaten (die *Gitterpunkte* der Ebene). Jede Gerade, die durch zwei Gitterpunkte verläuft, verläuft durch unendlich viele Gitterpunkte.

3.4   Man wähle für die sieben Punkte die Eckpunkte, die Seitenmittelpunkte und den Mittelpunkt eines gleichseitigen Dreiecks.

3.5   Für die vertikalen Seiten des Rechtecks gibt es $\binom{m}{2}$ Möglichkeiten und für die horizontalen Seiten $\binom{n}{2}$ Möglichkeiten, also gibt es insgesamt $\binom{m}{2}\binom{n}{2}$ solcher Rechtecke.

3.6   Angenommen, $n = 4k - 1$ und $r_2(n) > 0$. Falls $x^2 + y^2 = n$ für ein ungerades n, dann muss entweder x oder y gerade sein und der jeweils andere Wert ungerade. Also ist entweder x^2 oder y^2 ein Vielfaches von 4, während der andere Wert um 1 größer als ein Vielfaches von 4 ist. Ist n ungerade, muss es also von der Form $n = 4k + 1$ sein und kann nicht die Form $n = 4k - 1$ haben.

3.7   Man verfahre wie in dem Beweis von Satz 3.2, verwende nun allerdings Kugeln und Würfel und zeige, dass

$$\frac{4}{3}\pi(\sqrt{n} - \sqrt{3}/2)^3 < N_3(n) < \frac{4}{3}\pi(\sqrt{n} + \sqrt{3}/2)^3 \,.$$

Teilt man durch $n\sqrt{n}$ und bildet den Grenzwert, erhält man $\lim_{n\to\infty} N_3(n)/n\sqrt{n} = 4\pi/3$.

3.8   Da wir fünf Eckpunkte und zwei Farben haben, folgt aus dem Taubenschlagprinzip, dass mindestens drei Eckpunkte, z. B. A, B und C, dieselbe Farbe haben, sagen wir Weiß. Nun können zwei Fälle auftreten: Im ersten Fall sind die Eckpunkte A, B und C benachbart (Abb. L.9a). Dann ist $BA = BC$. Im zweiten Fall sind zwei der Eckpunkte benachbart (z. B. A und B) und der dritte Punkt liegt ihnen gegenüber (Abb. L.9b). In diesem Fall ist $CA = CB$ (Bankov, 1995).

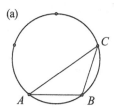
(a)

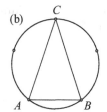
(b)

Abb. L.9

3.9 Man schreibe alle ausgewählten ganzen Zahlen in der Form $2^k q$, wobei q eine ungerade Zahl ist. Man lege zwei Zahlen in denselben Taubenschlag, wenn sie denselben Wert für q haben. Da es nur n ungerade Zahlen zwischen 1 und $2n$ gibt, müssen mindestens zwei der Zahlen in demselben Taubenschlag sein. Die Zahl mit dem kleineren Wert von k ist ein Teiler der anderen.

3.10 (a) Man betrachte ein gleichseitiges Dreieck mit der Seitenlänge von einem Zentimeter. Mindestens zwei der drei Eckpunkte müssen dieselbe Farbe haben.

   (b) Angenommen, dies ist nicht der Fall, d. h. je zwei Punkte, die einen Zentimeter voneinander entfernt sind, haben verschiedene Farben. Wir betrachten nun zwei gleichseitige Dreiecke ABC und $A'BC$ mit Seitenlängen von einem Zentimeter und einer gemeinsamen Kante BC. Dann müssen die Eckpunkte von beiden Dreiecken verschiedene Farben haben, also müssen A und A', die einen Abstand von $\sqrt{3}$ cm haben, dieselbe Farbe haben. Das gilt offenbar für je zwei Punkte, deren Abstand $\sqrt{3}$ cm ist. Nun betrachte man ein gleichschenkliges Dreieck DEF mit $DE = DF = \sqrt{3}$ und $EF = 1$ cm. D und E einerseits und D und F andererseits müssen dieselbe Farbe haben, also haben auch E und F dieselbe Farbe. Damit haben wir einen Widerspruch zu unsere Annahme.

   (c) Nein. Man überdecke die Ebene mit quadratischen Feldern, die aus 3×3 jeweils in verschiedenen Farben bemalten Quadraten mit einer Seitenlänge von 0,6 cm bestehen. Je zwei Punkte innerhalb eines Quadrats haben einen Abstand, der kleiner als einen Zentimeter ist, und zwei Punkte in verschiedenen Quadraten derselben Farbe sind immer weiter als einen Zentimeter voneinander entfernt. (Die Teile (b) und (c) dieser Aufgabe stammen aus Aufgabe A-4 des William-Lowell-Putnam-Wettbewerbs von 1988.)

3.11 Man betrachte sieben Punkte auf einer Geraden. Vier dieser Punkte P_1, P_2, P_3, P_4 müssen dieselbe Farbe haben, z. B. Rot. Man projiziert diese Punkte auf zwei Geraden parallel zu der ersten Geraden und erhält dort jeweils die Punkte (Q_1, Q_2, Q_3, Q_4) und (R_1, R_2, R_3, R_4) (Abb. L.10).

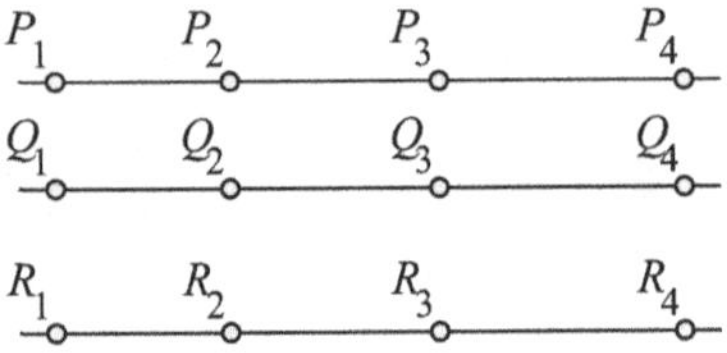

Abb. L.10

Falls zwei der Q-Punkte rot sind, haben wir ein Rechteck $P_i P_j Q_j Q_i$ mit nur roten Eckpunkten gefunden. Das Gleiche gilt, wenn zwei der R-Punkte rot sind. Tritt keiner dieser beiden Fälle auf, dann müssen drei oder mehr der Q-Punkte und ebenso drei oder mehr der R-Punkte blau sein. In diesem Fall gibt es ein Rechteck mit nur blauen Punkten aus den Q- und P-Punkten (Honsberger, 1978).

Kapitel 4

4.1   Es sei r der Radius des gegebenen Kreises. Dann ist der Umkreisradius des einbeschriebenen n-Ecks r und der Umkreisradius des umbeschriebenen n-Ecks $r/\cos(\pi/n)$. Damit folgt das Ergebnis.

4.2   Es sei s die Seitenlänge des einbeschriebenen n-Ecks. Dann ist $p_n = ns$ und $a_{2n} = 2n \cdot (1/2) \cdot 1 \cdot (s/2) = ns/2$, also ist $a_{2n} = p_n/2$.

4.3   Es seien R der Radius des gegebenen Kreises, s_n und S_n die jeweiligen Seitenlängen der regulären einbeschriebenen und umbeschriebenen n-Ecke und r_n der Inkreisradius eines einbeschriebenen n-Ecks (Abb. L.11a). Dann gilt $S_n/s_n = R/r_n$. Die beiden grau unterlegten Dreiecke des einbeschriebenen n-Ecks und einbeschriebenen $2n$-Ecks in Abb. L.11b sind ähnlich und liefern daher die Bedingung $s_{2n}/2 = s_n/2$ oder $s_{2n}/r_{2n} = s_n/(R + r_n)$. Also folgt:

$$\frac{2p_n P_n}{p_n + P_n} = \frac{2ns_n S_n}{s_n + S_n} = \frac{2ns_n^2 R/r_n}{s_n + s_n R/r_n}$$

$$= 2n\frac{s_n R}{r_n + R} = 2n\frac{s_{2n}R}{r_{2n}} = 2nS_{2n} = P_{2n}.$$

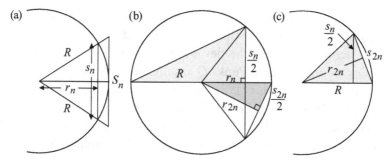

Abb. L.11

Wir berechnen die Fläche des grauen Dreiecks in Abb. L.11c auf zwei verschiedene Weisen und erhalten $(1/2) R(s_n/2) = (1/2) s_{2n} r_{2n}$ oder $R s_n = 2 s_{2n} r_{2n}$. Also gilt

$$\sqrt{p_n P_{2n}} = n\sqrt{2 s_n S_{2n}} = n\sqrt{2 R s_n s_{2n}/r_{2n}} = 2 n s_{2n} = p_{2n}.$$

4.4 Das Problem sind die beiden Talfaltungen unter 45° an dem Vertex. Die beiden jeweils benachbarten Winkel sind rechte Winkel, und da es sich um Talfaltungen rechts und links des 45°-Winkels handelt, überdecken die beiden 90°-Winkel den 45°-Winkel auf der selben Seite des Papiers. Drückt man nun die Faltung flach, durchdringen die beiden 90°-Winkel einander und solche Selbstdurchdringungen des Papiers sind (im dreidimensionalen Raum) nicht erlaubt (Hull, 2004).

4.5 Da $p_n = 2nr \sin \pi/n$ folgt $\lim_{n\to\infty} (n/\pi) \sin \pi/n = 1$. Definieren wir $\pi/n = \theta$, dann entspricht $\theta \to 0^+$ dem Grenzwert $n \to \infty$ und umgekehrt, sodass $\lim_{\theta\to 0^+} \sin\theta/\theta = 1$ (Knebelman, 1943).

4.6 Jeder der p Eckwinkel beträgt $[1 - 2(q/p)]\,180°$, also ist ihre Summe $(p - 2q)\,180°$.

4.7 Nach Korollar 4.2 ist die Summe der Quadrate aller Diagonalen, die von einem gegebenen Eckpunkt ausgehen, plus der Quadrate der beiden benachbarten Seiten gleich $2nR^2$. Wenn wir diese Terme für alle Eckpunkte addieren, wird jede Diagonale und jede Seite doppelt gezählt. Also ist die gesuchte Summe gleich $(1/2) n(2nR^2) = n^2 R^2$ (Ouellette und Bennett, 1979).

4.8 Die erste Ungleichung folgt unmittelbar aus Teil (i) von Satz 4.10, und die zweite folgt aus der ersten durch vollständige Induktion mit dem Induktionsanfang $T_3 = 1$.

4.9 Die beiden spitzen Winkel an der Grundseite sind jeweils $\pi/2 - \pi/n$ und alle anderen $n - 2$ stumpfen Winkel sind $\pi - \pi/n$. In Abb. 4.21 sieht man, dass bei jedem Eckepunkt der polygonalen Zykloide der Winkel in dem grau unterlegten Dreieck π/n ist und die beiden Winkel in dem weißen Dreieck jeweils $\pi/2 - \pi/n$ sind.

4.10 Wir berechnen die Fläche des n-Ecks auf zwei Weisen, indem wir das n-Eck einmal von dem Punkt Q aus und einmal vom Mittelpunkt I aus triangulieren (Abb. L.12). Es seien d_i die senkrechten Abstände der Seiten von Q und s die Seitenlängen des n-Ecks. Dann ist in Abb. L.12a die Fläche des n-Ecks durch $s \sum d_i/2$ gegeben, während nach Abb. L.12b die Fläche gleich $nrs/2$ ist. Damit folgt die Behauptung $\sum d_i = nr$.

Abb. L.12

4.11 (a) Siehe Abb. L.13a.

(b) Sie sind kongruent. Die Winkelsumme in dem Fünfeck $V_1 V_2 V_3 V_4 V_{12}$ beträgt 540°, während die Winkel bei V_1, V_2 und V_3 jeweils 150° sind. Also sind die Winkel bei V_{12} und V_4 jeweils 45°. Damit verlaufen alle drei Diagonalen durch den Mittelpunkt des grauen Quadrats (Abb. L.13b).

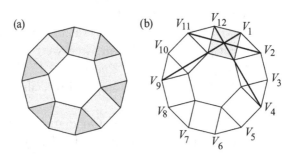

Abb. L.13

Kapitel 5

5.1 Nein. Seien a, b, c die Seiten eines Dreiecks. Angenommen, es gälte $\sqrt{a} + \sqrt{b} = \sqrt{c}$. Da $\sqrt{a}$, $\sqrt{b}$ und $\sqrt{a+b}$ nach dem Satz des Pythagoras die Seiten eines rechtwinkligen Dreiecks bilden, folgt

$\sqrt{a+b} < \sqrt{a} + \sqrt{b}$ und damit $\sqrt{a+b} < \sqrt{c}$. Also müsste $a+b<c$ sein, was nicht möglich ist.

5.2 Die Gleichungen in (5.1) sind äquivalent zu $ab = 2rs$ und $s = c+r$, also $(a-r)(b-r) = ab - (a+b)r + r^2 = 2rs - (2s-c)r + r^2 = r(c+r) = rs = K$.

5.3 Das Quadrat in dem Dreieck auf der linken Seite hat die Fläche $2/4 = 1/2$, also die Hälfte der Dreiecksfläche, während die Fläche des Quadrats auf der rechten Seite $4/9$ der Dreiecksfläche ist (Abb. L.14), also ist das linke Quadrat größer (DeTemple und Harold, 1996).

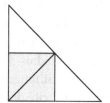 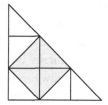

Abb. L.14

5.4 Siehe Abb. 5.18. Wir beweisen $U/u = a/c$. Der Sinus-Satz angewandt auf Dreieck ABB' ergibt $\sin\beta / \sin\angle BB'A = u/c$, angewandt auf Dreieck CBB' folgt $\sin\beta / \sin\angle BB'C = U/a$. Doch $\sin\angle BB'A = \sin\angle BB'C$ und somit $u/c = U/a$ oder $U/u = a/c$.

5.5 (a) Nach Lemma 5.3 ist $abc = 4KR$ und damit

$$h_a + h_b + h_c = 2K\left[\frac{1}{a} + \frac{1}{b} + \frac{1}{c}\right] = \frac{abc}{2R}\left[\frac{ab+bc+ca}{abc}\right]$$
$$= \frac{ab+bc+ca}{2R}.$$

(b) Aus Lemma 5.1 folgt

$$\frac{1}{h_a} + \frac{1}{h_b} + \frac{1}{h_c} = \frac{a}{2K} + \frac{b}{2K} + \frac{c}{2K} = \frac{2s}{2K} = \frac{1}{r}.$$

5.6 (a) Der Einfachheit halber sei 4 die Seitenlänge des Quadrats (Abb. L.15a). Dann ist der Radius des Halbkreises 2, sodass das gestreifte rechtwinklige Dreieck die Katheten 2 und 4 hat. Doch das dunkelgraue rechtwinklige Dreieck und das gestreifte Dreieck sind ähnlich, sodass dessen Katheten 1 und 2 sind. Also handelt es sich bei dem hellgrauen Dreieck um das rechtwinklige $3:4:5$-Dreieck.

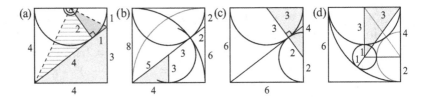

Abb. L.15

(b) Diesmal sei die Seitenlänge des Quadrats 8 (Abb. L.15b), und wir beginnen mit der Abbildung aus Teil (a). Man zeichne jeweils einen Viertelkreis vom Radius 8 um die beiden unteren Eckpunkte des Quadrats und konstruiere von der unteren, linken Ecke aus das rechtwinklige graue 3 : 4 : 5-Dreieck. Nun zeichne man um den oberen Eckpunkt dieses Dreiecks einen Kreis mit Radius 3 (in der Abbildung nur teilweise gezeichnet). Dieser Kreis ist tangential sowohl zu den beiden Viertelkreisen als auch zur Grundseite des Quadrats.

(c) In diesem Fall sei die Seitenlänge des Quadrats 6 (Abb. L.15c), und wir beginnen wieder mit der Abbildung aus Teil (a). Zu der Tangente an den oberen Halbkreis zeichne man im Berührungspunkt an den Halbkreis die Senkrechte. Man erhält so das graue Dreieck, das dem Dreieck aus Teil (a) ähnlich ist. Da seine Hypotenuse die Länge 5 hat und der Radius des Halbkreises die Länge 3, kann man nun den Halbkreis mit Radius 2 um die rechte Seite des Quadrats ziehen. Schließlich drehe man die Abbildung noch um 180°.

(d) Wiederum sei die Seitenlänge des Quadrats 6. Wir spiegeln das graue Dreieck aus Teil (c) wie in Abb. L.15d und ziehen einen Viertelkreis mit Radius 6 um den oberen, rechten Eckpunkt des grauen Dreiecks. Schließlich zeichne man noch den zweiten Viertelkreis und drehe die gesamte Abbildung um 180°.

5.7 (a) Das Ergebnis ergibt sich aus dem Kosinus-Satz angewandt auf die Dreiecke mit den Seitenlängen m_a, $a/2$, b und m_a, $a/2$, c sowie der Tatsache, dass der Kosinus von komplementären Winkeln denselben Betrag, aber das umgekehrte Vorzeichen hat.

(b) Da $m_a^2 - m_b^2 = 3(b^2 - a^2)/4$, bedeutet $a \leq b$ dass $m_a \geq m_b$, und entsprechend folgt aus $b \leq c$ auch $m_b \geq m_c$.

5.8 Wir wenden Satz 5.11 von Erdős und Mordell auf den Fall an, bei dem O der Umkreismittelpunkt ist, sodass $x = y = z = R$. Wie in dem Absatz nach dem Beweis des Erdős-Mordell-Satzes gezeigt wurde, werden in diesem Fall die drei Ungleichungen in Lemma 5.4 zu Gleichungen, sodass $aR = bw + cv$, $bR = aw + cu$ und $cR = av + bu$. Wir berechnen die

Fläche K des Dreiecks aus Abb. 5.17b und verwenden Lemma 5.1:

$$K = (au + bv + cw)/2 = rs = r(a + b + c)/2 \,.$$

Somit gilt

$$
\begin{aligned}
(a + b + c)(u + v + w) &= (au + bv + cw) + (bw + cv) \\
&\quad + (aw + cu) + (av + bu) \\
&= r(a + b + c) + R(a + b + c) \\
&= (a + b + c)(r + R) \,,
\end{aligned}
$$

also $u + v + w = r + R$.

5.9 Wenn es sich um ein gleichseitiges Dreieck handelt, ist nichts zu beweisen, da die Punkte G, H und O zusammenfallen. Handelt es sich nicht um ein gleichseitiges Dreieck, betrachte man Abb. L.16. Da CH parallel zu OM_c ist, sind die beiden grauen Dreiecke ähnlich, es gilt $|CG| = 2|GM_c|$ und daraus folgt das Ergebnis.

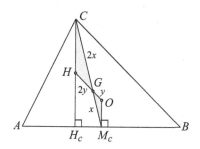

Abb. L.16

5.10 Wir können die Schritte aus der Lösung zu der vorherigen Aufgabe umkehren. Wenn der Schwerpunkt G und der Mittelpunkt des Umkreises O zusammenfallen, stehen die Seitenhalbierenden senkrecht auf den Seiten und jede Seitenhalbierende ist eine Höhe. Sind G und O verschieden, ziehe man die Verbindungsgrade GO und bestimme den Punkt H, sodass $|GH| = 2|GO|$ und G zwischen H und O liegt. Dann sind die beiden grauen Dreiecke ähnlich, sodass CH (und damit auch CH_c) parallel zu OM_c ist. Doch OM_c steht senkrecht auf AB und damit gilt das Gleiche für CH_c. Analog können wir zeigen, dass die Verlängerungen von AH und BH senkrecht auf BC bzw. AC stehen.

5.11 Ja. Dies folgt aus der Tatsache, dass die Dreiecke über der Diagonale eines Halbkreises rechtwinklig sind und sich die drei Höhen eines Dreiecks in einem Punkt schneiden (Abb. L.17).

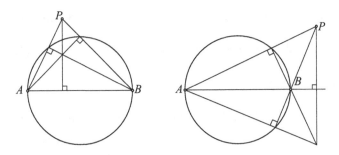

Abb. L.17

5.12 Siehe Abb. L.18a, wobei wir $a > b > c$ gewählt haben. Da die Seiten eine arithmetische Folge bilden sollen, ist $a + c = 2b$ und somit gilt für den halben Umfang $s = 3b/2$. Für die Fläche K folgt daher $K = rs = 3br/2$ und $K = bh/2$, also ist $h = 3r$. Der Inkreismittelpunkt I liegt daher auf der gestrichelten Strecke parallel zu AC, deren Abstand von AC einem Drittel des Abstands von AC zu B entspricht (Abb. L.18b). Doch der Schwerpunkt liegt auf der Seitenhalbierenden BM_b ebenfalls bei einem Drittel des Abstands von AC zu B, und somit liegt G ebenfalls auf der gestrichelten Strecke (Honsberger, 1978).

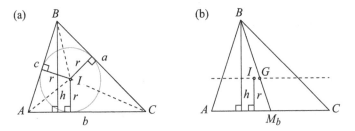

Abb. L.18

5.13 Ohne Beschränkung der Allgemeinheit habe die Höhe über der Hypotenuse die Länge 1 (Abb. L.19).

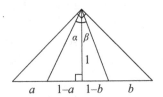

Abb. L.19

Dann ist $c = 2 - a - b$ und

$$\tan(\alpha + \beta) = \frac{(1-a) + (1-b)}{1 - (1-a)(1-b)} = \frac{2-a-b}{a+b-ab} = \frac{c}{a+b-ab}.$$

Damit $\alpha + \beta = 45°$ gilt, muss also $c = a + b - ab$ sein. Doch $c^2 = a^2 + b^2$ gilt nur, wenn $(2 - a - b)^2 = a^2 + b^2$, was sich zu $2 - a - b = a + b - ab$ vereinfacht (Mortici, 2009).

5.14 (a) Um zu zeigen, dass aus der Formel von Heron der Satz des Pythagoras folgt, betrachten wir das gleichschenklige Dreieck in Abb. L.20a, das aus zwei rechtwinkligen Dreiecken mit den Kathetenlängen a und b und der Hypotenuse c zusammengesetzt ist. Seine Fläche ist $K = ab/2$. Der halbe Umfang des gleichschenkligen Dreiecks ist $c + b$, also folgt für das Doppelte seiner Fläche

$$2K = ab = \sqrt{(c+b) \cdot b \cdot b \cdot (c-b)} = b\sqrt{c^2 - b^2}$$

und damit $a^2 = c^2 - b^2$. (Dieser Beweis stammt aus [Loomis, 1969], der ihn J. J. Posthumus zuschreibt.)

(a) 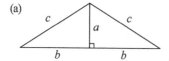   (b)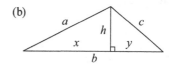

Abb. L.20

(b) Für den Beweis der Umkehrung, nämlich dass aus dem Satz des Pythagoras die Formel von Heron folgt, betrachten wir das Dreieck in Abb. L.20b. h ist die Höhe über der Seite $b = x + y$ und $s = (a + b + c)/2$. Da die Fläche gleich $K = bh/2$ ist, folgt

$$16K^2 = 4b^2h^2 = 4b^2(a^2 - x^2) = (2ab)^2 - (2bx)^2.$$

Doch

$$2bx = b^2 + x^2 - (b-x)^2 = b^2 + x^2 - y^2$$
$$= b^2 + (x^2 + h^2) - (y^2 + h^2) = b^2 + a^2 - c^2$$

und damit

$$16K^2 = (2ab)^2 - (a^2 + b^2 - c^2)^2$$
$$= [(a+b)^2 - c^2][c^2 - (a-b)^2]$$
$$= (a+b+c)(a+b-c)(a-b+c)(-a+b+c)$$
$$= 16s(s-a)(s-b)(s-c).$$

Kapitel 6

6.1 Nach dem Kosinus-Satz gilt $c^2 = a^2 + b^2 - 2ab\cos C$. Da $T = ab\sin C/2$ folgt $2ab = 4T/\sin C$ und somit $c^2 = a^2 + b^2 - 4T\cot C$. Multiplikation mit $\sqrt{3}/4$ ergibt das gewünschte Ergebnis, da $T_s = s^2\sqrt{3}/4$.

6.2 Für (a) siehe Abb. L.21 und für (b) Abb. L.22.

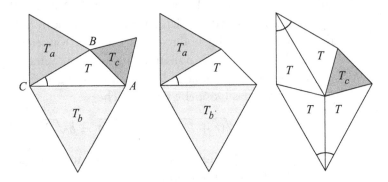

Abb. L.21

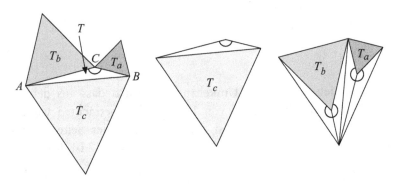

Abb. L.22

6.3 In Abb. 6.17 haben wir BC bis C' verlängert, sodass $C'B = AB$, und wir haben das Dreieck $C'P'B$ kongruent zum Dreieck APB gezeichnet. Daher ist $C'P' = AP$ und $\angle PBP' = \angle ABC' \leq 60°$. Damit folgt $BP \geq P'P$ und

$$AP + BP + CP \geq C'P' + P'P + PC > C'C = AB + BC.$$

Also ist die Summe der Abstände zu den Eckpunkten minimal, wenn P und B zusammenfallen (Niven, 1981).

6.4 Ohne Beschränkung der Allgemeinheit können wir $a \geq b \geq c$ annehmen, außerdem seien x, y, z die Längen der senkrechten Strecken von P zu den Seiten a, b, c. Es sei h_a die Höhe über der Seite a, dann folgt für das Doppelte der Dreiecksfläche $ah_a = ax + by + cz$. Wenn das Dreieck jedoch nicht gleichseitig ist, gilt entweder $a > b \geq c$ oder $a \geq b > c$; in beiden Fällen folgt $ah_a < a(x + y + z)$ bzw. $h_a < x + y + z$. Also liegt P am Eckpunkt A (und B, sofern $a = b$).

6.5 Siehe Abb. L.23 (Kung, 2002).

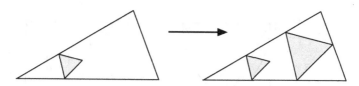

Abb. L.23

6.6 In Abb. 6.18 sind die Seitenlängen der dunkelgrauen Dreiecke $2n - m$, und die Seitenlänge des weißen Dreiecks ist $2m - 3n$. Mit der Schreibweise aus Abschnitt 6.1 für die Fläche gleichseitiger Dreiecke erhalten wir somit $T_m = 3T_n + T_{2m-3n} - 3T_{2n-m}$. Angenommen, $\sqrt{3}$ sei rational und $\sqrt{3} = m/n$ teilerfremd, sodass $m^2 = 3n^2$ bzw. $T_m = 3T_n$. In diesem Fall wäre $T_{2m-3n} = 3T_{2n-m}$ und damit $\sqrt{3} = (2m-3n)/(2n-m)$, was ein Widerspruch ist, da $0 < 2m - 3n < m$ und $0 < 2n - m < n$.

6.7 Siehe Abb. L.24 (Andreescu und Gelca, 2000). Wie bei dem Beweis zu Satz 6.5 drehen wir ABC um Punkt B um 60° wie in Abb. 6.14b (vgl. Abb. L.24). Wiederum ist BPP' gleichseitig und daher $|BP| = |BP'| = |PP'|$, außerdem ist $|AP| = |CP'|$ und $|CP| = |P'C'|$. Also sind die Seitenlängen des Dreiecks CPP' gleich $|AP|$, $|BP|$ und $|CP|$. Der entartete Fall tritt auf, wenn P auf dem Umkreis des Dreiecks ABC liegt und der Satz von van Schooten (Satz 6.5) gilt.

(a)

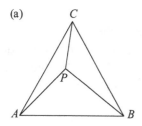

(b)

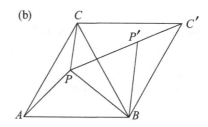

Abb. L.24

6.8 Der Punkt E gehört zu vier Dreiecken in dem Quadrat, und wir konstruieren ihn, indem wir Viertelkreise um A und B zeichen (Abb. L.25a). Wir behaupten, die beiden Winkel an der Grundseite des dunkelgrauen Dreiecks sind jeweils 15°. Da das Dreieck ABE gleichseitig ist, gilt $|AD| = |AE|$ und $|BC| = |BE|$. Die beiden hellgrauen Dreiecke sind also gleichschenklig und die Winkel an ihrer Spitze sind 30°. Also sind ihre Basiswinkel 75°, und damit sind die Basiswinkel des dunkelgrauen Dreicks gleich 15°.

(a) 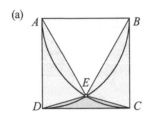 (b)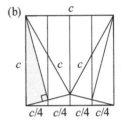

Abb. L.25

6.9 Siehe Abb. L.25b (Pinter, 1988).

6.10 (i) Es sei c die Seitenlänge des gleichseitigen Dreiecks. Dann ist die Fläche von jedem der dunkelgrauen Dreiecke gleich $c^2/8$ (nach der vorherigen Aufgabe), und die Fläche des hellgrauen Dreiecks ist $c^2/4$.
(ii) Siehe Abb. L.26.

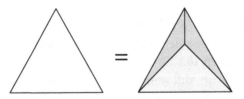

Abb. L.26

6.11 Dreieck AEF (siehe Abb. 6.21) ist gleichschenklig und rechtwinklig, also ist $\angle AEF = 45°$. BCE ist ebenfalls gleichschenklig mit den Winkeln $\angle CBE = 30°$ und damit $\angle BEC = 75°$. Also ist die Summe der drei Winkel unterhalb der gestrichelten Linie bei Punkt E gleich 180°.

Kapitel 7

7.1 Siehe Abb. L.27.

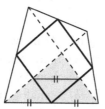

Abb. L.27

7.2 Man verwende (7.3), die Beziehung $\cos(\theta + \phi) = 2\cos^2((\theta + \phi)/2) - 1$ sowie die Rechnung in dem Absatz vor Korollar 7.1. Es ist egal, welches Paar gegenüberliegender Winkel man verwendet, da sich die Hälfte ihrer Summen zu 180° addieren.

7.3 Man setzte $d = 0$ in Korollar 7.1.

7.4 (a) Man wende den Satz auf ein Rechteck mit den Seitenlängen a und b und den Diagonalen c an.

(b) Man nehme die Figur in Abb. 6.14a und bezeichne mit s die Seiten des gleichseitigen Dreiecks. Dann gilt $s \cdot |AP| = s \cdot |BP| + s \cdot |CP|$ und somit $|AP| = |BP| + |CP|$.

(c) Es sei x die Länge der Diagonale und man betrachte das Sehnenviereck innerhalb des Fünfecks mit den Seitenlängen 1, 1, 1, x und den Diagonalen x und x. Dann gilt $x^2 = x \cdot 1 + 1 \cdot 1$, also ist x die (positive) Lösung von $x^2 = x + 1$, d. h. $x = \varphi$.

(d) Man wähle ein Sehnenviereck, bei dem eine Diagonale gleich dem Durchmesser eines Kreises mit Durchmesser 1 ist. In einem solchen Kreis ist die Länge von jeder Sehne gleich dem Sinus des Winkels, unter dem sie vom gegenüberliegenden Teil des Kreisrands erscheint.

7.5 Siehe Abb. L.28. Die Fläche von Q ist $K = p(h_1 + h_2)/2$, doch $h_1 + h_2 \leq q$ und daher ist $K \leq pq/2$. Die Gleichheit gilt genau dann, wenn $h_1 + h_2 = q$, also wenn die Diagonalen senkrecht aufeinander stehen.

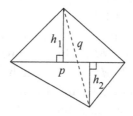

Abb. L.28

7.6   Siehe Abb. 7.15. Für die Winkel gilt

$$a + b = 180° - (x + y) + 180° - (z + t)$$
$$= 360° - (x + y + z + t) = 360° - 180° = 180°.$$

7.7   (a) Jede Diagonale von Q teilt Q in zwei Dreiecke, wie in Abb. 7.8 (allerdings nehmen wir hier nicht an, dass Q ein Sehnenviereck ist). Wenn wir den Winkel zwischen den Seiten a und b mit θ bezeichnen, ist $K_1 = ab \sin \theta / 2 \le ab/2$, analog für K_2, K_3 und K_4. Also folgt $K \le (ab + cd)/2$ und $K \le (ad + bc)/2$, und das Gleichheitszeichen gilt in einer der beiden Ungleichungen, wenn zwei gegenüberliegende Winkel jeweils 90° sind.

(b) Aus Teil (a) folgt $2K \le (ab + cd + ad + bc)/2 = (a + c)(b + d)/2$, und die Gleichheit gilt, wenn alle vier Winkel 90° sind.

(c) Aus der AM-GM-Ungleichung folgt $(a + c)(b + d) \le ((a + b + c + d)/2)^2 = L^2/4$, also mit (b): $K \le L^2/16$. Ein Rechteck mit $a + c = b + d$ ist ein Quadrat.

7.8   Es seien A', B', C', D' die Mittelpunkte der Kreise (Abb. L.29). Da A' und B' denselben Abstand r von der Strecke AB haben, ist $A'B'$ parallel zu AB. Entsprechend ist $A'D'$ parallel zu AD, also sind die Winkel bei A und A' gleich. Dasselbe gilt für die anderen Punkepaare B und B', usw.

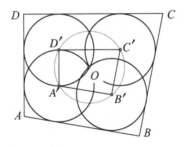

Abb. L.29

Da jeder Kreismittelpunkt den Abstand r vom gemeinsamen Schnittpunkt O hat, liegen sie alle auf einem Kreis mit Radius r um den Mittelpunkt O, d. h. $A'B'C'D'$ bilden ein Sehnenviereck. Damit ergänzen sich die Winkel bei A' und C' zu 180°, und dasselbe gilt für die Winkel bei A und C. Also ist auch $ABCD$ ein Sehnenviereck.

7.9   In diesem Fall kann P *jeder* Punkt innerhalb des Parallelogramms sein! Siehe Abb. L.30, wo Dreiecke mit gleichen Flächen entsprechend gleiche Farben haben. Jedes Paar gegenüberliegender Dreiecke besteht aus vier verschieden gefärbten kleinen Dreiecken.

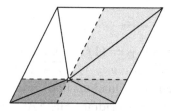

Abb. L.30

7.10 Es sei P der zweite Schnittpunkt der beiden Kreise ARS und BQS (siehe Abb. L.31 für den Fall, dass P innerhalb des Dreiecks liegt). Da $ARPS$ ein Sehnenviereck ist, gilt für die Winkel $x = y$, und da $BQPS$ auch ein Sehnenviereck ist, folgt $y = z$. Also ist $x = z$ und $CQPR$ ist ebenfalls ein Sehnenviereck. Liegt P außerhalb des Dreiecks, bleibt die Aussage richtig, allerdings ist der Beweis ein anderer (Honsberger, 1995).

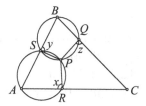

Abb. L.31

7.11 Es sei P ein beliebiger Punkt innerhalb oder auf dem Rand des konvexen Vierecks $ABCD$, und Q sei der Schnittpunkt der beiden Diagonalen (Abb. L.32).

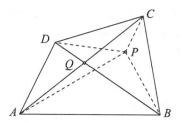

Abb. L.32

Dann gilt $QA + QB + QC + QD = AC + BD \leq PA + PB + PC + PD$.

Kapitel 8

8.1 Der Schnittpunkt von $y = (1/\sqrt{n})x$ mit $x^2 + y^2 = 1$ führt auf die Bedingung $ny^2 + y^2 = 1$, also $y = 1/\sqrt{n+1}$.

8.2 Die Fläche des kleineren Quadrats beträgt (a) $4/10 = 2/5$ und (b) $1/13$ der Fläche des größeren Quadrats. Siehe Abb. L.33 (DeTemple und Harold, 1996).

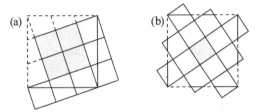

Abb. L.33

8.3 Wenn M ungerade ist, folgt $M = 2k + 1 = (k+1)^2 - k^2$, und wenn M ein Vielfaches von 4 ist, gilt $M = 4k = (k+1)^2 - (k-1)^2$. Sei umgekehrt $M = A^2 - B^2$, dann ist M kongruent zu 0, 1 oder 3 (mod 4), da A^2 und B^2 jeweils kongruent zu 0 oder 1 (mod 4) sind.

8.4 Für $2M = a^2 + b^2$ sind a und b entweder beide gerade oder beide ungerade. In beiden Fällen sind $(a+b)/2$ und $(a-b)/2$ ganze Zahlen, sodass

$$M = \left(\frac{a+b}{2}\right)^2 + \left(\frac{a-b}{2}\right)^2.$$

8.5 Angenommen, $\sqrt{2}$ sei rational, beispielsweise $\sqrt{2} = c/a$ (a und c teilerfremde ganze Zahlen), dann wäre $c^2 = 2a^2$ und (a, a, c) wäre ein pythagoreisches Tripel. Nach Satz 8.8 muss dann auch $n^2 = 2m^2$ gelten, wobei $n = 2a - c$ und $m = c - a$. Also wäre $\sqrt{2} = (2a-c)/(c-a)$, im Widerspruch zu unserer Annahme.

8.6 Es sei K die Fläche des Dreiecks. Die Formel von Heron (Satz 5.7) ist äquivalent zu $16K^2 = 2(a^2b^2 + b^2c^2 + c^2a^2) - (a^4 + b^4 + c^4)$. Hier wird das Quadrat der Fläche eines Dreiecks durch die Flächen der Quadrate über den Seiten ausgedrückt. Mit $a^2 = 370$, $b^2 = 116$ und $c^2 = 74$ folgt $16K^2 = 1936$, also $K = 11$ Hektar.

8.7 Das einbeschriebene Quadrat hat die halbe Fläche des umbeschriebenen Quadrats (Abb. L.34).

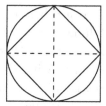

Abb. L.34

8.8 Ja: $3(a^2 + b^2 + c^2) \equiv (a + b + c)^2 + (b - c)^2 + (c - a)^2 + (a - b)^2$.

8.9 Siehe Abb. L.35.

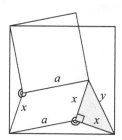

Abb. L.35

8.10 Wir nehmen eine Kopie des Quadrats, drehen diese um 90° entgegen dem Uhrzeigersinn und legen sie unmittelbar links neben das gegebene Quadrat (Abb. L.36). Da die beiden Abschnitte der Länge 2 senkrecht aufeinanderstehen, bilden sie die Katheten eines gleichschenkligen, rechtwinkligen Dreiecks, dessen Hypotenuse QP die Länge $2\sqrt{2}$ hat. Also bilden die Abschnitte mit den Längen 1, $2\sqrt{2}$ und 3 ebenfalls ein rechtwinkliges Dreieck und der Winkel bei P zwischen den Abschnitten mit den Längen 1 und 2 beträgt $45° + 90° = 135°$.

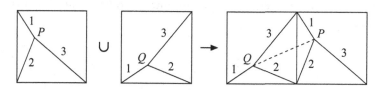

Abb. L.36

Kapitel 9

9.1 (a) Zunächst suchen wir die Polargleichung für die Zissoide. Der Kreis C ist durch $r = 2a \sin \theta$ gegeben, die Gerade T durch $r = 2a \csc \theta$ und die Strecke OP durch $\theta = t$ für ein festes t in $(0, \pi)$. Die Polarkoordinaten von A und B sind damit $(2a \sin t, t)$ bzw. $(2a \csc t, t)$ und $|AB| = 2a(\csc t - \sin t)$. Mit $|OP| = r$ und $t = \theta$ erhalten wir die Polargleichung für die Zissoide: $r = 2a(\csc \theta - \sin \theta)$. In kartesischen Koordinaten lautet die Gleichung $x^2 = y^3/(2a - y)$.

(b) Zur Konstruktion von $\sqrt[3]{2}$ ziehe man die Gerade $x + 2y = 4a$ durch die Punkte $(4a, 0)$ und $(0, 2a)$. Der Schnittpunkt mit der Zissoide sei Q (Abb. L.37). Die Steigung von OQ ist $1/\sqrt[3]{2}$, und die Verlängerung von OQ schneidet T bei $R = (2a\sqrt[3]{2}, 2a)$. Also ist der Abstand vom Berührungspunkt von T an den Kreis C zum Punkt R gleich $2a\sqrt[3]{2}$.

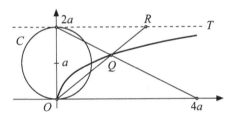

Abb. L.37

9.2 Eine Parabel habe den Brennpunkt $(0, 1/4)$ und die Leitlinie $y = -1/4$ (d. h. $y = x^2$), und die andere habe den Brennpunkt $(1/2, 0)$ und die Leitlinie $x = -1/2$ (d. h. $2x = y^2$). Der Schnittpunkt liegt bei $2x = (x^2)^2$ oder $x = \sqrt[3]{2}$.

9.3 Siehe die Bemerkung in dem Absatz nach dem Beweis zu Satz 9.3.

9.4 Siehe Abb. L.38. (a) Die Fläche des grauen Teils des Kreises ist gleich der Fläche des Sechsecks, für die es eine Quadratur gibt. (b) Das Objekt lässt sich in drei Teile zerlegen, die zusammen ein Quadrat bilden (Gardner, 1995).

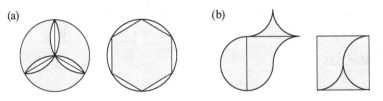

Abb. L.38

9.5 Es sei R der Radius des ursprünglichen Kreises, S sei die Fläche des Kreisausschnitts links von der gestrichelten Sehne, C die Fläche des weißen Kreises und L die Fläche von Leonardos Klaue. Dann gilt $S = \pi R^2/4 - R^2/2$, und der Radius des weißen Kreises ist $R\sqrt{2}/2$. Damit folgt $L = \pi R^2 - C - 2S = R^2$, und das ist gleich der Fläche des hellgrauen Quadrats im Griff der Klaue.

9.6 Unser Beweis wird in (Honsberger, 1991) G. Patruno zugeschrieben. In Abb. L.39 haben wir AM, MB und MC eingezeichnet und den Punkt D auf AB markiert, für den $|AD| = |BC|$. Es gilt $\angle MAB = \angle MCB$ und $|AM| = |MC|$, sodass das Dreieck $\triangle ADM$ kongruent zu dem Dreieck $\triangle CBM$ ist und somit $|MD| = |MB|$. Also ist $\triangle MDB$ gleichschenklig, sodass MF sowohl die Höhe als auch die Seitenhalbierende von M ist und $|DF| = |FB|$. Damit erhalten wir das gewünschte Ergebnis $|AF| = |AD| + |DF| = |BC| + |FB|$.

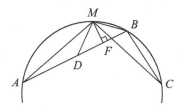

Abb. L.39

9.7 Es seien (x, y) die Koordinaten des Schnittpunkts von OA' mit $A''B'$ in Abb. 9.16a. Dann ist eine Parameterdarstellung von x und y durch $y = 1 - t$ und $x = y \tan(\pi t/2)$ für $t \in [0,1)$ gegeben. Elimination von t ergibt $x = y \cot(\pi y/2)$ für $y \in (0,1]$. Der Grenzwert von x für $y \to 0^+$ ist $x = 2/\pi$ für $y = 0$.

9.8 Siehe Abb. L.40.

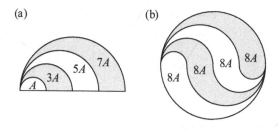

Abb. L.40

9.9   Da die Fläche unter Γ konstant bleibt, müssen wir nur die Fläche des
      Trapezes minimieren, dessen obere Kante die Tangente ist. Die Trapez-
      fläche ist gleich der Grundseite multipliziert mit der Höhe über der
      Grundseite im Mittelpunkt c. Es genügt also, die Höhe des Punktes Q
      in Abb. L.41 zu minimieren. Das ist für $Q = P$ der Fall, d. h. wenn die
      Tangente bei P verwendet wird (Paré, 1995).

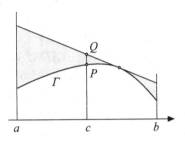

Abb. L.41

Kapitel 10

10.1   Es seien a und b die Katheten und c die Hypotenuse des Dreiecks. In
       Abb. L.42a erkennen wir vier Kopien des Dreiecks und das kleine weiße
       Quadrat innerhalb eines Quadrats mit der Fläche c^2. Abbildung L.42b
       zeigt dieselben Figuren in zwei Quadraten mit den Flächen a^2 bzw. b^2.
       Dieser Beweis wird gewöhnlich dem indischen Mathematiker Bhāskara
       (1114–1185) zugeschrieben, der ihn mit dem einfachen Wort *Sehet!*
       versah.

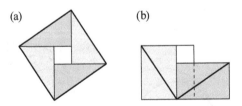

Abb. L.42

10.2   Siehe Abb. L.43a und b.

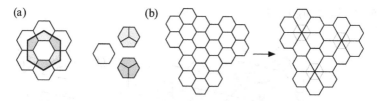

Abb. L.43

10.3 Zwei Kopien des Fünfecks lassen sich zu einem Sechseck zusammenlegen, mit dem die Ebene parkettiert werden kann (Abb. L.44).

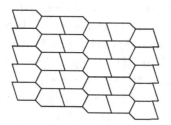

Abb. L.44

10.4 Zu (a) und (b) siehe Abb. L.45, (c) und (d) siehe Abb. L.46.

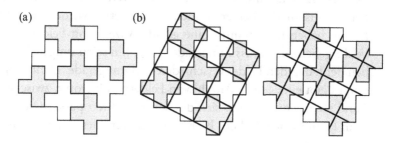

Abb. L.45

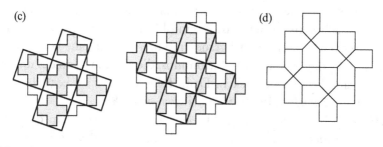

Abb. L.46

10.5   Siehe Abb. L.47.

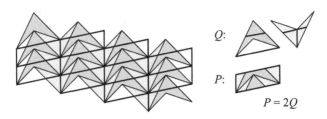

Abb. L.47

10.6   Alle Friese besitzen eine Translationssymmetrie. Weitere Symmetrien sind (a) Drehung, (b) Drehung, vertikale Spiegelung und Gleitspiegelung, (c) horizontale Spiegelung und Gleitspiegelung, (d) alle vier, (e) vertikale Spiegelung, (f) Gleitspiegelung und (g) keine.

10.7   **Satz (Singmaster, 1975).** *Man betrachte ein defizitäres $1 \times 2\,k$-Schachbrett, bei dem die Felder abwechselnd mit zwei Farben bemalt und von links nach rechts nummeriert sind: $1, 2, \ldots, 2k$. Die Felder i und j ($i < j$) wurden entfernt. Ein solches Schachbrett lässt sich genau dann mit Dominos parkettieren, wenn die beiden fehlenden Felder verschiedene Farben haben und i ungerade ist.*

Beweis. Angenommen, das defizitäre Brett lässt sich parkettieren. Dann müssen die beiden Felder, die entfernt wurden, verschiedene Farben haben und es muss eine gerade Anzahl von Feldern links von Feld i geben, also muss i ungerade sein. Nun seien umgekehrt die Farben der fehlenden Felder verschieden und i ungerade. Dann ist j gerade und es gibt eine gerade Anzahl von Feldern links von i, zwischen i und j und rechts von j, sodass sich das defizitäre Brett parkettieren lässt. ∎

10.8   Man kann keinen Teil des Bretts parkettieren, der eine der Kanten des Bretts enthält.

10.9   Da jedes Tetromino vier Felder hat, muss 4 ein Teiler von mn sein und damit ist entweder m oder n gerade. Angenommen, m sei gerade und bezeichne die Länge der horizontalen Seite. Wir färben die Felder des Schachbretts spaltenweise wie in Abb. 10.31a. Es sei x die Anzahl der L-Tetrominos, die ein hellgraues und drei dunkelgraue Felder überdecken und y die Anzahl der L-Tetrominos, die ein dunkelgraues und drei hellgraue Felder überdecken. Dann folgt $x + 3y = y + 3x$ (d. h. $x = y$) und $x + y = mn/4$, also $2x = mn/4$ bzw. $mn = 8x$.

10.10 (a) Wir zeigen, dass das kleinere 3×7-Brett, bei dem die Felder entweder schwarz oder weiß sind, immer ein Rechteck enthält, dessen vier Eckfelder dieselbe Farbe haben. Zwei Felder mit derselben Farbe in derselben Spalte bezeichnen wir als *Dublett*. Da jede Spalte mindestens ein Dublett enthält, gibt es mindestens sieben Dubletts auf dem 3 × 7-Brett. Nach dem Taubenschlagprinzip müssen mindestens vier davon (in vier verschiedenen Spalten) dieselbe Farbe haben, beispielsweise schwarz. Jedes Dublett gehört zu zwei Reihen, doch da es nur drei verschiedene Reihenpaare gibt, müssen zwei Dubletts (wiederum nach dem Taubenschlagprinzip) zu denselben zwei Reihen gehören. Die vier schwarzen Felder dieser beiden Dubletts bilden die Eckfelder des gesuchten Rechtecks.

(b) Zwei schwarze und zwei weiße Felder lassen sich innerhalb einer Spalte mit vier Feldern auf sechs verschiedene Weisen anordnen. Also können wir die Farben auf einem 4 × 6-Schachbrett wie in Abb. L.48 verteilen, sodass die vier Ecken eines erlaubten Rechtecks niemals dieselbe Farbe haben (Beresin et al., 1989).

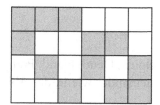

Abb. L.48

10.11 Wir unterteilen die Sechsecke in kongruente gleichschenklige Dreiecke wie in Abb. L.49 und zählen die Dreiecke in jedem Sechseck. Ihre Flächen verhalten sich daher wie 24 : 18 : 12 oder 4 : 3 : 2.

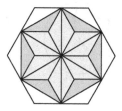

Abb. L.49

10.12 Es reichen zwei Farben. Man lege das gefaltete flache Origami auf einen Tisch und färbe alle Flächen blau, die nach oben zeigen (weg vom Tisch), und rot, die nach unten zeigen (zum Tisch). Benachbarte Bereiche des aufgeklappten Faltenmusters sind immer durch eine Falte getrennt und zeigen daher bei dem gefalteten Origami in verschiedene Richtungen. Also haben sie unterschiedliche Farben (Hull, 2004).

10.13 (a) An den Staat Nevada grenzen fünf weitere Staaten: Oregon, Idaho, Utah, Arizona und Kalifornien (Abb. L.50). Dieser Ring aus fünf Staaten lässt sich nicht mit zwei Farben bemalen, da in diesem Fall zwei benachbarte Staaten dieselbe Farbe hätten. Also benötigt der Ring drei Farben, und da Nevada an jeden dieser Staaten angrenzt, braucht es eine vierte Farbe. Ähnliches gilt für andere Teile der Karte, beispielsweise ist West Virginia von fünf Staaten umgeben und Kentucky von sieben Staaten.

Abb. L.50

(b) Die Länder Belgien, Deutschland, Frankreich und Luxemburg grenzen ähnlich aneinander wie in der Abb. 10.38 (mit Luxemburg in der Mitte).

10.14 Ja! Das Verfahren von O'Beirne aus Abschn. 10.7 führt zum Ziel (Abb. L.51).

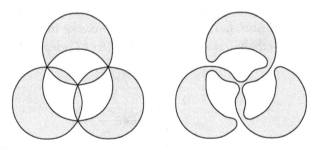

Abb. L.51

Kapitel 11

11.1   Siehe Abb. 11.1. Aus Satz 11.1 ergibt sich $4K^2 = b^2c^2 + a^2c^2 + a^2b^2$ bzw. $(2K/abc)^2 = (1/a)^2 + (1/b)^2 + (1/c)^2$. Das Volumen des rechtwinkligen Tetraeders ist damit sowohl $abc/6$ als auch $pK/3$, d. h. $2K/abc = 1/p$.

11.2 Angenommen, es gäbe ein Polyeder, bei dem alle Seitenflächen unterschiedlich viele Kanten haben. Wir betrachten die Fläche mit der größten Anzahl m von Kanten. An diese Kanten grenzen m andere Seitenflächen, von denen jede eine andere Kantenzahl zwischen drei und einschließlich $m-1$ hat. Nach dem Taubenschlagprinzip müssen mindestens zwei davon dieselbe Anzahl von Kanten haben, was ein Widerspruch ist.

11.3 (a) Aus $2V - 2E + 2F = 4$ und $2E \geq 3F$ folgt $2V - F \geq 4$. Ähnlich zeigt man die Ungleichung $2F - V \geq 4$.

(b) Aus $3V - 3E + 3F = 6$ und $2E \geq 3V$ folgt $3F - E \geq 6$. Ähnlich zeigt man die Ungleichung $3V - E \geq 6$.

11.4 Für $E = 7$ ergibt sich $3F \leq 14$ und $3V \leq 14$ und somit $F = V = 4$. Doch dann ist $V - E + F = 4 - 7 - 4 = 1 \neq 2$.

11.5 Es gibt insgesamt $F!$ Möglichkeiten, F Seitenflächen mit F Farben einzufärben, doch viele dieser Färbungen unterscheiden sich nur in einer Drehung. Um wirklich unterschiedliche Färbungen vergleichen zu können, legen wir den Körper mit einer Fläche (z. B. rot) auf einen Tisch – dafür gibt es F Möglichkeiten – und wählen eine zweite Fläche (z. B. blau), die dem Betrachter zugewandt ist. Da es sich bei den Flächen um n-Ecke handelt, gibt es dafür n Möglichkeiten. Also müssen wir $F!$ durch nF teilen, doch für Platonische Körper gilt $nF = 2E$.

11.6 Die naheliegende Antwort $5 + 4 - 2 = 7$ ist falsch. Die richtige Antwort lautet fünf. Dies sieht man leicht, wenn man zwei Kopien der Pyramide nebeneinanderstellt, wie in Abb. L.52. Der Abstand zwischen den Pyramidenspitzen ist gleich der Länge einer Grundseite und daher ist der Raum zwischen den beiden Pyramiden kongruent zu dem besagten Tetraeder. Wenn man also das Tetraeder und die Pyramide verklebt, liegt die Vorderseite des Tetraeders in derselben Ebene wie die beiden grau unterlegten Pyramidenseiten. Also hat das zusammengeklebte Polyeder fünf Seitenflächen: die quadratische Grundfläche, zwei Rhombenflächen und zwei gleichseitige Dreiecke (Halmos, 1991).

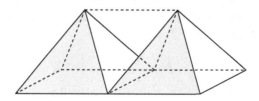

Abb. L.52

11.7 Zunächst überzeuge man sich, dass sich ein gleichschenkliges Tetraeder in einen Quader einbeschreiben lässt (vergleiche Abb. L.53), wobei jede Kante des Tetraeders der Diagonale von einer der sechs Seitenflächen des Quaders entspricht.

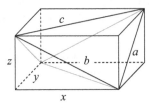

Abb. L.53

Seien x, y und z wie in der Abbildung die Kantenlängen des Quaders, dann gilt

$$x^2 + y^2 = c^2, \quad y^2 + z^2 = a^2, \quad z^2 + x^2 = b^2,$$

also

$$x = \sqrt{\frac{b^2 + c^2 - a^2}{2}}, \quad y = \sqrt{\frac{c^2 + a^2 - b^2}{2}}, \quad \text{und}$$

$$z = \sqrt{\frac{a^2 + b^2 - c^2}{2}}.$$

Das Volumen des Tetraeders ist gleich dem Volumen des Quaders abzüglich des Volumens der vier rechtwinkligen Tetraeder mit jeweils senkrecht aufeinanderstehenden Seiten der Längen x, y, z, d. h. $xyz - 4 \cdot (xyz/6) = xyz/3$. Also ist das Volumen des Tetraeders wie behauptet gleich $\sqrt{(a^2 + b^2 - c^2)(c^2 + a^2 - b^2)(b^2 + c^2 - a^2)}/72$. Die umbeschriebene Kugel des Tetraeders ist dieselbe wie die für den Quader, also ist ihr Durchmesser gleich der Länge der Diagonalen des Quaders, und $\sqrt{x^2 + y^2 + z^2} = \sqrt{(a^2 + b^2 + c^2)/2}$ (Andreescu und Gelca, 2000).

Kapitel 12

12.1 Da $\mathbb{Q}_+$ abzählbar ist, können wir seine Elemente in der Form $\{q_1, q_2, q_3, \dots\}$ auflisten. Diese Liste können wir auf eineindeutige Weise in Beziehung setzen zu der Liste $\{0, q_1, -q_1, q_2, -q_2, q_3, -q_3, \dots\}$ von $\mathbb{Q}$.

12.2 Es sei S die Menge der Punkte in der Ebene mit ganzzahligen Koordinaten. Für jedes θ in $[0, \pi)$ definieren wir $S_\theta \subset S$ als die Menge der Punkte von S, die in einem unendlich langen Streifen der Steigung θ und einer Breite größer als 1 liegen. Es gibt überabzählbar viele S_θ, die alle unendlich viele Punkte enthalten, doch die Schnittmenge von je zwei dieser Streifen ist ein endliches Parallelogramm, das endlich viele Punkte enthält (Buddenhagen, 1971).

12.3 (a) $\sum_{i=1}^{n} a_i \cdot \sum_{i=1}^{n} \frac{1}{a_i} \geq \left(n \sqrt[n]{a_1 a_2 \dots a_n} \right) \left(n \sqrt[n]{\frac{1}{a_1} \frac{1}{a_2} \dots \frac{1}{a_n}} \right) = n^2,$

(b) $\sum_{i=1}^{n} (\sqrt{a_i})^2 \cdot \sum_{i=1}^{n} \left(\sqrt{1/a_i} \right)^2 \geq \left(\sum_{i=1}^{n} 1 \right)^2 = n^2.$

12.4 Es seien $x, y > 0$. Wir wenden die Cauchy-Schwarz-Ungleichung auf $\{\sqrt{x}, \sqrt{y}\}$ und $\{\sqrt{y}, \sqrt{x}\}$ an:

$$2\sqrt{xy} = \sqrt{x}\sqrt{y} + \sqrt{y}\sqrt{x} \leq \sqrt{x+y}\sqrt{x+y} = x + y.$$

12.5 Die AM-GM-Ungleichung (12.2), angewandt auf n Zahlen, bei denen es sich um $n-1$ Einsen und eine positive Zahl y handelt, liefert: $(n-1+y)/n \geq y^{1/n}$ bzw.

$$\left(1 + \frac{y-1}{n} \right)^n \geq y.$$

Da dies für alle n gilt, können wir den Grenzwert $n \to \infty$ betrachten und erhalten $e^{y-1} \geq y$. Multiplikation beider Seiten mit e ergibt $e^y \geq ey$. Wir setzen $y = x/e$ und erhalten $e^{x/e} \geq x$ bzw. $e^{1/e} \geq x^{1/x}$.

12.6 Wenn f (12.2) erfüllt, folgt $f(x+y) + f(x-y) = f(x) + f(y) + f(x) - f(y) = 2f(x)$. Wenn umgekehrt $f(x+y) + f(x-y) = f(x) + f(y) + f(x) - f(y) = 2f(x)$ gilt, ergibt sich für $x = 0$ die Bedingung $f(y) + f(-y) = 0$. Da $f(y+x) + f(y-x) = 2f(y)$, können wir die Gleichungen addieren und erhalten $2f(x+y) = 2f(x) + 2f(y)$, d. h. f erfüllt (12.2).

12.7 Für jedes $x > 0$ gibt es ein positives y, sodass $x = y^2$ und damit $f(x) = [f(y)]^2 > 0$. Wir können also auf beiden Seiten von $f(xy) = f(x)f(y)$ den Logarithmus bilden und erhalten $\ln f(xy) = \ln f(x) + \ln f(y)$. Also ist $\ln f(x)$ eine stetige Lösung von (12.7) und damit ist $\ln f(x) = k \ln x$ oder $f(x) = x^k$ mit einer geeigneten Konstante k.

12.8 Es seien a, b, c die den Winkeln A, B bzw. C gegenüberliegenden Seiten. Dann ist $a = 2R \sin A$, $b = 2R \sin B$ und $c = 2R \sin C$. Da die Sinus-funktion im Intervall $[0, \pi]$ konkav ist, folgt

$$a + b + c = 6R\left(\frac{\sin A + \sin B + \sin C}{3}\right)$$

$$\leq 6R\sin\left(\frac{A + B + C}{3}\right)$$

$$= 6R\sin 60°$$

$$= 3\sqrt{3}R.$$

12.9 (a) Wenn $f(x) \leq x$, dann ist $f(0) \leq 0$, was zusammen mit Satz 12.12(a) auf $f(0) = 0$ führt. Ersetzen wir in Satz 12.12(d) x durch $-x$, erhalten wir $f(x) \geq -f(-x)$ und damit $f(x) \geq -f(-x) \geq -(-x) = x$, also $f(x) = x$.

(b) Nein. $|x|$ ist subadditiv und $|x| \geq x$. Doch für negative x ist $|x| \neq x$ (Small, 2007).

12.10 Wir summieren zunächst die geometrische Reihe und anschließend eine Teleskopreihe (Walker, 2002)

$$\sum_{k=2}^{\infty}[\zeta(k) - 1] = \sum_{k=2}^{\infty}\sum_{n=2}^{\infty}1/n^k = \sum_{n=2}^{\infty}\sum_{k=2}^{\infty}1/n^k$$

$$= \sum_{n=2}^{\infty}\frac{1/n^2}{1 - (1/n)} = \sum_{n=2}^{\infty}\frac{1}{n^2 - n}$$

$$= \sum_{n=2}^{\infty}\left(\frac{1}{n - 1} - \frac{1}{n}\right) = 1.$$

12.11 Da $\binom{2n}{n}\frac{1}{2^{2n}} = \frac{1 \cdot 3 \cdot 5 \ldots (2n - 1)}{2 \cdot 4 \cdot 6 \ldots (2n)}$ erhalten wir mit (12.3)

$$\lim_{n\to\infty}\frac{1 \cdot 3 \ldots (2n - 1)}{2 \cdot 4 \ldots (2n)}\sqrt{\pi n}$$

$$= \lim_{n\to\infty}\frac{1 \cdot 3 \ldots (2n - 1)}{2 \cdot 4 \ldots (2n)}\sqrt{2n + 1}\sqrt{\frac{\pi n}{2n + 1}}$$

$$= \sqrt{\frac{2}{\pi}}\sqrt{\frac{\pi}{2}} = 1.$$

Man kann ebenso die Stirling'sche Formel für $(2n)!$ und $n!$ anwenden und entsprechend kürzen.

12.12 Die Formel von Burnside lässt sich mit Näherungen für das Integral $\int_1^{n+1/2}\ln x\,dx$ beweisen, doch der folgende Beweis (Keiper, 1979) ist einfacher. Ausgehend von der Stirling'schen Formel gilt

$$n! \sim \sqrt{2\pi n} \cdot n^n e^{-n} = \sqrt{2\pi} \left(\frac{n}{n + 1/2} \right)^{n+1/2} e^{-n}(n + 1/2)^{n+1/2}.$$

Doch im Grenzfall $n \to \infty$ wird

$$\left(\frac{n}{n + 1/2} \right)^{n+1/2} = \left(1 - \frac{1/2}{n + 1/2} \right)^{n+1/2}$$

zu $e^{-1/2}$, womit die Formel bewiesen ist.

12.13 Aus der Lösung zu Aufgabe 12.1 ergibt sich $1 \cdot 3 \cdot 5 \ldots (2n - 1) \sim 2^n n! / \sqrt{\pi n}$. Nun verwende man die Stirling'sche Formel für $n!$.

Literaturverzeichnis

E. A. Abbott, *Flatland: A Romance of Many Dimensions*, Seeley & Co., London, 1884. *Flächenland*; Verlag Franzbecker, Bad Salzdetfurth ü. Hildesheim, 1990

A. D. Abrams und M. J. Paris, The probability that $(a, b) = 1$, *College Mathematics Journal*, 23 (1992), S. 47.

J. Aczél, *Vorlesungen über Funktionalgleichungen und ihre Anwendungen*. Birkhäuser, 1961.

J. Aczél und C. Alsina, Trisection of angles, classical curves and functional equations. *Mathematics Magazine*, 71 (1998), S. 182–189.

J. Aczél und J. Dhombres, *Functional Equations in Several Variables*, Cambridge University Press, Cambridge, 1989.

M. Aigner und G. M. Ziegler, *Das BUCH der Beweise*, 3. Auflage, Springer, Berlin, 2010.

C. Alsina und R. B. Nelsen, *Math Made Visual: Creating Images for Understanding Mathematics*, Mathematical Association of America, Washington, 2006.

C. Alsina und R. B. Nelsen, A visual proof of the Erdős-Mordell inequality, *Forum Geometricorum*, 7 (2007), S. 99–102.

C. Alsina und R. B. Nelsen, Geometric proofs of the Weitzenböck and Hadwiger-Finsler inequalities, *Mathematics Magazine*, 81 (2008), 216–219.

C. Alsina und R. B. Nelsen, *When Less is More: Visualizing Basic Inequalities*, Mathematical Association of America, Washington, 2009.

T. Andreescu und R. Gelca, *Mathematical Olympiad Challenges*, Birkhaüser. Boston, 2000.

T. Andreescu und Z. Feng, *USA and International Mathematical Olympiads 2001*, Mathematical Association of America, Washington, 2002.

T. M. Apostol, Irrationality of the square root of two – A geometric proof. *American Mathematical Monthly* 107 (2000), S. 841–842.

T. M. Apostol und M. A. Mnatsakanian, Cycloidal areas without calculus, *Math Horizons*, September 1999, S. 12–16.

A. Arcavi und A. Flores, Mathematics without words, *College Mathematics Journal*, 31 (2000), S. 392.

E. F. Assmus, Jr., Pi, *American Mathematical Monthly* 92 (1985), S. 213–214.

L. Bankoff und C. W. Trigg, The ubiquitous 3:4:5 triangle, *Mathematics Magazine*, 47 (1974), S. 61–70.

K. Bankov, Applications of the pigeon-hole principle. *Mathematical Gazette*, 79 (1995), S. 286–292.

E. Beckenbach und R. Bellman, *An Introduction to Inequalities*, Mathematical Association of America, Washington, 1961.

S.-M. Belcastro und T. C. Hull, Classifying frieze patterns without using groups, *College Mathematics Journal*, 33 (2002), S. 93–98.

A. T. Benjamin und J. J. Quinn, *Proofs That Really Count*, Mathematical Association of America, Washington, 2003.

M. Beresin, E. Levine, J. Winn, A chessboard coloring problem, *College Mathematics Journal*, 20 (1989), S. 106–114.

D. Blatner, *The Joy of π*, Walker and Co., New York, 1997.

D. M. Bloom, A one-sentence proof that $\sqrt{2}$ is irrational. *Mathematics Magazine* 68 (1995), S. 286.

A. Bogomolny, Three Circles and Common Chords from *Interactive Mathematics Miscellany and Puzzles* http://www.cut-the-knot.org/proofs/circlesAnd-Spheres.shtml, Stand 11. September 2009.

H. C. Bradley, Solution to problem 3028, *American Mathematical Monthly*, 37 (1930), S. 158–159.

J. R. Buddenhagen, Subsets of a countable set, *American Mathematical Monthly*, 78 (1971), S. 536–537.

J. A. Bullard, Properties of parabolas inscribed in a triangle, *American Mathematical Monthly*, 42 (1935), S. 606–610.

J. A. Bullard„ Further properties of parabolas inscribed in a triangle, *American Mathematical Monthly*, 44 (1937), S. 368–371.

P. S. Bullen, D. S. Mitrinovic und P. M. Vasic, *Means and Their Inequalities*, Kluwer Academic Publishers, Dordrecht, 1988.

S. L. Campbell, Countability of sets, *American Mathematical Monthly*, 93 (1986), S. 480–481.

L. Carroll, *Pillow Problems and a Tangled Tale*, Dover Publications, New York, 1958.

M. Chamberland, The series for e via integration. *College Mathematics Journal* 30 (1999), S. 397.

R. Chapman, Evaluating $\zeta(2)$. http://www.secamlocal.ex.ac.uk/people/staff/rchapma/etc/zeta2.pdf, 2003.

V. Chvátal, A combinatorial theorem in plane geometry, *J. Combinatorial Theory, Ser. B*, 18 (1975), S. 39–41.

A. J. Coleman, A simple proof of Stirling's formula, *American Mathematical Monthly*, 58 (1951), S. 334–336.

J. H. Conway und R. R. Guy, *The Book of Numbers*, Springer-Verlag, New York, 1996.

H. S. M. Coxeter, A problem of collinear points. *American Mathematical Monthly*, 55 (1948), S. 26–28.

H. S. M. Coxeter,, *Introduction to Geometry*, John Wiley & Sons, New York, 1961.

H. S. M. Coxeter und S. L. Greitzer, *Geometry Revisited*, MathematicalAssociation of America, Washington, 1967.

P. R. Cromwell, *Polyhedra*, Cambridge University Press, Cambridge, 1997.

A. Cupillari, Proof without words, *Mathematics Magazine*, 62 (1989), S. 259.

CUPM, *Undergraduate Programs and Courses in the Mathematical Sciences: CUPM Curriculum Guide 2004*, Mathematical Association of America, Washington, 2004.

CUPM, *CUPM Discussion Papers about Mathematics and the Mathematical Sciences in 2010: What Should Students Know?* Mathematical Association of America, Washington, 2001.

G. David und C. Tomei, The problem of the calissons, *American Mathematical Monthly*, 96 (1989), S. 429–431.

M. de Guzmán, *Cuentos con Cuentas*, Red Olímpica, Buenos Aires, 1997.

E. D. Demaine und J. O'Rourke, *Geometric Folding Algorithms: Linkages, Origami, Polyhedra*, Cambridge University Press, New York, 2007.

D. DeTemple und S. Harold, A round-up of square problems, *Mathematics Magazine*, 69 (1996), S. 15–27.

N. Do, Art gallery theorems, *Gazette of the Australian Mathematical Society*, 31 (2004), S. 288–294.

H. Dörrie, *100 Great Problems of Elementary Mathematics*, Dover Publications, Inc., New York, 1965.

W. Dunham, *Euler, The Master of Us All*, Mathematical Association of America, Washington, 1999.

R. A. Dunlap, *The Golden Ratio and Fibonacci Numbers*, World Scientific, Singapore, 1997.

R. Eddy, A theorem about right triangles, *College Mathematics Journal*, 22 (1991), S. 420.

A. Engel, *Problem-Solving Strategies*, Springer, New York, 1998.

D. Eppstein, Nineteen proofs of Euler's formula: $V - E + F = 2$, *The Geometry Junkyard*, http://www.ics.uci.edu/~eppstein/junkyard/euler, 2005.

P. Erdős, Problem 3740, *American Mathematical Monthly*, 42 (1935), S. 396.

P. Erdős, Problem 4064. *American Mathematical Monthly*, 50 (1943), S. 65.

M. A. Esteban, *Problemas de Geometría*, FESPM, Badajoz, 2004.

L. Euler, in: *Leonhard Euler und Christian Goldbach, Briefwechsel 1729–1764*, A.P. Juskevic und E. Winter (Hrsg.), Akademie Verlag, Berlin, 1965.

H. Eves, *In Mathematical Circles*, Prindle, Weber & Schmidt, Inc., Boston, 1969.

H. Eves, *An Introduction to the History of Mathematics, Fifth Edition*, Saunders College Publishing, Philadelphia, 1983.

S. Fisk, A short proof of Chvátal's watchman theorem, *J. Combinatorial Theory, Ser. B*, 24 (1978), S. 374.

D. Flannery, *The Square Root of Two*, Copernicus, New York, 2006.

G. Frederickson, *Dissections: Plane and Fancy*, Cambridge University Press, New York, 1997.

K. Fushimi, Trisection of angle by Abe, *Saiensu* supplement, (Oktober 1980), S. 8.

J. W. Freeman, The number of regions determined by a convex polygon, *Mathematics Magazine*, 49 (1976), S. 23–25.

M. Gardner, *More Mathematical Puzzles and Diversions*, Penguin Books, Harmondsworth, England, 1961.

M. Gardner, Mathematical Games, *Scientific American*, November 1962, S. 162.

M. Gardner, *Sixth Book of Mathematical Games from Scientific American*, Freeman, San Francisco, 1971.

M. Gardner, Mathematical games, *Scientific American*, October 1973, S. 115.

M. Gardner, *Time Travel and Other Mathematical Bewilderments*, Freeman, New York, 1988.

M. Gardner, *Mathematical Carnival*, Mathematical Association of America, Washington, 1989.

M. Gardner, *New Mathematical Diversions*, überarbeitete Neuauflage. Mathematical Association of America, Washington, 1995.

D. Goldberg, persönliche Mitteilung.

S. Golomb, Checker boards and polyominoes, *American Mathematical Monthly*, 61 (1954), S. 675–682.

S. Golomb, *Polyominoes*, Charles Scribner's Sons, New York, 1965.

J. Gomez, Proof without words: Pythagorean triples and factorizations of even squares, *Mathematics Magazine*, 78 (2005), S. 14.

N. T. Gridgeman, Geometric probability and the number π, *Scripta Mathematica*, 25 (1960), S. 183–195.

C. M. Grinstead und J. L. Snell, *Introduction to Probability, Second Revised Edition*, American Mathematical Society, Providence, 1997.

D. Gronau, A remark on Sincov's functional equation, *Notices of the South African Mathematical Society*, 31 (2000), S. 1–8.

B. Grünbaum, Polygons, in *The Geometry of Metric and Linear Spaces*, L. M. Kelly (Hrsg.), Springer-Verlag, New York, 1975, S. 147–184.

B. Grünbaum und G. C. Shephard, *Tilings and Patterns*, W. H. Freeman, New York, 1987.

A. Gutierrez, *Geometry Step-by-Step from the Land of the Incas*. http://www.agutie.com.

R. Guy, There are three times as many obtuse-angled triangles as there are acute-angled ones, *Mathematics Magazine*, 66 (1993), pp. 175–179.

M. Hajja, A short trigonometric proof of the Steiner-Lehmus theorem, *Forum Geometricorum*, 8 (2008a), S. 39–42.

M. Hajja, A condition for a circumcriptable quadrilateral to be cyclic, *Forum Geometricorum*, 8 (2008b), pp. 103–106.

P. Halmos, *Problems for Mathematicians Young and Old*, Mathematical Association of America, Washington, 1991.

J. Hambidge, *The Elements of Dynamic Symmetry*, Dover Publications, Inc., New York, 1967.

G. Hanna und M. de Villiers, ICMI Study 19: Proof and proving in mathematics education. *ZDM Mathematics Education*, 40 (2008), S. 329–336.

G. H. Hardy, *A Mathematician's Apology*, Cambridge University Press, Cambridge, 1969.

G. H. Hardy und E. M. Wright, *An Introduction to the Theory of Numbers, Fourth Edition*, Oxford University Press, London, 1960.

J. D. Harper, The golden ratio is less than $\pi^2/6$. *Mathematics Magazine*, 69 (1996), S. 266.

J. D. Harper, Another simple proof of $1 + 1/2^2 + 1/3^2 + \cdots = \pi^2/6$, *American Mathematical Monthly* 110 (2003), S. 540–541.

K. Hatori, http://origami.ousaan.com/library/conste.html, 2009.

J. Havil, *Gamma: Eulers Konstante, Primzahlstrände und die Riemannsche Vermutung*, Spinger Verlag, Berlin, Heidelberg, 2007.

R. Herz-Fischler, A "very pleasant theorem," *College Mathematics Journal*, 24 (1993), S. 318–324.

L. Hoehn, A neglected Pythagorean-like formula, *Mathematical Gazette*, 84 (2000), S. 71–73.

P. Hoffman, *The Man Who Loved Only Numbers*, Hyperion, New York, 1998.

R. Honsberger, *Ingenuity in Mathematics*, Mathematical Association of America, Washington, 1970.

R. Honsberger, *Mathematical Gems*, Mathematical Association of America, Washington, 1973.

R. Honsberger, *Mathematical Gems II*, Mathematical Association of America, Washington, 1976.

R. Honsberger, *Mathematical Morsels*, Mathematical Association of America, Washington, 1978.

R. Honsberger, *More Mathematical Morsels*, Mathematical Association of America, Washington, 1991.

R. Honsberger, *Episodes in Nineteenth and Twentieth Century Euclidean Geometry*, Mathematical Association of America, Washington, 1995.

T. Hull, On the mathematics of flat origamis, *Congressus Numerantum*, 100 (1994), S. 215–224.

T. Hull, Origami quiz, *Mathematical Intelligencer*, 26 (2004), S. 38–39, 61–63.

G. Hungerbühler, Proof without words: The triangle of medians has three-fourths the area of the original triangle, *Mathematics Magazine*, 72 (1999), S. 142.

H. Huzita, Understanding geometry through origami axioms. *Proceedings of the First International Conference on Origami in Education and Therapy* (COET91), J. Smith (Hrsg.), British Origami Society (1992), S. 37–70.

R. A. Johnson, A circle theorem. *American Mathematical Monthly*, 23 (1916), S. 161–162.

R. F. Johnsonbaugh, Another proof of an estimate for e. *American Mathematical Monthly* 81 (1974), S. 1011–1012.

W. Johnston und J. Kennedy, Heptasections of a triangle, *Mathematics Teacher*, 86 (1993), S. 192.

J. P. Jones und S. Toporowski, Irrational numbers. *American Mathematical Monthly* 80 (1973), S. 423–424.

D. E Joyce, *Euclid's Elements*, http://aleph0.clarku.edu/~djoyce/java/elements/elements.html, 1996.

D. Kalman, Six ways to sum a series, *College Mathematics Journal*, 24 (1993), S. 402–421.

K. Kawasaki, Proof without words: Viviani's theorem, *Mathematics Magazine*, 78 (2005), S. 213.

N. D. Kazarinoff, *Geometric Inequalities*, Mathematical Association of America, Washington, 1961.

J. B. Keiper, Stirling's formula improved, *Two-Year College Mathematics Journal* 10 (1979). S. 38–39.

L. M. Kelly und W. O. J. Moser, On the number of ordinary lines determined by n points. *Canadian Journal of Mathematics*, 10 (1958), S. 210–219.

A. B. Kempe, *How to Draw a Straight Line: A Lecture on Linkages*, Macmillan and Company, London, 1877.

R. B. Kerschner, On paving the plane, *APL Technical Digest*, 8 (1969), S. 4–10.

D. A. Klarner, *The Mathematical Gardner*, Prindle, Weber, and Schmidt, Boston, 1981.

M. S. Knebelman, An elementary limit, *American Mathematical Monthly*, 50 (1943), S. 507.

S. H. Kung, Sum of squares, *College Mathematics Journal*, 20 (1989), S. 205.

S. H. Kung, Proof without words: Every triangle has infinitely many inscribed equilateral triangles, *Mathematics Magazine* 75 (2002), S. 138.

J. Kürschak, Über das regelmässige Zwölfeck, *Math. naturw. Ber. Ung.* 15 (1898), S. 196–197.

G. Lamé, Un polygone convexeétant donné, de combien de maniéres peut-on le partager en triangles au moyen de diagonals? *Journal de Mathématiques Pures et Appliquées*, 3 (1838), S. 505–507.

R. J. Lang, *Origami and Geometric Constructions*, http://langorigami.com/science/hha/origami_constructions.pdf, 2003.

L. Larson, A discrete look at $1 + 2 + \cdots + n$, *College Mathematics Journal*, 16 (1985), S. 369–382.

W. G. Leavitt, The sum of the reciprocals of the primes, *Two-Year College Mathematics Journal*, 10 (1979), S. 198–199.

M. Livio, *The Golden Ratio: The Story of Phi, the World's Most Astonishing Number*, Broadway Books, New York, 2002.

E. S. Loomis, *The Pythagorean Proposition*, National Council of Teachers of Mathematics, Reston, VA, 1968.

S. Loyd, *Sam Loyd's Cyclopedia of 5000 Puzzles, Tricks, and Conundrums (With Answers)*, The Lamb Publishing Co., New York, 1914. Online-Zugang über http://www.mathpuzzle.com/loyd/.

W. Lushbaugh, (kein Titel), *Mathematical Gazette*, 49 (1965), S. 200.

D. MacHale, $\mathbb{Z} \times \mathbb{Z}$ is a countable set, *Mathematics Magazine*, 77 (2004), S. 55.

P. R. Mallinson, Proof without words: Area under a polygonal arch, *Mathematics Magazine*, 71 (1998a), S. 141.

P. R. Mallinson, Proof without words: The length of a polygonal arch, *Mathematics Magazine*, 71 (1998b), S. 377.

E. Maor, *Die Zahl e: Geschichte und Geschichten*, Birkhäuser Verlag, 1996.

E. A. Margerum und M. M. McDonnell, Proof without words: Construction of two lunes with combined area equal to that of a given right triangle, *Mathematics Magazine*, 70 (1997), S. 380.

M. Moran Cabre, Mathematics without words, *College Mathematics Journal*, 34 (2003), S. 172.

L. J. Mordell und D. F. Barrow, Solution to Problem 3740, *American Mathematical Monthly*, 44 (1937), S. 252–254.

C. Mortici, Folding a square to identify two adjacent sides, *Forum Geometricorum* 9 (2009), S. 99–107.

P. J. Nahin, *An Imaginary Tale: The Story of ı*, Princeton University Press, Princeton, 1998.

F. Nakhli, The vertex angles of a star sum to 180°, *College Mathematics Journal*, 17 (1986), S. 238.

NCTM, *Principles and Standards for School Mathematics,* National Council of Teachers of Mathematics, Reston, VA, 2000.

R. B. Nelsen, *Proofs Without Words: Exercises in Visual Thinking*, Mathematical Association of America, Washington, 1993.

R. B. Nelsen, *Proofs Without Words II: More Exercises in Visual Thinking*, Mathematical Association of America, Washington, 2000.

R. B. Nelsen, Proof without words: The area of a salinon, *Mathematics Magazine, 75* (2002a), S. 130.

R. B. Nelsen, Proof without words: The area of an arbelos, *Mathematics Magazine, 75* (2002b), S. 144.

R. B. Nelsen, Proof without words: Lunes and the regular hexagon, *Mathematics Magazine, 75* (2002c), S. 316.

R. B. Nelsen, Mathematics without words: Another Pythagorean-like theorem, *College Mathematics Journal*, 35 (2004), S. 215.

I. Niven, A simple proof that π is irrational, *Bulletin of the American Mathematical Society* 53 (1947), S. 509.

I. Niven, Convex polygons that cannot tile the plane, *American Mathematical Monthly*, 85 (1978), pp. 785–792.

I. Niven, *Maxima and Minima Without Calculus*, Mathematical Association of America, Washington, 1981.

R. L. Ollerton, Proof without words: Fibonacci tiles, *Mathematics Magazine*, 81 (2008), S. 302.

J. O'Rourke, Folding polygons to convex polyhedra, in T. V. Craine und R. Rubenstein (Hrsg.), *Understanding Geometry in a Changing World*, National Council of Teachers of Mathematics, Reston, VA, 2009.

H. Ouellette und G. Bennett, The discovery of a generalization: An example in problem solving, *Two-Year College Mathematics Journal*, 10 (1979), S. 100–106.

R. Paré, A visual proof of Eddy and Fritsch's minimal area property, *College Mathematics Journal*, 26 (1995), S. 43–44.

T. Peter, Maximizing the area of a quadrilateral, *College Mathematics Journal*, 34 (2003), S. 315–316.

J. M. H. Peters, An approximate relation between π and the golden ratio, *Mathematical Gazette*, 62 (1978), S. 197–198.

K. Pinter, Proof without words: The area of a right triangle, *Mathematics Magazine*, 71 (1998), S. 314.

G. Pólya, *Mathematical Discovery: On Understanding, Learning, and Teaching Problem Solving*, John Wiley & Sons, New York, 1965.

G. Pólya, *Let Us Teach Guessing* (DVD), The Mathematical Association of America, Washington, 1966.

S. Portnoy, A Lewis Carroll Pillow Problem: Probability of an obtuse triangle, *Statistical Science*, 9 (1994), S. 279–284.

M. M. Postnikov und A. Shenitzer, The problem of squarable lunes, *American Mathematical Monthly*, 107 (2000), S. 645–651.

F. Pouryoussefi, Proof without words, *Mathematics Magazine*, 62 (1989), S. 323.

A. D. Rawlins, A note on the golden ratio, *Mathematical Gazette*, 79 (1995), S. 104.

P. Ribenboim, *The Little Book of Bigger Primes*, 2. Auflage, Springer, New York, 2004.

J. F. Rigby, Equilateral triangles and the golden ratio, *Mathematical Gazette*, 72 (1988), S. 27–30.

D. Rubinstein, Median proof, *Mathematics Teacher*, 96 (2003), S. 401.

Y. Sagher, Counting the rationals, *American Mathematical Monthly*, 96 (1989), S. 823.

F. Saidak, A new proof of Euclid's theorem, *American Mathematical Monthly*, 113 (2006), S. 937–938.

D. Schattschneider, *M. C. Escher: Visions of Symmetry*, Harry N. Abrams, Publishers, New York, 2004.

D. Schattschneider, Beauty and truth in mathematics, in: *Mathematics and the Aesthetic: New Approaches to an Ancient Affinity*, N. Sinclair, D. Pimm, W. Higgenson (Hrsg.), Springer, New York, 2006, S. 41–57.

N. Schaumberger, Alternate approaches to two familiar results. *College Mathematics Journal*, 15 (1984), S. 422–423.

R. Schmalz, *Out of the Mouths of Mathematicians*, Mathematical Association of America, Washington, 1993.

W. H. Schultz, An observation, *American Mathematical Monthly*, 110 (2003), S. 423.

B. Schweizer, Cantor, Schröder, and Bernstein in orbit, *Mathematics Magazine*, 73 (2000), S. 311–312.

D. Singmaster, Covering deleted chessboards with dominoes, *Mathematics Magazine*, 48 (1975), S. 59–66.

S. L. Snover, Four triangles with equal area. In R. B. Nelsen, *Proofs Without Words II*, Mathematical Association of America, Washington, 2000; S. 15.

J. M. Steele, *The Cauchy-Schwarz Master Class*, Mathematical Association of America and Cambridge University Press, Washington-Cambridge, 2004.

S. K. Stein, Existence out of chaos, in R. Honsberger (Hrsg.), *Mathematical Plums*, Mathematical Association of America, Washington, 1979, S. 62–93.

H. Steinhaus, *Mathematical Snapshots*, Oxford University Press, New York, 1969.

E. Steinitz, Polyeder und Raumeinteilungen, *Enzykl. Math. Wiss.* 3 (1922) Geometrie, Teil 3AB12, S. 1–139.

P. Strzelecki und A. Schenitzer, Continuous versions of the (Dirichlet) drawer principle, *College Mathematics Journal*, 30 (1999), S. 195–196.

A. Sutcliffe, A note on the sum of squares, *Mathematics Magazine*, 36 (1963), S. 221–223.

A. E. Taylor und W. R. Mann, *Advanced Calculus*, 2. Auflage, Xerox College Publishing, Lexington MA, 1972.

M. G. Teigen and D. W. Hadwin, On generating Pythagorean triples, *American Mathematical Monthly*, 78 (1971), S. 378–379.

C. W. Trigg, A hexagonal configuration, *Mathematics Magazine*, 35 (1962), S. 7.

C. W. Trigg, Solution to Problem 852, *Mathematics Magazine*, 46 (1973), S. 288.

J. van de Craats, The golden ratio from an equilateral triangle and its circumcircle, *American Mathematical Monthly*, 93 (1986), S. 572.

C. Vanden Eynden, Proofs that $\sum 1/p$ diverges, *American Mathematical Monthly*, v. 87 (1980), S. 394–397.

D. E. Varberg, Pick's theorem revisited, *American Mathematical Monthly*, 92 (1985), S. 584–587.

T. Walker, A geometric telescope, *American Mathematical Monthly*, 109 (2002), S. 524.

H. Walser, *The Golden Section*, Mathematical Association of America, Washington, 2001.

A. J. B. Ward, Divergence of the harmonic series, *Mathematical Gazette*, v. 54 (1970), S. 277.

D. Wells, *The Penguin Dictionary of Curious and Interesting Geometry*, Penguin Books, London, 1991.

A. M. Yaglom und I. M. Yaglom, *Challenging Mathematical Problems with Elementary Solutions*, Band 1, Dover Publications, Inc., New York, 1964.

Sachverzeichnis

Printed in the United States
By Bookmasters